滇池流域水环境承载能力
与水资源可持续利用研究

马巍　陈欣　蒋汝成　施国武　等　著

中国水利水电出版社
www.waterpub.com.cn
·北京·

内 容 提 要

本书以滇池流域现有的水资源条件为背景，以滇池河湖水质规划目标为约束，系统开展了滇池流域水资源配置与供排关系、主要入湖河流环境流量需求、入湖河流水质演变特征、牛栏江—滇池补水工程多通道入湖影响预测、滇池水环境容量核算及入湖污染物总量控制方案等研究，提出了满足入湖河流环境流量和滇池流域河湖污染物总量控制需求的多水源配置方案和多水源可持续利用方案。通过区域水资源优化配置与适应性调度运行管理，提出了滇池湖泊水质持续性改善对外流域补水的阶段性需求和多水源配置条件，对充分发挥牛栏江—滇池补水工程的综合效益、持续推进滇池流域水环境质量改善、实现流域水资源综合利用效益与经济社会发展水平的动态平衡提供了重要的科学支撑。

本书可为流域水资源、水环境、水生态修复等学科的研究人员提供参考，也可为流域水环境综合治理、湖泊水环境保护、流域水资源高效利用等方面的管理人员提供参考与借鉴。

图书在版编目（CIP）数据

滇池流域水环境承载能力与水资源可持续利用研究 / 马巍等著. -- 北京：中国水利水电出版社，2020.9
ISBN 978-7-5170-8927-8

Ⅰ．①滇… Ⅱ．①马… Ⅲ．①滇池－区域水环境－环境承载力－研究②滇池－流域－水资源利用－可持续性发展－研究 Ⅳ．①X143②TV213.9

中国版本图书馆CIP数据核字（2020）第186363号

书　　　名	滇池流域水环境承载能力与水资源可持续利用研究 DIAN CHI LIUYU SHUIHUANJING CHENGZAI NENGLI YU SHUIZIYUAN KECHIXU LIYONG YANJIU
作　　　者	马巍　陈欣　蒋汝成　施国武　等 著
出 版 发 行	中国水利水电出版社 （北京市海淀区玉渊潭南路1号D座　100038） 网址：www.waterpub.com.cn E-mail：sales@waterpub.com.cn 电话：(010) 68367658（营销中心）
经　　　售	北京科水图书销售中心（零售） 电话：(010) 88383994、63202643、68545874 全国各地新华书店和相关出版物销售网点
排　　　版	中国水利水电出版社微机排版中心
印　　　刷	北京印匠彩色印刷有限公司
规　　　格	184mm×260mm　16开本　18.5印张　450千字
版　　　次	2020年9月第1版　2020年9月第1次印刷
定　　　价	**158.00元**

前　言

　　滇池古称滇南泽，是昆明人民世代繁衍生息的摇篮。滇池是我国云贵高原最大的淡水湖泊，地处长江、珠江和红河三大水系分水岭地带，流域面积2920km²。滇池是云南省居民最密集、人类活动最频繁、经济社会最发达的地区，承载着云南省和昆明市经济和社会发展的重任，是支撑昆明国民经济建设和社会事业发展的基础，在云南桥头堡战略和"一带一路"国家战略中具有重要的地位和作用。近30多年来，随着滇池流域经济社会的快速发展和城市化水平的快速提高，流域内污染负荷产生量快速增长，污染负荷在湖体内逐步累积，导致湖区水质恶化，水体富营养化严重，湖泊水生态功能严重受损的高原明珠不再闪亮。

　　滇池流域水环境已经经历了四个"五年计划"的集中治理，在以"六大工程"为主线的滇池流域水污染综合治理思路指引下，随着环湖截污与交通、外流域调水与节水、入湖河道综合整治、农业农村面源治理、湖滨水生态修复与建设、生态清淤工程等分步、有序地推进与逐步落实，流域点源污染负荷发展势头已得到有效控制，河湖生态环境用水已得到有效改善，湖泊水质污染持续恶化趋势已得到逐步控制，湖泊整体水质企稳向好，蓝藻水华发生面积、频率和强度有所减轻，滇池流域水循环体系已得到逐步改善。但伴随着滇池整体水质的逐步改善，局部湖湾（如外海北部湖湾）和旱季河流入湖口区水景观视觉效果差、水质净化厂大量尾水外排、牛栏江—滇池补水工程来水如何优化配置以最大限度地发挥其生态环境改善与社会效益以及流域内多种水资源如何合理利用等问题日益凸显出来。

　　按照云南省国民经济和社会发展"十三五"规划纲要及昆明市委、市政府提出的"以水定城，量水发展"总体思路，以滇池流域水污染综合治理、湖泊水生态环境修复与保护为出发点，以滇池流域现状水资源配置格局为基础，以流域河湖水环境功能区划及其水质保护目标为约束条件，多规合一，系统开展滇池流域水资源条件、水循环过程及水资源供-用-耗-排关系、湖周环湖入湖河流环境流量需求、入湖河流水质演变特征、牛栏江—滇池补水工程多通道入湖方案、湖泊水环境容量核算及入湖污染物总量控制方案等研究，提出了满足入湖河流环境流量需求的多水源配置水量与水质方案，并通过区域水资源优化配置与适应性调度运行管理，提出了滇池湖泊水质持续性改善对外流域补水的阶段性需求和多水源配置条件，从而实现滇池流域河湖水环境综合治理、水资源保护与可持续利用的有机统一，切实提高滇池水资源保护与水污染治理的科学化水平，稳步推进滇池流域河湖水环境质量的持续性改善，力争"十三五"期末滇池外海水质稳定达到《地表水环境质量标准》（GB 3838—2002）中的Ⅳ类水标准，关键性指标达到湖泊Ⅲ类水标准，确保圆满完成国家对滇池"十三五"水质达标考核目标要求。

本书是集体智慧的结晶。作者的科研团队以极为严谨的科学态度参加了编写工作，为本书作出了贡献，全书由马巍统稿和定稿。本书各章编写分工如下：

前言：马巍、陈欣；第1章：马巍、姚云辉、淦家伟；第2章：施国武、淦家伟、姚云辉、苏建广；第3章：蔡昕、陈欣、蒋汝成、戍国标、吴金海；第4章：陈欣、戍国标、苏建广、赵利；第5章：周丰、苏建广、赵利、施国武；第6章：李国强、李倩、黄智华、吴金海、杨洋；第7章：马巍、黄智华、李国强、齐德轩、宋婷婷；第8章：蒋汝成、苏建广、马巍、黄智华；第9章：李倩、杨洋、吴金海、黄智华、李国强；第10章：黄智华、马巍、蒋汝成、吴金海。

本书研究工作得到了水利部水利水电规划设计研究总院、昆明市人民政府、昆明市水务局、昆明市生态环境局、滇池流域管理局、昆明市环境监测中心、云南省水文水资源局昆明分局、滇池投资管理公司、云南省水利水电勘测设计研究院、昆明市水生态管理中心、云南省环境科学研究院、昆明市环境科学研究院等单位领导与专家的鼎力支持和帮助，在此表示深深的谢意！

这些年笔者一直从事流域和大中型湖库水资源保护、水环境治理与水生态修复等相关的研究工作，本书是近期有关滇池流域的研究成果。我们期望通过这些研究成果，促进相关技术在我国流域水资源保护、水环境治理与科学化管理中大力推广应用和普及。由于笔者水平有限，成书仓促，书中的缺点和错误在所难免，竭诚欢迎读者批评指正和学术争鸣。相关建议可发电子邮件至 ma-wei@iwhr.com 编者收。

作者

2019 年 10 月

目录

第1章 概　　述

1.1　研究背景

滇池古称滇南泽，是我国云贵高原最大的淡水湖泊，地处长江、珠江和红河三大水系分水岭地带，流域面积 2920km²。滇池流域是云南省人口最密集、人类活动最频繁、经济最发达的地区，承载着云南省和昆明市经济社会跨越式发展的重任，是支撑昆明经济建设和社会事业发展的重要基础，在昆明主动服务和融入国家"一路一带"倡议、长江经济带战略，建设面向南亚东南亚开放新高地和面向南亚东南亚辐射中心的核心区中具有重要的地位和作用，"滇池清，则昆明兴，云南兴"。三十多年来，随着滇池流域经济社会快速发展和城市化水平快速提高，流域内污染负荷产生量快速增长，污染负荷在湖体内逐步累积，导致湖区水质恶化，水体富营养化严重，湖泊水生态功能严重受损，高原明珠不再闪亮。

滇池流域水环境已经经历了 4 个"五年计划"的集中治理，"九五"期间完成投资 25.3 亿元，"十五"期间完成投资 31.7 亿元、"十一五"期间完成投资 183.3 亿元，"十二五"期间完成投资 259.5 亿元。在以"六大工程"为主线的滇池流域水污染综合治理思路指引下，随着环湖截污与交通、外流域调水与节水、入湖河道综合整治、农业农村面源治理、湖滨水生态修复与建设、生态清淤工程等的有序推进与逐步落实，流域点源污染负荷发展势头已得到有效控制，河流、湖泊生态环境用水已得到明显改善，湖泊水质污染持续恶化趋势已得到逐步控制，湖泊整体水质企稳向好，蓝藻水华发生面积、频率和强度有所减少，滇池流域健康水循环体系已初步建立。目前滇池外海整体水质除化学需氧量略超过 V 类标准值外，总磷、总氮和高锰酸盐指数年度水质均满足 IV ～ V 类。虽然滇池水环境保护治理取得了一定的成效，但考虑到湖泊治理的复杂性、艰巨性和长期性，在未来较长一段时期内，滇池保护治理仍然是昆明市经济社会发展和生态文明建设的重大任务。

滇池具有调蓄、灌溉、景观、生态和气候调节等诸多功能，是区域水资源调配的枢纽中心和昆明城市主要的防洪调蓄载体。随着近年来掌鸠河、清水海和牛栏江—滇池补水工程等外流域引水工程的实施，滇池流域水资源配置格局发生了显著变化，由 2005 年 5.5 亿 m^3 增加到 2015 年 13.1 亿 m^3。伴随着牛栏江—滇池补水工程大量清洁水资源注入滇池，自 2014 年以来滇池整体水质呈逐年改善趋势。但受湖泊水动力条件、外海北部大量污染物入湖及入湖河流无清洁水入湖等因素影响，滇池外海局部湖湾（如外海北部湖湾）和旱季河流入湖河口区表层水蓝藻富集严重，水景观视觉效果差，水质净化厂提标改造后大量尾水外排，牛栏江—滇池补水工程来水如何优化配置以最大限度地发挥其流域水生态环境改善与社会效益，以及流域内多种水资源如何合理利用等问题日益凸显出来。

尽管滇池治理工作正行驶在正确的轨道上，但滇池水环境治理与保护工作仍然面临较大的压力。在当前的流域水资源配置格局条件下，滇池流域用水量、排污量逐步增加。废污水的收集、输运与集中处理，受当前污水处理中大规模脱氮除磷效果整体欠佳和滇池湖泊富营养化治理对氮、磷等营养物质入湖的限制性要求，滇池流域污水处理厂的尾水外排压力也越来越大；滇池流域入湖河流的生态环境用水却无法得到保障，流域水资源无法得到可持续有效的利用。在滇池流域水污染治理与湖泊水环境保护前提下，如何进一步优化流域水资源配置格局、科学合理地利用流域内现有的水资源并促使滇池水环境质量能得到持续性改善，是当前滇池流域水环境治理与水资源保护中亟须解决的科学问题，也是当前昆明市经济社会可持续发展和生态文明建设的重大任务。

按照云南省国民经济和社会发展"十三五"规划纲要及 2016 年昆明市委、市政府提出的"以水定城，量水发展"总体思路，以滇池流域水污染综合治理、湖泊水生态环境修复与保护为出发点，以滇池流域现状水资源配置格局为基础，以流域河湖水质保护目标为约束条件，多规合一，系统开展滇池流域水环境承载力与水资源可持续利用研究，并通过区域水资源优化配置与调度管理，实现滇池流域河湖水环境综合治理、水资源保护与可持续利用的有机统一，切实提高滇池保护治理的科学化水平，稳步实现滇池流域河湖水质持续性改善，力争"十三五"期末水质稳定在Ⅳ类，关键性指标达到Ⅲ类，确保圆满完成"十三五"规划目标。

1.2 研究目标与主要内容

以"有效保护水环境、可持续利用水资源、以水定城、量水发展"为指引，以 2015 年滇池流域现有的水资源条件为背景，以滇池流域内河流和湖库水质规划目标为约束，在保障滇池流域河湖生态环境用水安全和湖泊水环境质量持续性改善的条件下，以昆明主城区重点入湖河道所在的小流域为单元，深入研究入湖河流的生态环境流量需求，各主要河道间的水资源分配、调度运行方式与可持续利用途径，优化流域水资源的空间配置格局；通过牛栏江—滇池补水工程引水改善滇池水质效果研究，提出滇池水环境质量持续性改善对外流域补水的需求；科学核算滇池流域水资源变化条件下的湖泊水环境容量，并以容量总量为约束促进滇池流域区域经济发展方式的转变与产业结构升级，引导城市规模的适度发展与空间布局优化，实现流域水资源综合利用效益与经济社会发展水平的动态平衡。

按照昆明市委滇池保护治理专题工作会议精神，滇池流域水环境承载力与水资源可持续利用方案研究，应以滇池流域现有的水资源条件为基础，研究滇池流域水资源"供、用、耗、排"的平衡关系，合理配置并充分利用好现有的水资源条件，实现滇池流域经济社会可持续发展条件下水资源量的总体平衡；同时积极学习借鉴杭州西湖的多口入湖水动力方式，结合昆明主城区水质净化厂出水水质提标工作，深入研究滇池流域主要入湖河道功能维持的环境流量需求及主要河道间的水资源分配布局与调度方式，实现流域水量平衡；通过牛栏江—滇池补水多通道入湖方案、滇池水环境容量及总量控制方案等研究，提出满足入湖河流环境流量需求和水质保护目标的多水源配置方案，并通过区域水资源优化配置与调度运行管理，提出滇池湖泊水质持续性改善对外流域补水的阶段性需求、多水源配置条件和水资源优化配置方案，从而实现滇池流域河湖水环境综合治理、区域水资源保护与多水源可持续利用的有机统一，切实提高滇池流域水资源保护与水污染治理的科学化水平，并逐步减轻滇池湖泊水质持续性改善对外流域补水的依赖。

1.3 国内外研究进展

1.3.1 总量控制管理

总量控制是我国有效控制污染源、遏止水环境恶化的基本策略，要求从水环境保护目标出发，根据水环境容量，确定污染物的排放量或削减量，对污染源从整体上有计划、有目标地进行削减，能使受纳水域的水环境质量逐步得到有效改善。本节基于滇池流域总量控制管理研究现状和现实条件，并结合国内外总量控制研究的最新成果，提出滇池流域总量控制的总体技术需求，为滇池流域水环境承载力研究的顺利开展提供技术指导。

目前与总量控制管理的相关概念较多，如"水环境承载力""水域纳污能力""水环境容量""水体允许纳污量"等，这些概念在研究范畴、概念内涵、定量化指标、相关计算方法等方面相互关联又有所差异。

1. 水域纳污能力

"纳污能力"一词最早源于《全国水资源保护规划（1998）》，其后以此为核心被我国水资源保护行业广泛应用。2002 年《中华人民共和国水法》（第三十二条第三款）首次在法律上提出了"水域纳污能力"的说法，并与《重要江河湖泊》限制排污总量意见一起构成我国水资源保护行业的核心工作。《水域纳污能力计算规程》（GB/T 25173—2010）中明确指出"水域纳污能力"是指"在设计水文条件下，满足计算水域的水质目标要求时，该水域所能容纳的某种污染物的最大数量"。

另外，我国水环境管理、水资源保护等相关部门，以及高等院校和科研院所在不同时期也提出了与水域纳污能力类似的概念，如允许纳污量、控制区域容许排污量、区域容许排污量、湖泊容许负荷量等。总的来看，这些定义的内涵基本一致，都是指在一定水域范围内、为保护水体水质达到一定目标的情况下，水体所能容纳的最大污染物量，具体定义见表 1.3-1。

表 1.3 - 1　　　　　　　　　　水域纳污能力类似概念辨析

序号	名　称	定　义	出　处
1	允许纳污量	根据水环境管理要求，划分水体保护区范围及水质标准要求，根据给定的排污地点、方式和数量，把满足不同设计水量条件、单位时间内保护区所能受纳的最大污染物量，称为受纳水域容许纳污量	朱党生、王超、程小冰《水资源保护规划理论及技术》
2	控制区域容许排污量	依据水域保护目标，在已确定的水域容许纳污量基础上，经过技术、经济可行性论证后，对影响水域水质的陆上控制区污染物排放总量所规定的限值，称为控制区域容许排放量。控制区域，通常应与受纳水域保护目标相应，与设计条件规定的污染物类别、控制时间相对应	朱党生、王超、程小冰《水资源保护规划理论及技术》
3	区域容许排污量	按照水资源保护规划目标，或将水体纳污能力乘以安全系数，或根据规划区域内排污总量的控制要求，在经过技术、经济可行性论证后确定的污染物排放总量控制目标，称为区域容许排污量	朱党生、王超、程小冰《水资源保护规划理论及技术》
4	湖泊容许负荷量	具有某一设计水量的（即某一保证率）湖泊为维持其水环境质量标准，所容许污染物质最大的入湖数量，称为湖泊水环境容量。在单位湖泊面积上容许污染物质入湖数量，称为湖泊容许负荷量	顾丁锡、舒金华《湖泊水污染预测及其防治规划方法》

2. 水环境容量

我国对环境容量的概念、解释及应用是从国外引入的。《辞海》中将环境容量定义为"自然环境或环境组成要素对污染物质的承受量和负荷量"。《中国大百科全书：环境科学》中指出，环境容量（Environmental Capacity）是在人类生存和自然生态不致受害的前提下，某一环境所能容纳的污染物的最大负荷量。

《全国水环境容量核定技术指南》（2004）指出，在给定水域范围和水文条件，规定排污方式和水质目标的前提下，单位时间内该水域最大允许纳污量，称作水环境容量。水环境容量分为稀释容量（$W_{稀释}$）和自净容量（$W_{自净}$）两部分。稀释容量是指在给定水域的来水污染物浓度低于出水水质目标时，依靠稀释作用达到水质目标所能承纳的污染物量。自净容量是指由于沉降、生化、吸附等物理、化学、生物作用，给定水域达到水质目标所能自净的污染物量。

《全国水资源保护综合规划技术细则》中水环境容量的描述为："在水体使用功能不受破坏条件下，水体接纳污染物的最大数量"，通常指在水资源利用综合区域内，按给定的水质目标和设计水文条件，水体所能容纳污染物的最大量。

综上所述，水环境容量是指在水环境质量及其使用功能不受破坏的条件下，水域能受纳污染物的最大数量，或者在给定水域范围、水质标准及设计条件下，水体最大容许纳污量。水环境容量包括水体稀释容量和自净容量，可以定量说明特征水域对污染物的承载能力。一般而言，水体稀释容量是现有水环境对某种污染物进行稀释的物理过程所具有的承纳污染物的能力，水体自净容量是水介质拥有的、在被动接受污染物之后发挥其载体功能主动改变、调整污染物时空分布，改善水质以提供水体的再续使用。相较水体稀释过程而言，水体自净机制要相对复杂得多，包括物理自净、化学自净、物理化学自净、生物与生化自净等。水体自净过程一般表现为由弱渐强，最后渐趋恒定状态。

3. 水环境承载力

"承载力"一词最早来源于生态学中的概念，是指在某一环境条件下，某种生物个体可存活的最大数量。起初，承载力的概念仅用于生态学领域，但随着人类社会经济活动逐步扩大所带来的日益严峻的环境问题，以及后续可持续发展观念的提出，承载力的概念逐渐被环境科学所借鉴，并以此来描述人类和经济发展与周边环境的关系。水环境承载力正是在此背景下提出的。目前，作为实体形式存在的水资源，其作用已经为社会公众所认知，水资源承载力概念已经得到广泛应用，"以供定需""量水发展"等水资源配置模式正是在此概念下提出的。随着近年来人们对与水资源伴生的水环境的认知程度逐渐提高，水环境资源和价值属性也日益得到认可，这正是水环境承载力的理论基础。

国内对水环境承载力概念研究时间不长。关于"水环境承载力"的概念，可归纳为三类：

第一种表达方式单纯从水体角度出发，不考虑作用于水体的人类行为。这种定义的特点是承载对象为污染物，指标体系容易表达，指标能够量化，便于和其他流域进行比较。例如原水利部部长汪恕诚在《水环境承载能力分析与调控》一文所提出的水环境概念。文中由水资源承载能力谈到水环境承载能力，指出水资源承载能力与水环境承载能力是一个问题辩证的两个方面，水资源承载能力讲的是用水即取水这一面，水环境承载能力是排水排污这个方面。其中，水资源承载能力指的是"在一定流域或区域内，其自身的水资源能够持续支撑经济社会发展规模，并维系良好的生态系统的能力"。水环境承载能力指的是"在一定的水域，其水体能够继续使用并仍保持良好生态系统时，所能够容纳污水及污染物的最大能力"。同时，考虑到目前我国水污染防治状况，"水体能够被继续使用并仍保持良好生态系统"这个目标目前难以实现，近期可提出"还能被继续使用"这个比较低的要求。

第二种表达方式是在第一种的基础上加入了水体环境所能够承载的人口规模和人口数量。此种表达方式约束下水环境承载能力是相对于一定时期、区域及一定的社会经济发展状况和水平而言的，其目标是保护现实的或拟定的水环境状态（结构）不发生明显的不利于人类生存的方向性改变，以保障水环境系统功能的可持续发挥，以此为前提，对区域性的人类社会活动，特别是人类经济发展行为在规模、强度或速度上的限制值。这一定义的特点将水环境承载力具体到人口数量和污染物数量，把水环境对人类社会的"承载"内涵表述出来。如彭静在《广义水环境承载理论与评价方法》中系统总结诸多成果，将水环境承载力概念扩展到人类社会经济活动领域，认为水环境承载力可以理解为：在某一时期，某种状态或条件下，某地区的水环境所能承受的人类活动作用的阈值。

第三种表达方式是在第二种的基础上加入了水体所能承载的经济规模。邢有凯在《基于向量模法的北京市水环境承载力评价》一文中对水环境承载力的定义为在一定的时期和水域内，在一定生活水平和环境质量要求下，以可持续发展为前提，在维护生态环境良性循环的基础上，水环境子系统所能容纳的各种污染物，以及可支撑的人口与相应社会经济发展规模的阈值。

综合学者们对水环境承载力定义的不同理解，贺瑞敏在博士论文《区域水环境承载能力理论与评价方法研究》从广义与狭义两个角度对水环境承载力进行了定义。

狭义的水环境承载力就是指在一定的水域，其水环境能够被持续利用的条件下，通过自身调节净化并仍能够保持良好的生态环境的条件下所能容纳污水及污染物的最大量。此处的狭义水环境承载能力即为水体纳污能力，也就是我们常说的水环境容量。它以量化形式直接表述了自然环境对水体污染物的耐受能力，在环境影响评价、布局规划、污染物总量控制中均得到了广泛的应用。其大小与水功能区范围的大小、水质目标、水环境要素的特性和水体净化能力、污染物的理化性质等有关。

广义的水环境承载力是指在一定的社会、经济与技术条件下，某一区域（流域）水系统功能的正常发挥和保持良好的状态时，所支撑的社会经济发展和人民生活需求的协调度。它在一定程度上反映一个区域（流域）水资源开发利用、水环境污染、生态环境保护、水资源在水质和水量等方面的可继续开发利用能力以及水环境系统对经济社会发展的支撑程度。

1.3.2　水环境承载力的研究方法

水环境承载力兼具自然属性和社会属性，体现了水环境与人和社会经济发展之间的联系，是一个由众多因素构成的复杂体系，因此正确认识并运用其方法，对于协调经济、社会发展与水环境保护的关系具有重要的指导意义。目前，学术界还未有公认的水环境承载力的量化方法，主要分为以下几种：指标体系评价法、系统动力学方法、多目标优化法、承载率评价法等。结合各评价方法的适用范围，学者们在实践应用中不断地丰富着有关水环境承载力的内容。

1. 指标体系评价法

指标体系评价法就是根据水环境中各项指标的具体数值，应用统计方法或其他数学方法计算出综合指数，实现水环境承载力的评价。目前计算水环境承载力的指标方法的有向量模法、模糊综合评价法和主成分法。

向量模法将水环境承载力表示为 n 维空间的一个向量。这一向量随人类社会经济活动方向和大小的变化而不同，然后以归一化后的向量模表征水环境承载力的大小。该方法简单易行，广泛应用于水环境承载力早期研究当中，但由于忽视了水环境承载力概念的模糊性和向量所具有的方向性，而且一般采用均权数法确定指标权重，忽略了指标相对大小对承载力的贡献，进而影响了评价结果的可靠性。

模糊综合评价法是将环境承载力视为一个模糊综合评价过程，通过合成运算，可得出评价对象从整体上对各评价等级的隶属度，再通过取大或取小运算就可确定评价对象的最终评语。模糊综合评价法综合考虑了水环境承载力概念的模糊性和指标信息的随机不确定性，提高了水环境承载力评价的准确性和可操作性。张文国等（2002）指出，模糊优选模型较矢量模法能够更好地反映水环境承载力问题的实质；李如忠等（2005）建立了一种适用于指标信息不确定的区域水环境承载力评价模糊随机优选模型。但模糊综合评价法是一种对主观产生的"离散"过程进行综合处理的方法，方法本身存在缺陷，取大取小的运算法则会遗失大量有用信息。赵青松等（2005）在关于水环境承载力模糊评价的探讨对此方法进行了较为细致的描述。

主成分分析法在力保数据信息丢失最小的原则下，对高维变量系统进行最佳综合与简化，以少数综合变量取代原始多维变量，同时客观地确定各综合变量的权重，避免了主观随意性。因此，主成分分析法不失为一种评价的好方法，而且在一定程度上克服了上述方法的缺陷；但在评价参数分级标准的制定和对主成分、控制点的选取方面存在一定的困难。李新等（2011）利用层次分析法确定了洱海湖区各指标的权重，并应用指标体系评价法计算水环境承载力。

2. 系统动力学方法

系统动力学方法的主要特点是通过一阶微分方程组来反映系统各个模块变量之间的因果反馈关系。在实用中对不同发展方案采用系统动力学模型进行模拟，并对决策变量进行预测，然后将这些决策变量视为环境承载力的指标体系，再运用前述的指数评价方法进行比较，得到最佳的发展方案及相应的承载能力。

汪彦博等（2006）采用系统动力学方法，构建了石家庄市水环境承载力模型，量化地比较了南水北调工程前后石家庄市水环境承载力变化影响；涂峰武等（2006）以西洞庭湖流域为研究对象，建立了湖泊流域水环境承载力模型，预测分析其水资源承载力。

系统动力学方法的优点在于有利于处理高阶次、非线性、多重反馈、复杂性的系统问题。水环境承载力涉及社会、经济、资源、环境等诸多要素，并且要素之间存在着相互影响、相互制约的动态联系，因此，系统动力学方法较适用于水环境承载力的评价与预测，并具有较强的可操作性；但应用该方法模拟长期发展情况时由于参变量不好掌握，有时易导致不合理的结论，因此系统动力学方法大多应用于中短期发展情况的模拟。

3. 多目标优化法

多目标优化法是采用大系统分解—协调的分析思路，将研究区的水环境—人类社会、经济系统划分成若干个子系统，并采用数学模型对其进行刻画，各子系统模型之间通过多目标核心模型的协调关联变量相连接，并事先确定需要达到的优化目标和约束条件，结合模型模拟和对决策变量在不同水平年上的预测结果，就可解出同时满足多个目标整体最优的发展方案，其所对应的人口或社会经济发展规模即为研究区的水环境承载力。

石建屏等（2012）根据水环境承载力概念模型并结合洱海流域水环境现状，建立了水环境承载力多目标优化模型，并运用层次分析法（AHP）确定各指标对湖区水环境承载力的权重，最后运用指标体系评价法分别计算出2003—2009年洱海流域水环境承载力。

4. 承载率评价法

承载率评价法引入环境承载量（EBQ）和环境承载率（EBR）的概念。环境承载量是指某一时刻环境系统实际承受的人类社会和经济系统的作用量；环境承载率是环境承载量与环境承载力（EBC）的比值，即 $EBR=EBQ/EBC$。当 $EBR>1$ 时，表明环境承载量超出环境的承受阈值，即超载，将可能引发相应的环境问题；当 $EBR<1$ 时，表明环境系统还有一定的承载能力。

由于水环境承载力指标体系具有极强的非线性，王俭（2012）从阈值角度出发引入具有强大非线性数据处理能力的人工神经网络技术，进行了基于人工神经网络的区域水环境承载力评价模型及应用的研究，并将其应用于辽宁省水环境承载力评价研究中，杨丽花（2013）利用基于 BP 神经网络模型对松花江流域（吉林省段）水环境承载力进行研究。

由以上的研究分析可以看出水环境承载力的具体量化方法是多样的，且各有利弊，因此在计算确定区域的水环境承载力时要根据具体的水域状况、规划目标，选择合适的计算方法。

1.3.3　滇池流域水环境承载力概念及研究进展

1. 滇池流域水环境承载力概念

滇池流域地处长江、珠江和红河三大水系的分水岭地带，无任何可资利用的过境水资源，水资源极度匮乏，流域内人均水资源量不足 200m³。为支撑云南省经济、政治和文化中心城市——昆明的健康发展，近年来云南省实施了一系列外流域引调水工程，包括掌鸠河、清水海和牛栏江—滇池补水工程，同时正在开工建设的滇中引水工程将为滇池流域的生产生活及河湖生态环境用水提供最后的安全保障。

滇池地处流域的最低点，在外流域引调水工程实施之前，滇池既是昆明人民的水源地，同时又时刻接纳着流域生产生活废污水和面源污染负荷。随着昆明市经济社会的快速发展，流域河湖生态环境用水及农业用水被逐步挤占，生产生活废污水和污水处理厂尾水正逐步成为维持滇池湖泊水量平衡的主要水源，故河湖水质污染日益严重，湖泊水体富营养化问题十分突出。随着外流域引调水工程的逐步实施，尤其是 2013 年年底牛栏江—滇池补水工程通水后，牛栏江来水能够保障滇池湖泊的水量平衡。依托滇池环湖截污工程，每天约有 110 万 m³ 污水处理厂达标排放的尾水和重污染河流水经环湖截污干管由西园隧道直接排向滇池下游的沙河，部分实现了滇池流域入湖水量的"清污分流"。滇池流域水循环过程详见图 1.3-1。

如图 1.3-1 所示，滇池流域的水循环过程是不闭合的，即滇池流域支撑经济社会发展的水资源多来源于外流域引水，同时本区和外流域来水中的大部分退水又经环湖截污工程直接排向滇池下游，不与滇池发生直接的水力联系与污染物质交换，故滇池的入湖负荷量无法客观反映流域人口与经济的规模，滇池湖泊水环境容量也无法与流域人口和经济规模建立相应的关系，故滇池流域水环境承载力只能是狭义的水环境承载力。

综合"水域纳污能力""水环境容量"和"水环境承载力"的相关概念辨析，并结合滇池流域总量控制管理的技术需求，滇池流域水环境承载力就是指滇池流域的水环境质量满足其水功能区要求并被持续利用的条件下，通过自身调节净化仍能够保持良好生态环境条件下所能容纳污水及污染物的最大量，即滇池水环境容量。

2. 滇池流域水环境承载力研究进展

结合滇池流域自身的独特性质，国内外学者对滇池流域水环境承载力及水环境容量做了大量的研究。吴为梁等（1993）基于具有某一设计水量的（即某一保证率）湖泊为维持其水环境质量标准，水体所能容许接纳的污染物质最大数量这一水环境容量的概念，利用合田建水质模型和箱式水质模型，以国家《地面水环境质量标准》（GB 3838—88）中Ⅱ～Ⅲ类对应外海的水质目标，Ⅳ～Ⅴ类对应草海的水质目标，计算滇池水环境容量并对 2000 年滇池水环境容量进行了计算与预测。2000 年滇池总氮水环境容量为 2762t/a，总磷水环境容量为 240t/a。

杨文龙等（2002）利用沃伦威德模型和完全混合湖泊非保守污染水质模型分别为滇池

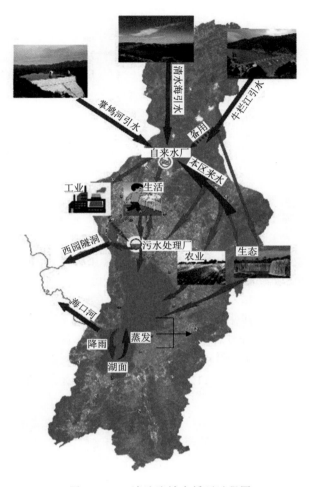

图 1.3-1　滇池流域水循环过程图

水环境中氮磷和 COD_{Mn}、BOD_5 的容量模型，参考《滇池水污染综合防治"九五"计划及 2010 年规划》提出的分阶段水质保护目标，即 2000 年草海保护目标定为 V 类水，外海保护目标定为基本达 III 类水；2010 年草海保护目标达到 IV 类水，外海保护目标为达到 III 类水，计算出了 2000 年滇池的水环境容量并预测了 2010 年水环境容量，高锰酸盐指数、总磷、总氮三指标分别为 42643t/a、122t/a、1446t/a。

李锦秀等（2005）基于平面二维水动力水质模拟技术，按照滇池流域水功能区划确定的水质保护目标需求（外海 III 类、草海 IV 类），提出了将 90％保证率枯水期设计水文条件下计算得到的纳污能力作为流域点源排放总量控制定额，将 90％保证率丰水期设计水文条件下计算得到的纳污能力减去枯水期纳污能力的差额作为面源总量控制定额，滇池流域点源总量控制定额为：化学需氧量 19266t/a、总磷 295t/a、总氮 3805t/a；面源总量控制定额为：化学需氧量 20379t/a、总磷 57t/a、总氮 1054t/a。

邓伟明等（2008）基于"用水—产污—排放—纳污"过程，以水资源承载力和水环境承载力作为广义水环境承载力的基础进行综合分析，通过水环境指标、水资源指标建立评价体系，对滇池流域承载力进行评价，用水环境承载率反映水环境承载力的承压和压力。2008年滇池流域 TN 水环境容量为10856.55t/a，TP 水环境容量为551.55t/a，总氮和总磷的水环境承载率分别为67.7％和35.5％，均处于超载状态，过度氮、磷排放导致滇池严重富营养化。在入湖的氮、磷污染物中，城镇生活的贡献率分别为67.7％和62.3％。

刘永等（2012）以水环境承载力情景方案为依托，叠加流域营养物质输移模型的输出结果，得到滇池流域不同时期、不同情景下的污染源排放及空间分布，并将污染负荷输入水质模型中得到水质响应。

石建屏等（2012）以典型水环境承载力概念模型为依据，构建滇池湖泊水环境承载力多目标优化模型及指标体系，同时选取人口、灌溉面积、国民生产总值、化学需氧量、总氮、总磷作为水资源和水质量承载力指标，并运用指标体系评价与层次分析法（AHP）相结合的方法，认为水环境承载力包括水资源承载力和水质量承载力，计算得到从2003—2010年滇池流水环境承载率均大于1，2003—2007年由1.92上升到2.36，2008—2010年由2.16上升到2.64。水质量承载力与水环境承载力变化趋势相同，由2003年的2.29上升到2010年的3.04。水资源承载力呈逐年上升趋势，由2003年的1.18上升到2010年的1.83，进而分析滇池流域水环境承载社会、经济发展的能力。

综合分析上述学者的研究成果，滇池水环境容量以及水环境承载力的计算方法多样。滇池水质演变以及国家在不同阶段对滇池流域水质提出的不同水质目标，使得在不同条件下滇池水环境容量差异较大。1996—2012年随着经济的快速发展，滇池流域水环境的严重超载在社会经济层面主要表现为人口和 GDP 数量的负承载，在污染物质层面主要表现为富营养化指标 TP、TN 的负承载。

随着掌鸠河、清水海及牛栏江—滇池补水工程的实施，滇池流域的水资源条件发生了根本性的改变，滇池湖体的水量交换显著加快，有利于湖泊水质的改善，并可增加湖泊水体的水环境容量；同时环湖节污工程的实施也改变了滇池流域原有的水文循环过程。因此，在滇池流域水资源条件变化情势下，对滇池流域水环境承载力进行研究对该流域经济发展规划、生态环境保护、水资源可持续利用具有十分重要的意义。

1.4 技术路线与研究方法

滇池流域水环境承载力与水资源可持续利用方案研究，在基础资料收集、文献调查与已有研究成果归纳总结的基础上，以滇池流域现有的水资源条件为背景，结合流域健康水循环体系构建的基本思路，研究滇池流域水资源供、需、耗、排的平衡关系，并以昆明城市河道景观功能维持的环境流量需求和基于滇池湖泊水环境容量提出的限制排污总量为约束条件，研究牛栏江多口入湖方案及其对湖泊水动力特性的影响，提出满足其主要入湖河流水量与水质要求的多水源配置方案，分析滇池湖泊水质持续性改善对外流域水资源配置的需求，并从湖泊水质持续改善与科学利用好现有的水资源条件角度，研究提出滇池流域水资源可持续利用方案。本研究的总体技术路线见图1.4-1。

本研究以滇池流域为背景，以数学模型技术手段为主，同时采用文献调研、基础资料

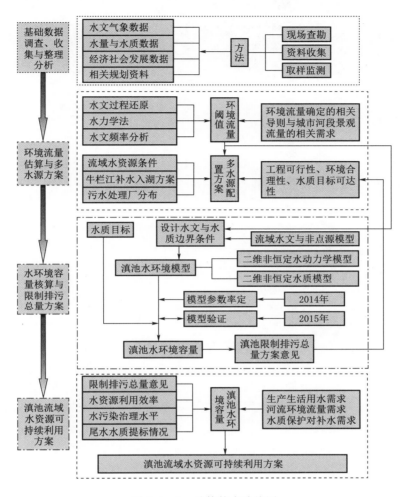

图 1.4-1　总体技术路线图

　　搜集、现场调查、原型监测、室内试验、水文学分析等多种技术方法，以滇池湖泊和昆明城区主要的入湖河道为重点，研究滇池水质保护对外流域来水量与质的需求，并从流域经济社会发展用水、排水及湖泊水环境质量持续性改善角度，提出滇池水质持续改善对外流域清洁水资源的需求及相关约束条件和滇池流域水资源可持续利用方案。

第2章 滇池流域水环境问题识别

2.1 滇池流域概况

滇池流域位于云贵高原中部，云南省昆明市的中西部，由上至下行政区划涉及昆明市的嵩明县、五华区、盘龙区、西山区、呈贡区、晋宁区、安宁市等，流域面积 2920km²。滇池流域东北部有嵩明梁王山脉，与蟒蛇河、牛栏山分界；北部为蛇山，与普渡河相隔；南接晋宁照壁山；西边为滇池湖滨上的西山。滇池四周群山环抱，中间为滇池盆地。受地质构造及地质历史中外应力的长期作用，形成了以滇池为中心，北高南低，南北狭长形不对称阶梯状山间盆地形态地貌特征。

2.1.1 自然环境

1. 自然地理概况

滇池属长江流域金沙江水系的内陆高原湖泊，坐落于昆明市区西南，地理位置介于东经 102°37′～102°48′、北纬 24°40′～25°03′之间，为我国四大断陷构造湖之一，是云贵高原水面最大的天然淡水湖泊，迄今已有 1200 万年的历史。据史书记载，13 世纪中叶，水位约为 1892m，元代开始疏挖海口河，致使湖水位下降，清道光十六年（1836 年）建娄丰闸后，滇池成为人工控制蓄泄的淡水湖泊。滇池经历了漫长的地质年代变迁，加之人为干预和影响加剧，湖面日趋缩小，湖水变浅，容量减少，尤其是 1969 年的"围海造田"后，滇池湖面面积减少近 20km²。现滇池湖面略呈弓形，弓背向东，湖面南北长 40km，东西平均宽 7.5km，最宽处 12.5km，最窄处为内外湖分界处，宽不足百米，湖岸线长163km；当水位为正常高水位 1887.50m（1956 年黄海高程）时，平均水深 5.4m，"海眼"最大水深 11.3m，湖面面积约 309km²，相应的蓄水容积为 15.6 亿 m³。

目前，滇池水域分为内湖（亦称草海）和外湖（亦称外海），其中草海位于滇池北部，湖面面积约 11.2km²；外海为滇池主体，湖面面积约 298km²，占滇池总面积的 96.7%。草海、外海各有一个人工控制的出口，分别为西北端的西园隧道和西南端的海口中滩闸

（海口河）。内、外湖之间由船闸和节制闸连接，进出水量可人为控制。滇池具有工农业用水、调蓄、防洪、旅游、航运、水产养殖、调节气候等多种功能，是昆明地区调蓄、灌溉及工业供水的主体。

滇池位于长江干流金沙江下段右岸一级支流普渡河上游区。流域位于云贵高原中部，地处长江、珠江、红河三大水系的分水岭地带，为中、低山地貌，分水线高程一般在2200～2800m之间，地势总体自东北向西南倾斜。滇池流域北起嵩明县梁王山脉（2820m），该山脉是流域内的最高峰，为普渡河与牛栏江分水岭；南至晋宁区六街照壁山，为与红河流域的分水岭；东起呈贡区梁王山，为长江与珠江流域分水岭；西至大青山和西山。滇池与螳螂川以山相隔，西面海口中滩闸和西园隧道为滇池出口。滇池流域四周群山环抱，东北面有三尖山、麦来山、大五山；东南面有向阳山、梁王山、猫鼻子山；西北面及西面有老鸦山、野猫山、大青山等。周围群山高程在2200～2800m之间，中部滇池盆地高程在1888～1950m之间。滇池流域面积2920km²（外海为2725km²，草海为195km²），其中昆明城区面积为60km²。

根据2013年1月1日颁布施行的《云南省滇池保护条例》，草海正常蓄水位1886.8m，最低工作水位1885.5m；滇池外海控制运行水位：正常高水位1887.5m，最低工作水位1885.5m，特枯水年对策水位1885.2m，汛期限制水位1887.2m，20年一遇最高洪水位1887.5m。

2. 水文气象特性

普渡河流域处于滇黔高原湖盆亚区，而上段滇池流域以浅丘缓坡地势为主，河谷切割相对浅，属中、低山地貌。滇池流域西北梁王山及西部哀牢山分水线高程介于2825～3143m之间，对西南暖湿气流有抬升或部分屏障作用；东部乌蒙山高程介于2358～3100m之间，能阻滞北方寒冷气流入侵，对偏东部暖湿气流起抬升作用，致使区域较温和湿润。根据云南省气象农业气候区划，该区域的气候属北亚热带，是典型的高原季风气候区。夏、秋季主要受来自印度洋孟加拉湾的西南暖湿气流及北部湾的东南暖湿气流控制，在每年5—10月构成全年的雨季，湿热、多雨；冬、春季则受来自北方干燥大陆季风控制，但受东北面三台山、拱王山、梁王山等山脉的屏障作用，直驱南下的寒冷空气难以入侵流域上空，区域天气晴朗，降水量减少，日照充足，湿度小、风速大、少雨的特点。总体而言，该区域具有年降雨量集中程度高、光热资源条件好、降雨量中等偏丰、干湿季分明的特点。流域内滇池盆地多年平均气温为14.7℃，极端最高气温为31.4℃（1969年5月18日），极端最低气温为-7.8℃（1983年12月29日），最热月（7月）平均气温19.7℃，最冷月（1月）平均气温7.7℃，相对湿度平均为74%；年平均日照2448.7h，日照率65%；平均无霜期227d，平均风速2.2m/s，常年风向以西南风偏多（受滇池流域独特的南北狭长形地貌结构影响所致，见图2.1-1），最大风速19m/s。根据分析，滇池流域多年平均降水量为931.8mm，但受局部地形影响，降水量地区分布并不均匀，一般以流域南面的滇池东部、东南部一带最少（850mm左右），以梁王山、三台山分水岭及北面一带最大（1000mm以上）；在滇池盆地周边则以东岸宝象河一带属少雨区（年雨量800～850mm），而东、西北面盘龙江上游高山地区属多雨区（年雨量1000～1200mm）；在草海和外海分隔区域看，草海流域多年平均降雨量（988.5mm）略大于外海流域。流域降雨年内分配也不均匀，干季（11 月至次年 4 月）占全年雨量的 15％左右，湿雨季（5—10 月）占 85％左右，其中 7 月、8 月又集中了全年降雨量的 40％～50％左右，连续最大 4 个月（6—9 月）降雨量占全年降雨量的 60％左右，此外，降雨的年际变化相对较大，变差系数 C_v 值在 0.14～0.16 之间，如 1958—1960 年、1987—1989 年两次连续三年枯水年组和 1965—1974 年、1994—2002 年连续丰水年组，其丰枯比值均大于 2，其中最多为 1386.5mm（1986 年），最少为 660mm（1987 年）。

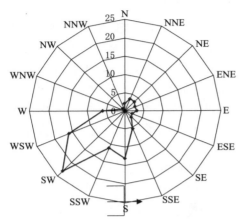

图 2.1-1　滇池流域风场玫瑰图

该地区径流量（地表、地下）以大气降雨补给为主，径流量的年际、年内变化与降雨量具有较好对应性。从滇池周边小河（中和）、干海子、双龙湾等站实测资料统计，5—10 月径流量占年径流量的 74％左右，其中主要集中于 7—8 月，水量约占全年水量的 34％，11 月至次年 4 月因降雨量少，蒸发量大，水资源量也相应减少，水量仅占全年水量的 26％左右；年最小径流量一般出现在 4—5 月，其中尤以 4 月最枯，仅占全年径流量的 2.7％左右。受局部地形影响，径流量的空间分布也不均匀，其规律与降雨分布基本一致。

3. 暴雨洪水特性

滇池流域处于哀牢山自然分界线以东的滇东高原湖盆亚区，属亚热带气候区，水汽来源于西南孟加拉湾及东南暖湿气流，雨季主要受季风环流控制，具有明显季节性。造成暴雨的天气系统主要是冷锋切变、冷锋低槽、低涡等，其洪水主要由高空低涡或切变与地面锋系相伴出现形成。

从降雨的年内变化看，一般自 4 月下旬后，西风带南支急流逐渐减弱，太平洋副热带天气系统位置逐步北移，开始有暴雨和洪水出现，量级一般都不大；5 月底或 6 月初，太平洋副热带高压逐渐开始北移，流域内常有暴雨出现，多呈自东向西部、北部移动性过程，持续时间一般较短，但受局部地形影响导致小范围气候异常，仍会出现局部的较大暴雨洪水，如 1964 年、1975 年、1993 年、1999 年，出现暴雨洪水的概率约 32％。7 月、8 月太平洋副热带高压加强，高空西风槽、低涡特别活跃，地面低压锋系出现频繁，又正值西南或东南暖湿气流加强北上，流域进入强盛雨季，常形成阻塞性大暴雨过程，构成全年主要汛期（即夏汛洪水），强度大、历时长，雨区可遍及全流域，一次暴雨持续时间可达 3～5 天，流域相继出现大洪水过程（如 1966 年、1998 年），出现暴雨洪水的概率约 55％。8 月下旬至 9 月上旬，因太平洋副高逐步减弱，流域内出现短暂伏旱，暴雨次数和量级减小，此时降雨又多呈现移动过程，洪水不大，处于相对低谷期，但每当遇到阻塞性暴雨时也会产生大洪水（如 1954 年、2001 年），出现暴雨洪水的概率约 8％。10 月后，西风带南支急流开始出现，副热带天气系统减弱南退，通常 10 月上中旬一般会出现一定量级降雨量，进入秋汛洪水季节，降雨、洪水量级一般相对要小，但若遇特殊的天气系统，也会出现大暴雨天气过程，从而产生年最大洪水（如 1953 年、1961 年、1967 年、1975 年、1986 年、2006 年），出现暴雨洪水的概率约 5％。11 月后，为西风环流控制，西风带南支急流建立，副热带天气系统南退，空气中的水汽含量大为减少，降雨强度明显减弱，暴雨洪水出现的机会较少，直至汛期结束。

按照天然湖泊特性，根据滇池周边海埂、海口站实测 30 日雨量资料统计，1 日、3 日、7 日、15 日雨量占 30 日雨量的比值分别为 22.3%、33.3%、45.7%、64.8%，表明滇池流域暴雨主要集中 7 日内；从 30 日雨量过程看，随着历时加长后一般有两个以上的降雨过程组成，即当第一个过程至 7 日后第二、第三个降雨过程相继开始，从而形成复式型降雨过程。

从滇池流域气候条件和暴雨成因的分析结果表明，流域内各入滇河道干支流洪水均由暴雨产生，但因流域地形、地貌变化较为复杂，暴雨时空分布差异大，由此引起的大洪水既可发生在主汛期（6—9 月），亦可发生在主汛后期（10—11 月上旬）。根据入湖还原洪水资料统计，年最大洪水出现在 6—10 月的概率为 98%，其中 6 月、7 月、8 月、9 月、10 月中出现年最大洪水的概率分别是 6.1%、22.4%、53.1%、12.2%、4.1%，而 5 月仅出现 1 次，概率为 2%，与大暴雨发生时间相应。由于滇池流域干支流中下游相继建有若干不同规模的水利工程，且滇池湖面面积较大，受其影响，入滇池洪水由流域内水库群的溢、泄洪水，水库至滇池周边以上区间洪水，以及湖面暴雨直接形成的洪水共三部分组成。由于滇池流域下垫面情况较复杂，加之周边入湖河道平缓且呈网络状分布，陆面暴雨产生的洪水需由水库和河槽调蓄后经一定时段内才缓慢入湖。因此，在滇池洪水的分区组成中，前两部分明显滞后于湖面洪水，其中湖面洪水居洪峰前段，陆面洪水居主洪峰稍偏后段，致使洪水过程呈前段尖瘦而后段偏肥胖型，其中外海次洪历时一般在 30 日左右；又由于流域河槽调蓄能力大，大部分年份的第一个洪水过程历时至 15 日后有第二、第三次洪水与其汇集，从而出现滇池外海入湖洪水的连续多峰型过程。草海次洪历时一般在 5 日以内，且以单峰尖瘦型为主。

尽管滇池上游水库群拦蓄量较大，但从上游各水库控制面积、规模及洪水特性综合比较看，除松华坝水库调蓄能力较强，可控制 15 日洪水外，其余 7 座中型和其他小（1）型水库一般仅能控制 1 日洪水。因此，松华坝水库 15 日以后、7 座中型和其他小（1）型水库 1 日以后的洪水基本可视为天然状态，属于自由下泄后汇入滇池。

4. 滇池湖泊水系特征

滇池距昆明市区约 5km，由内湖（草海）、外湖（外海）两部分组成，形似弓形，南北长约 40km，东西宽 12.5km，湖岸长 163.2km，当滇池水位在 1887.4m（黄海高程）时，平均水深 5.3m，最大水深 10.9m（滇池三维水下地形见图 2.1-2），湖面面积约 309km²，库容为 15.6 亿 m³。草海位于滇池北部，面积约为 10.8km²；外海为滇池主体，面积约占滇池96.7%。草海、外海各有一个受人工控制的出口，分别为位于西北端的西园隧道和西南端的海口中滩闸（海口河）。

湖周汇入滇池的河流和大小沟渠有 39 条（滇池流域水系示意图见图 2.1-3），其中进入外海且水量较大的入湖河流有盘龙江、宝象河、大清河、洛龙河、捞鱼河、梁王河、柴河、大河、东大河、古城河、护城河等，注入草海的入湖河流有新运粮河（新河）、老运粮河、船房河、大观河、西坝河等。滇池水经外海西南部的海口河和草海的西园隧洞排出后汇入螳螂川、普渡河，并最终流入金沙江下游干流的白鹤滩库区。

2.1.2　社会经济

滇池流域行政区划属昆明市，是云南省省会所在地，含五华、盘龙、官渡、西山、晋

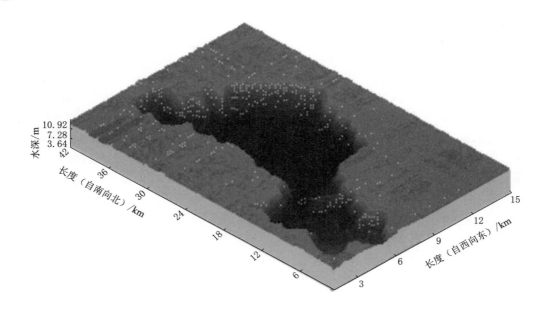

图 2.1-3　滇池三维水下地形示意图

宁、呈贡、嵩明县（区）38 个乡镇。昆明市是云南省的政治、经济、文化和交通中心，也是我国通往东南亚的重要门户，区域内工业集中，商贸发达，旅游环境优越，在全省经济发展中具有举足轻重的地位和作用。

昆明市是云南省经济社会发展的龙头和中国面向东南亚的南大门。近年来，随着中国—东盟自由贸易区的推进，使云南一跃成为全国在印度洋开放战略格局的最前沿，从一个边远落后的内陆省份变成了全国对外经贸的重要区域。作为云南省中心城市的昆明，也因为独特的区位交通优势，成为了中国与东盟"10＋1"合作的桥头堡，迎来了良好的发展机遇。在云南省发展战略中，昆明将逐步形成中国面向东南亚、南亚的贸易、旅游、金融、进出口加工中心和交通信息枢纽。云南省委、省政府提出了建设现代新昆明的发展战略决策，要将昆明建设成为国际化大都市，对于加快云南省的经济发展和全面建设小康社会具有龙头作用和示范效应，更突出了昆明市在云南省的举足轻重的地位和作用。

2015 年滇池流域内总人口 457.5 万人，城镇化水平 85%，为全省平均水平的 2.4 倍。滇池流域 2015 年 GDP 3168 亿元，占全省的 23.5%，人均 GDP 56478 元，是全省平均水平的 2.2 倍；其中第一产业 54.1 亿元，第二产业 1148.49 亿元，第三产业 1583.7 亿元，工业增加值 707 亿元。

流域内现有耕地面积 92.9 万亩，农田有效灌溉面积 60.7 万亩，农田有效灌溉程度 65.3%；农作物总播种面积 154.8 万亩，其中粮食作物播种面积 76.4 万亩，经济作物播种面积 78.4 万亩，粮食总产量 24.9 万 t，蔬菜总产量 115.2 万 t，是云南省重要的蔬菜基地。流域内现有牲畜 80.7 万头，其中大牲畜 10.0 万头，小牲畜 70.7 万头。

滇池流域经济在云南省占有重要地位，流域的主要工业行业有机械、有色金属冶炼、纺织、交通运输设备、电器制造等，农业主要有粮食种植、烟草、蔬菜、水果等，同时乡镇企业发达。滇池流域面积不足昆明市的 1/7，但集中了昆明市 58% 的人口、79% 的规模

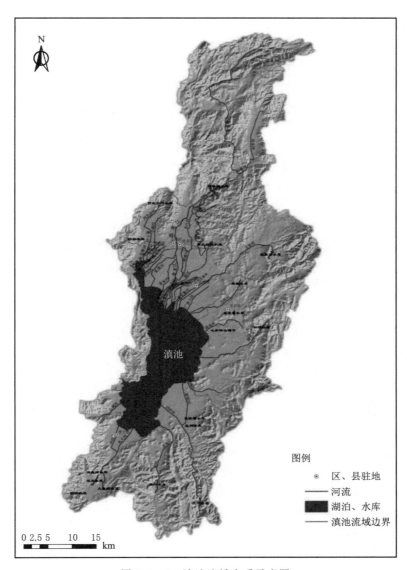

图 2.1-3 滇池流域水系示意图

企业数量、81.6%的 GDP、74%的工业产值、78%的工业增加值及 31.0%的农业总产值。十六大以来，云南省委、省政府提出了建设现代新昆明的发展战略决策，要将昆明建设成为国际化的大都市，对于加快云南省的经济发展和全面建设小康社会具有龙头作用和示范效应，更突出了昆明市在云南省的举足轻重的地位和作用。

2.2 滇池流域水污染治理思路与成效

2.2.1 滇池流域水污染综合治理思路

滇池是昆明市的母亲湖，是镶嵌在云贵高原上的一颗明珠。20 世纪 60 年代滇池水质为Ⅱ类，70 年代下降到Ⅲ类，70 年代后期水质逐渐变差，至 80 年代中后期，草海水质下降到Ⅴ类，外海为Ⅳ类；90 年代草海和外海水质均为劣Ⅴ类。进入 21 世纪，滇池草海、外海水质仍长期维持在劣Ⅴ类水平。滇池水环境快速恶化，不仅严重破坏了湖泊水生态系统平衡，影响了昆明市旅游业发展；而且还给以滇池为水源的昆明城市供水系统造成了巨大压力，并不得不从近百公里外的掌鸠河、清水海等地调水解决昆明市主城区供水问题，以保证昆明城市供水安全；同时从百公里外的牛栏江德泽水库引水，补充被城市生产生活用水严重挤占的滇池河湖生态环境用水，以解决滇池流域长期因清洁水资源严重匮乏而导致河湖水污染情势迟迟无法得到有效遏制与扭转的不利局面。

滇池严重的水污染问题受到国内外社会的广泛关注，党中央、国务院也非常重视滇池污染治理，"九五"至"十二五"连续 4 个"五年计划"都将滇池纳入国家"三河三湖"重点污染治理范围。2007 年 6 月 30 日，温家宝总理专门主持召开太湖、巢湖、滇池"三湖"水污染治理工作座谈会，明确提出"三湖"治理已经迫在眉睫，刻不容缓。2009 年 7 月 25 日，胡锦涛总书记在海埂大堤视察滇池时明确指出"不管怎样，滇池是昆明的母亲湖，要下决心把滇池污染治理搞得更好些更快些"，要通过全面、系统、科学、严格的综合治理，使"三湖"湖体富营养化加重趋势得到遏制，水质有所改善，逐步恢复"三湖"地区的自然风貌，努力形成流域生态良性循环、人与自然和谐相处的宜居环境。

云南省和昆明市历届政府均以对历史高度负责、对国家和人民高度负责、对子孙后代高度负责的态度，相继采取了一系列手段，全面推进了滇池水污染防治。通过二十多年的探索与治理，并借鉴国内外浅水型湖泊的治理经验，逐步摸索出一条适合于高原型城市下游湖泊的水污染综合治理思路、管理机制与治理对策。

自"九五"至"十二五"4 个"五年计划"实施以来，通过不断摸索和分析实施效果，基本厘清了滇池流域水污染综合治理思路，即在社会经济高速发展的背景下，"九五"、"十五"期间滇池治理以点源污染控制为主的治污策略，湖泊水质污染的发展趋势无法得到有效遏制，因此在"十一五""十二五"期间，滇池治理思路发生了重大转变，充分认识到局部区域治理、专项污染治理等的局限性，以流域为单元，统筹保护与发展的关系，注重污染治理与生态修复相结合，引入市场运作模式等，在"削减存量"的同时"遏制增量"，形成了以"六大工程"（即环湖截污及交通工程、外流域调水及节水工程、入湖河道整治工程、农业农村面源治理工程、生态修复与建设工程、生态清淤工程）为主线的滇池流域综合治理思路，并依托"六大工程"将滇池治理作为一项庞大的系统工程分步、有序地推进，河湖水污染治理效果逐步显现。

为有效推动滇池流域水污染治理进程，有效遏制滇池湖泊水质污染趋势，扭转滇池湖泊水质演变态势，使之逐步向趋好方向发展，云南省、昆明市先后颁布了多项政策法规和规章制度，滇池保护由《昆明市滇池保护条例》上升到《云南省滇池保护条例》，成立了昆明市滇池保护委员会、滇池流域管理局等机构，省市两级政府建立了目标责任制、河（段）长责任制，并成立了昆明滇池投资有限责任公司，负责滇池治理投资、融、建、管的一体化运作，同时由一位副市长专职负责环境保护和滇池治理。通过相关管理组织机制的建立并逐步完善，带动滇池保护治理向科学化、法制化方向转变。

2.2.2　滇池水污染治理总体规划与措施落实

针对滇池水污染治理的现状、存在的问题及困难，为进一步全面、系统、科学、高效地治理好滇池，按照"污染控制、生态修复、资源调配、监督管理、科技示范"的指导思想，云南省、昆明市及时调整工作思路，把加大滇池水环境综合治理力度作为当前和今后一段时间的工作重点，提出了环湖截污和交通工程、外流域调水及节水工程、入湖河道整治工程、农业农村面源治理工程、生态修复与建设工程、生态清淤工程六大滇池水污染综合治理措施，其中环湖截污、环湖生态、入湖河道治理、底泥疏浚、水源地保护为滇池的水污染控制措施，外流域引水为水资源补给措施。

立足于滇池流域水污染综合治理，按照滇池水污染治理的总体规划要求，"十一五""十二五"期间国家、省、市政府共投资 442.8 亿元，"六大工程"已全部实施。

（1）滇池环湖截污治污系统：建成并投运 12 座污水处理厂，总处理规模达到 142 万 m^3/d，出水水质均达到《城镇污水处理厂污染物排放标准》（GB 18918—2002）一级 A 标准；建设 97km 环湖截污主干管及 10 座配套雨污混合污水处理厂，处理规模为 55.5 万 m^3/d；敷设 5569km 市政排水管网，旱季主城建成区的污水收集率达到 92%，流域污水收集率达到 75%；建成 17 座雨污调蓄池，可收集储存 21.24 万 m^3 雨污混合水。

（2）入湖河道综合整治：实施 35 条主要入湖河流综合整治，完成河道 4100 多个排污口的截污及雨污分流改造，铺设改造截污管网 1300km，完成河道清淤 101.5 万 m^3。

（3）农业农村面源治理：全面取缔流域规模化畜禽养殖，完成 1.8 万养殖户的 680 万头（只）禽畜禁养；完成农业产业结构调整 1.1 万 hm^2，累计实施配方施肥 11.6 万 hm^2；建成 885 个村庄生活污水收集处理设施；建立农村垃圾"村收集、乡运输、县处置"的运转机制。

（4）生态修复与建设：实施造林 191.22 万亩，滇池流域森林覆盖率由 1988 年的 34.1% 上升到 2014 年的 53.55%；完成水土流失治理面积 174.92km²；在湖滨一级保护区 33.3km² 范围内全面实施"四退三还"，完成退塘还田 3000hm²、退房 145.3 万 m²、退人 2.5 万人、拆除防浪堤 43.14km，增加滇池水域面积 11.51km²，建成湖滨生态湿地 3600hm²。

（5）生态清淤：实施底泥疏浚 18km²，共计疏浚淤泥 1183 万 m^3，去除总氮约 2 万 t、总磷约 0.54 万 t；开展生物治理和蓝藻清除等内源污染治理工程，不断减少滇池存量污染。

（6）外流域引水及节水：牛栏江—滇池补水工程已建成通水，每年可向滇池补水 5.66 亿 m^3；完成污水处理厂尾水外排及资源化利用工程，每天可将 77.5 万 m^3 优质尾水外排至安宁作为工业用水。积极创建节水型城市，建成 410 座分散式再生水利用设施，日处理规模达到 3.37 万 m^3；建成 7 座集中式再生水处理站，再生水供水能力为 10.6 万 m^3/d。

2.2.3　滇池水污染综合治理成效

经过 4 个"五年计划"的持续努力，滇池流域水污染综合治理投资逐步升级，滇池流域点源污染负荷势头已得到控制，湖泊水质污染恶化趋势已基本扭转，整体水质企稳向好，湖泊蓝藻水华发生的面积和爆发强度有所减轻，滇池流域水污染治理成效明显。

1. 滇池湖泊整体水质企稳向好

经过二十多年的不懈努力，依托"六大工程"，把滇池流域治理作为一项庞大的系统工程分步、有序地推进，滇池治理逐步显现成效，滇池整体水质企稳并向好演变（见图 2.2 - 1）。图 2.2 - 2 为 2002—2016 年滇池外海化学需氧量（COD）、高锰酸盐指数（COD_{Mn}）、氨氮（$NH_3 - N$）、总磷（TP）、总氮（TN）、叶绿素 a（chl - a）和透明度（SD）水质的年际变化过程。滇池外海各指标水质浓度在 2013 年（或 2012 年）达到极大值（透明度指标为极小值），随后的 2～3 年内呈逐年减小（透明度呈增加）趋势，滇池水质自 2013 年起逐年改善趋势明显。截至 2016 年年底，各主要指标中，高锰酸盐指数、氨氮两指标满足湖泊Ⅲ类水质目标要求，总磷指标达到湖泊Ⅳ类水质标准，化学需氧量和总氮仍为Ⅴ类水质，滇池外海基本告别了劣Ⅴ类水质状况。

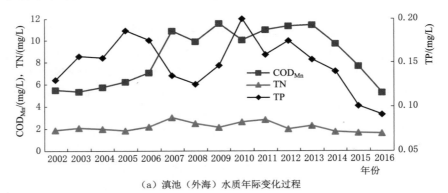

（a）滇池（外海）水质年际变化过程

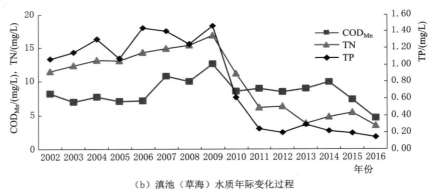

（b）滇池（草海）水质年际变化过程

图 2.2 - 1　近年来滇池草海、外海水质年际变化过程

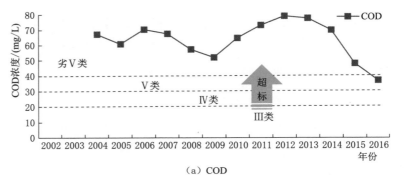

（a）COD

图 2.2 - 2（一）　近年来滇池外海水质年际变化过程

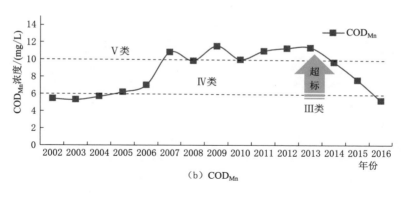

（b）CODMn

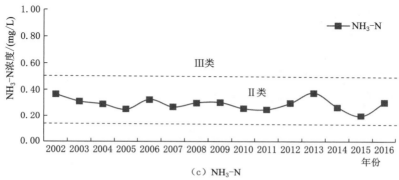

（c）NH₃-N

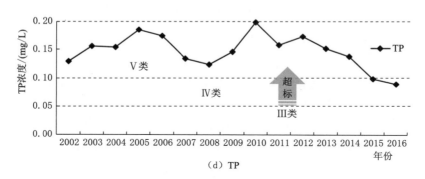

（d）TP

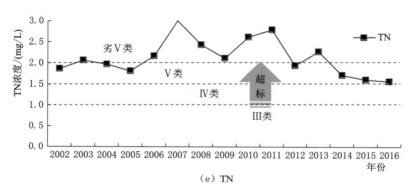

（e）TN

图 2.2-2（二）　近年来滇池外海水质年际变化过程

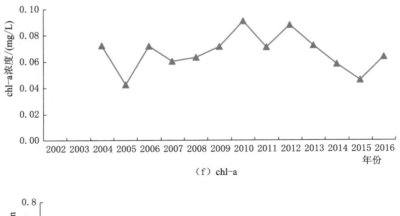

（f）chl-a

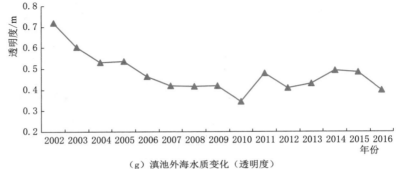

（g）滇池外海水质变化（透明度）

图 2.2-2（三）　近年来滇池外海水质年际变化过程

2016 年滇池外海 COD、COD$_{Mn}$、TP、TN、NH$_3$-N、chl-a、透明度各指标浓度分别为 37mg/L、5.24mg/L、0.09mg/L、1.58mg/L、0.31mg/L、0.06mg/L、0.40m，对应水质类别分别为 V 类、Ⅲ类、Ⅳ类、V 类、Ⅱ类；滇池外海整体水质类别为 V 类，超Ⅲ类水质保护目标的指标有 COD 量、TN 和 TP 三项指标。

滇池草海 COD、COD$_{Mn}$、TP、TN、NH$_3$-N、chl-a、透明度各指标浓度分别为 22mg/L、4.62mg/L、0.14mg/L、3.47mg/L、0.31mg/L、0.08mg/L、0.58m，水质类别分别为Ⅳ类、Ⅲ类、V 类、劣 V 类、Ⅱ类，目前草海整体水质类别为劣 V 类，超Ⅳ类水质保护目标的指标有总氮和总磷两指标。

2. 滇池湖泊蓝藻水华程度有所减轻

根据《地表水资源质量评价技术规程》（SL 395—2007）的相关规定，湖库营养状态应采用营养状态指数法进行评价，评价项目包括 TP、TN、叶绿素 a、COD$_{Mn}$ 和透明度，其中叶绿素 a 为必评项目。

采用营养状态指数法，2002—2016 年期间滇池草海、外海各水质监测站点的营养状态综合评分分别为 67～83、65～72（其年际变化过程见图 2.2-3）；草海富营养水平由重度富营养逐步转变为中度富营养，外海一直均处于中度富营养水平，其中 2010 年营养状态相对最为严重（营养状态指数最大），2015 年富营养程度相对最轻（营养状态指数最小）。2010—2016 年期间滇池外海营养状态指数总体呈逐年改善趋势，自 2014 年起草海水体富营养程度也快速减轻,这主要受滇池外海北岸尾水外排和牛栏江来水改善草海水环境质量影响所致。

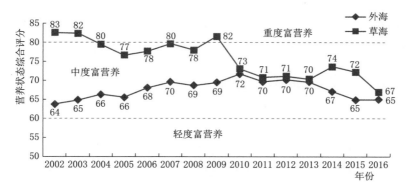

图 2.2 - 3　滇池草海、外海富营养状态综合评分变化过程

从 5 种营养源指标的营养状态指数差异(见图 2.2 - 4)来看,各指标的差异不明显,故目前滇池基本不存在蓝藻水华发生的限制性营养因子。

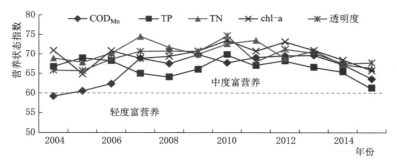

图 2.2 - 4　滇池外海营养状态指数的变化过程

3. 滇池水循环体系的逐步恢复有利于滇池水质向好的方向发展

围绕重构滇池水资源、水环境、水生态的目标,"十一五""十二五"期间大力推进"六大工程",首次实现了清水补湖(每年可向滇池补给相对清洁的水量 5.66 亿 m^3),并置换了作为滇池水资源重要补给来源的污水处理厂尾水,同时为下游安宁市提供了稳定达标的工业用水,初步构建了流域"自然-社会"健康水循环体系。

社会水循环体系:通过大力推行节水和再生水利用工程,构建了覆盖全流域的截污-治污系统,实施主城污水处理厂尾水外排和资源化利用工程,大幅度提升了流域节水-排水-治污系统效能,尽可能地"隔断"流域污染物的入湖通道。与 2000 年相比,滇池流域点源污染物入湖量削减了 44%,面源污染物入湖负荷量削减了 37%。

自然水循环体系:随着牛栏江—滇池补水工程正式通水运行,实现了"与湖争水"向"还水予湖"和"拦截脏水入湖"的历史性转变,湖泊水动力条件得到增强,水体置换时间大幅度缩短。通过湖滨"四退三还"和流域生态建设,历史上首次出现了"湖进人退",流域水源涵养能力逐步提高,流域产流—汇流—蓄水—补水的自然循环系统得到优化。滇池流域被严重挤占的河湖生态用水得到有效恢复，湖泊受纳城市污水的格局开始发生显著改变。

滇池入湖河道水质明显提升，综合污染指数明显下降，原本超标的砷、铅、石油类等指标已低于检测限，化学需氧量、总磷、氨氮指标与 2000 年相比分别下降 73.3%、78.3%、77.2%。滇池湖泊水质持续稳步改善，水质企稳向好。

2.3　滇池流域水污染治理中存在的主要问题

2.3.1　滇池流域水环境问题分析

滇池流域地处长江、红河、珠江三大水系分水岭地带，四周群山环抱，中间为湖盆低地，汇集了流域内所有来水，包括环湖四周农田生产与城市径流形成的非点源污染、昆明主城区和环湖周边城镇所有的生产和生活废污水。匮乏的水资源条件致使流域内河湖的生态环境用水被严重挤占，河湖水资源被多次重复利用，入湖水量的污径比很高，直接导致滇池流域水环境问题非常突出，湖泊水质污染特别严重，湖泊蓝藻水华常年爆发，从而出现资源性和水质性缺水共存的严峻局面。"水少、水脏、水景观差"是长期困扰滇池水污染治理的难题。

为解决滇池流域"水少"问题，昆明市在滇池流域区内水资源开发利用挖潜的基础上，规划了"云、松、滇、清"（云龙水库、松华坝水库、滇池、清水海水库）水源调度系统：2007 年 3 月掌鸠河引水供水工程建成通水；2012 年 10 月清水海引水一期工程建成通水（新增供水量 1.04 亿 m³，其中昆明城市供水 0.97 亿 m³，寻甸供水 0.07 亿 m³）；清水海引水二期工程（新增供水量 0.63 亿 m³）正在规划中。"云、松、滇、清"水源系统建设完成后，2020 水平年滇池流域的一次性清洁新鲜水的可供水量达 8.06 亿 m³，可满足城市生活、农村生活供水及部分工业用水，但另一部分工业用水和流域农业灌溉还需抽提滇池水，同时滇池河湖生态修复用水仍无法解决。

为解决滇池流域"水脏"问题，基于"源头控制、过程阻断、末端治理与水生态修复"的系统性理念，近年来系统实施了"六大工程"体系。通过牛栏江—滇池补水工程每年引水 5.66 亿 m³ 的清水入湖，基本缓解了滇池河湖生态环境用水被严重挤占、滇池水量平衡依靠废污水补给的尴尬局面。取缔畜禽养殖，加强加大农业农村面源治理与海绵城市建设力度，落实滇池流域源头治理问题，减少流域污染物的产生量；通过入湖河道综合整治、加强流域生态修复与建设，实现流域污染物在迁移转化过程中的削减与局部阻断。通过环湖公路建设与截污工程，将未经处理的生产生活废污水拦截后统一输送到污水处理厂进行处理，同时将污水处理厂处理达标排放后的尾水通过环湖截污干管输送到湖泊下游，达到末端治理的最佳效果。同时，湖泊水污染治理是一个"内外兼修"和"标本兼治"过程，外源控制是根本，内源治理（生态清淤）和湖滨带水生态系统修复与建设是关键。随着滇池流域"六大工程"体系治污效益的逐步发挥，自 2013—2014年起，滇池水质恶化趋势得到了遏制，湖泊水质企稳向好，滇池"水脏"问题逐步得到逐步缓解。

滇池"水景观差"问题，是滇池长达三十多年水质严重污染的直接体现和累积结果，尽管自 2013 年以来滇池水质继续恶化的趋势得到了控制并向好的方向发展，但湖泊水质仍将在较长的一段时期内处于Ⅲ～Ⅳ类水平（局部湖湾仍将维持在Ⅳ～Ⅴ类水质），湖体中的氮、磷等营养元素仍不会成为水体富营养化发生的限制性因素，大面积的蓝藻水华问题仍无法避免和有效控制，但随着滇池整体水质逐步向好的方向发展，滇池水体的富营养化程度将逐步减轻，滇池"水景观差"的问题会有所改善。针对如外海北部湾、晖湾等局部湖湾水景观改善问题，只能通过有针对性的措施来加以缓解或解决。

2.3.2　当前存在的主要水环境问题

随着"六大工程"分步、有序地推进与落实，流域水污染综合治理效果逐步显现，滇池湖泊水质企稳向好；但伴随着滇池整体水质的逐步改善，局部湖湾（如外海北部湖湾）水质污染严重与水景观极差的问题，大量的外流域调水进入滇池流域导致流域内污水处理厂尾水外排问题，牛栏江—滇池补水工程清洁水资源配置问题，以及流域内水资源如何充分利用等问题日益凸显出来。

1. "水多"与"水少"问题并存

在当前"云（龙水库）、松（华坝水库）、滇（池）、清（水海水库）、牛栏江（德泽水库）"水源调度系统下，规划水平年 2020 年滇池流域的一次性清洁新鲜水的可供水量达 13.72 亿 m^3。大量的清洁水量经生产生活使用后，由市政管网收集和污水处理厂处理并满足《城镇污水处理厂污染物排放标准》（GB 18918—2002）一级 A 标准（TP≤0.5mg/L、TN≤15mg/L）后，目前每天将产生 70 万～80 万 m^3 的污水处理厂尾水。2016 年滇池流域各污水处理厂尾水的年均水质浓度为 TP 0.26mg/L，TN 8.64mg/L，均远大于湖泊水质保护目标浓度（TP＝0.05mg/L，TN＝1.00mg/L），故在牛栏江—滇池补水工程来水基本解决了滇池流域河湖生态环境用水的条件下，各污水处理厂的尾水不宜直接进入滇池。目前，昆明主城区的污水处理厂尾水，除极少部分用于河道生态环境补水外，绝大部分尾水均通过北岸截污管道输运至西园隧洞后排到沙河，每天经外海北岸环湖截污管道外排的尾水量约为 110 万 m^3。

滇池流域每天有经过提标处理的大量尾水外排至滇池下游河道，同时受滇池流域地处三大流域分水岭地带、无过境水、流域面积小、入湖河道流程短、上游水库拦截及年内干湿季节分明等因素影响，大部分入湖河流在旱季均出现断流问题。大量的尾水外排（"水多"）与大部分河流均存在旱季断流（"水少"）现象在滇池流域并存，如何科学合理地利用因外流域来水引起的"水多"来解决因"水少"而出现的河道断流、河流生态系统遭到周期性破坏问题，是滇池流域目前面临的主要环境问题之一。

2. 局部湖湾水质污染依然严重、水景观效果极差

根据 2015 年滇池外海湖区代表站位（见图 2.3-1）的水质监测资料统计结果（见图 2.3-2），目前滇池外海湖区水质呈现北部湖湾（以晖湾中为代表）显著大于湖心区（以观音山中为代表）和南部湖区（以海口西和滇池南为代表），湖心区和南部湖区水质空间差异不显著；北部湖区内水质空间分布非常显著，同时越靠近海埂大堤的水域，其湖区水质浓度值就越大，叶绿素浓度水平和富营养化程度就越高。

图 2.3-1 滇池外海南北向监测
站点分布图

对比 2014 年和 2000 年滇池湖区的水质空间分布图（见图 2.3-3）可知，尽管滇池整体水质（包括草海）都有较大幅度的改善，但滇池外海水质的空间分布格局未得到有效改善，外海北岸水质状况仍是滇池外海污染最为严重的区域。

受湖泊地势地貌特征和风生环流驱动影响，滇池外海西北部形成了湖流非常缓慢且相对封闭的滞留区，同时结合滇池外海入湖负荷绝大部分均从北岸入湖和自南向北湖流的顶托影响，北岸入湖的污染负荷在滇池北部湾区域堆积严重，蓝藻水华发生频次和爆发强度居全湖之最，现场景观见图 2.3-4。加之该区域是昆明市居民湖边休闲和滇池旅游对外展示的窗口，社会关注度和滇池治污成果展示的敏感度高，常年大面积的蓝藻水华和"浓浓的绿装"对近年来的滇池治污成果产生了消极和负面影响，亟须采取科学有效的措施，解决滇池外海西北部蓝藻富集的问题，全方位展示滇池流域治污成效，以获得民众对滇池治污成效的认可。

3. 牛栏江—滇池补水工程如何更好地服务于滇池水质持续性改善

牛栏江—滇池补水工程作为滇池流域水污染综合治理"六大工程"体系的一个重要组成部分，有效缓解了滇池流域因水资源匮乏河湖生态环境用水被严重挤占的局面，初步建

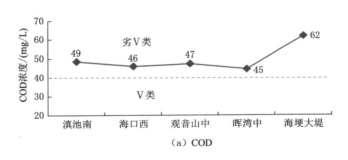

（a）COD

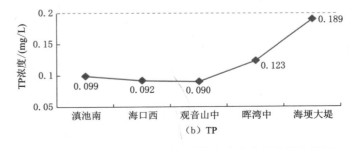

（b）TP

图 2.3-2（一） 2015 年滇池外海南北向水质空间分布图

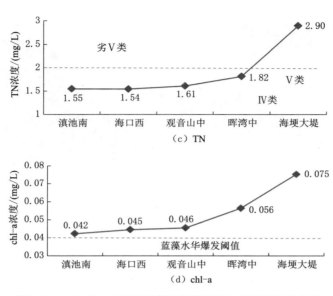

（c）TN

（d）chl-a

图 2.3-2（二）　2015 年滇池外海南北向水质空间分布图

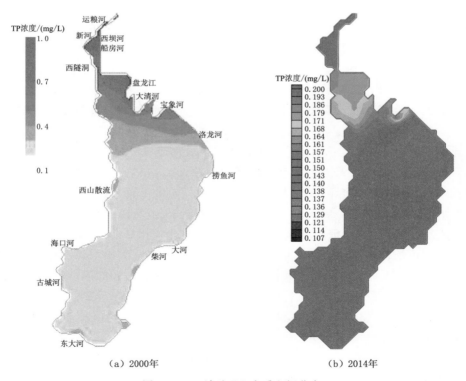

（a）2000年　　　　　　　　（b）2014年

图 2.3-3　滇池 TP 水质空间分布

立了牛栏江—滇池补水工程清水入湖通道，基本满足了清水补给湖泊生态环境用水的需求，同时为滇池流域污水处理厂尾水外排、环湖截污工程拦截重污染河流水、初期雨污水

图 2.3 - 4　滇池北岸死水区蓝藻堆积状况（2015 - 06 - 16）

等提供了水资源条件，为近期滇池水质污染态势的有效逆转和湖泊水质的逐步好转提供了重要的资源性支撑条件。

在牛栏江—滇池补水工程规划、设计与调度运行阶段，根据工程的设计任务（改善滇池外海水质）、滇池入湖河流治理的难易程度，并结合滇池湖泊水动力特性和出入湖河流对滇池水动力与湖区水质的影响，确定了近期以盘龙江作为牛栏江—滇池补水工程的清水入湖通道。在牛栏江—滇池补水工程的环境效益已经充分显现的条件下，结合牛栏江—滇池补水工程多口入湖方式可能带来的水动力与水质影响，并考虑入湖河流生态环境用水需求和昆明市对草海功能定位的新需求，研究牛栏江—滇池补水工程对草海、外海水量分配方案和适宜的多口入湖方式，让牛栏江—滇池补水工程对滇池水质改善效益最大化，使滇池水质得到持续性改善。

4. 滇池流域健康水循环建设体系建设亟须完善

为解决滇池流域水资源匮乏带来的城镇供水安全问题，2012 年昆明市建成了"云（龙水库）、松（华坝水库）、清（水海水库）和滇（池）水源调度和供水安全保障系统；为解决昆明市城镇生产、生活及农业用水严重挤占滇池流域河湖生态环境用水并导致滇池湖泊水环境质量恶化趋势无法得到有效控制的问题，2013 年年底牛栏江—滇池补水工程建成并通水，每年可向滇池补给清洁水 5.66 亿 m³。同时伴随着更大规模和覆盖范围更广的滇中引水工程于 2017 年 7 月正式开工建设，滇池流域外流域调水工程格局（见图 2.3 - 5）已基本形成，可为滇池健康水循环体系建设与优化调度提供相对充足的水源条件。

牛栏江—滇池补水工程，不仅可使滇池流域的清洁水资源量增加一倍，更为重要的是，受到严重污染的排水沟渠污水和污水处理厂尾水将不再成为维持滇池水量平衡的主要来源，这部分水量可以通过环湖截污干管输送到西园隧洞并排向下游的沙河，实现了牛栏江清水替代脏水入湖，让受严重污染的排水沟渠污水或氮、磷含量较高的污水处理厂尾水不再进入滇池，从流域层面上初步建立了滇池健康水循环体系，从而扭转了自 2000 年以来滇池水质持续恶化的趋势，并自 2014 年起滇池草海、外海水质改善十分显著，到 2016 年年底除化学需氧量外，其余各指标均基本达到 Ⅳ 类水质标准。

牛栏江来水初步改善了滇池水循环体系，但仍存在大多数河流季节性断流、滇池外海北部湖湾蓝藻堆积较为严重、水景观质量极差等问题。需要结合昆明市水生态文明城市建设需求，在保障滇池水质持续性改善的前提条件下，充分利用牛栏江来水条件，适度和适

图 2.3 - 5 滇池流域外流域调水工程分布示意图

当利用污水处理厂尾水，让更多的入湖河流能够常年"流起来"，让更多的入湖河流成为城市的清水绿色通道，并通过工程措施让相对静止的湖湾水体能够"动起来"，从而打造滇池健康的水循环体系，让滇池的"主动脉（盘龙江—海口河）"和"毛细血管（各入湖河流—湖湾）"都循环起来，形成整体与局部协调一致的滇池健康水循环体系。

第3章 滇池流域水资源条件与水平衡分析

3.1 滇池流域水资源条件

为了解决滇池流域水资源短缺问题，昆明市自"十五"以来陆续建设了掌鸠河、清水海、牛栏江等外流域引水工程，基本缓解了昆明市近期缺水和湖泊生态环境用水问题。目前正在建设的滇中引水工程，可为中远期滇池流域经济社会可持续发展的水资源需求和生态环境用水安全提供保障。因此，滇池流域水资源条件包括本区水资源和外流域水源工程两部分。

3.1.1 滇池流域水资源基本特征

3.1.1.1 降水量

滇池流域属亚热带高原季风气候区，年降雨量在 797～1007mm 之间，多年平均降水量为 938.1mm。流域降雨在年际间变化较小，多年平均降水变率为 15%，但年内分配不均，受西南季风影响，干湿季分明。湿季为 5—10 月，主要受来自南太平洋北部东南暖湿气流影响，降水量显著增加，降水量约占全年的 87%，尤其 7 月降水最多，占全年的 21.1%，易出现降雨天气，气温高、降水多、蒸发大、湿度大等特点显著；干季为 11 月至次年 4 月，主要受大陆性西风气流和北方冷空气南下影响，降水量仅占全年的 13%，尤其 2 月降水最少，仅占全年的 1.4%。

3.1.1.2 水资源量

滇池流域地下水主要以河川基流形式排泄，其他排泄量很小，可以将河川径流量近似作为水资源总量。滇池流域径流面积 2940km²，年径流深 188.7mm，地表水资源量 5.55 亿 m³，人均水资源量不足 200m³，仅为全省平均水平的 1/20，与全国著名缺水地区京津塘的人均水资源量相当，属水资源严重缺乏地区。1951—1960 年期间，滇池入湖水量小于出湖水量，尤其在 1960 年（流域年降水量仅有 755mm），导致湖泊蓄水量仅有 10.51 亿

m³；1960—1980 年，流域处于丰水期，入湖量和出湖量的时空变化较类似，滇池蓄水量稳定在 13 亿 m³ 左右；20 世纪 80 年代后，流域进入枯水期（年均降水量仅有 870mm），湖泊水位降低，蓄水量减少；20 世纪 90 年代后，流域又进入丰水期，加上人工调控措施的加强，湖泊蓄水量不断增加，90 年代后期蓄水量稳定在 15 亿 m³。滇池流域行政分区水资源状况统计见表 3.1-1。

表 3.1-1　　　　　　　　滇池流域区内水资源状况表

县级行政区	面积/km²	降水量/mm	地表水资源量/亿 m³	径流深/mm
五华区	93.6	963.3	0.101	549.4
盘龙区	307.3	921.3	0.066	538.2
官渡区	387.2	918.2	1.896	245.6
西山区	244.2	1032.7	0.903	393.3
呈贡区	433.2	871.7	0.857	197.8
晋宁区	750.4	939.2	1.975	263.2
嵩明县	431.5	962.3	1.244	288.3
滇池	292.6	850.2	-1.494	-510.6

3.1.1.3　水环境质量状况

1. 滇池水质状况评价

滇池位于昆明盆地的最低点，地处昆明城市下游，它既是昆明市生活用水（近年来由于湖体水质较差且外流域引调水的补给，滇池不再作为城市生活供水水源）及工农业用水的主要水源地，又是昆明城市生活污水及工业废水的主要纳污水域。由于城市规模不断扩大，城市人口增长迅速，生活小区不断新建，城市生活点源及非点源污染难以有效控制，滇池的有机污染及富营养化十分严重。随着滇池流域水污染综合治理"六大工程"措施的实施，滇池水质恶化的态势已经得到了有效改善，2015 年滇池外海化学需氧量、高锰酸盐指数、总磷、总氮、氨氮的年均水质浓度分别为 48mg/L、7.86mg/L、0.11mg/L、1.61mg/L、0.20mg/L。按照《地表水环境质量标准》（GB 3838—2002），各指标对应的水质类别分别为劣Ⅴ类、Ⅳ类、Ⅴ类、Ⅴ类、Ⅰ类，综合水质类别为劣Ⅴ类。

2. 主要入湖河流水质现状

在进入滇池的主要河流中，位于滇池北部区的河流，除盘龙江外，其他河流流程短，天然补给水量少，河流在旱季时常出现断流，即使有水，水质污染也很严重。2015 年纳入统计的 20 条主要入滇河流中，入湖水质为劣Ⅴ类的有 4 条（大清河、小清河、金家河和海河），入湖水质为Ⅴ类的有 4 条（金汁河、大河、中河和次港河），入湖水质为Ⅳ类的有 7 条，满足Ⅲ类水质目标的河流有 5 条。

3. 主要水源工程水质现状

根据《云南省水功能区划复核说明》的水质资料，滇池流域 8 座大中型水库中，松华坝水库、宝象河水库、柴河水库、大河水库和双龙水库 5 座水库的水质达到Ⅲ类地表水标准，果林水库、松茂水库、横冲水库 3 座水库为Ⅳ类地表水。根据《生活饮用水卫生标准》(GB 5749—2006)和《城市供水水质标准》(CJ/T 206—2005)的要求,松华坝、宝象河、柴河、大河和双龙等水库的水质满足城市供水的要求,实际上现状这些水库也作为昆明城市的供水水源。横冲、松茂、果林等作为农业灌溉和工业生产用水。各水库的工程特性详见表 3.1-2。

表 3.1-2　　　　　　　　　　滇池流域大中型水库工程特征表

水　库	所在县（区）	总库容/万 m³	兴利库容/万 m³	水源水质状况
松华坝水库	四城区	21900	10500	Ⅱ～Ⅲ
宝象河水库	官渡区	2070	1550	Ⅱ
果林水库	呈贡区	1140	395	Ⅳ
松茂水库	呈贡区	1600	973	Ⅳ
横冲水库	呈贡区	1000	693	Ⅳ
大河水库	晋宁区	1850	1700	Ⅲ
柴河水库	晋宁区	2200	1940	Ⅲ
双龙水库	晋宁区	1224	1216	Ⅲ

4. 水资源开发利用情况

截至 2015 年年底,滇池流域内已建成了松华坝大型水库 1 座,宝象河、果林、横冲、松茂、大河、柴河、双龙等 7 座中型水库,29 座小(1)型水库,130 座小(2)型水库,445 座塘坝,总库容 4.37 亿 m³,兴利库容 2.71 亿 m³。小型河道引水工程 110 项,滇池及主要支流上的提水工程 239 处,水井工程 134 项,引调水工程 3 项。2015 年各类水利工程总供水量为 8.09 亿 m³,其中蓄水、引水、提水、水井(含机械井)、调水工程以及污水处理回用工程供水量分别为 2.46 亿 m³、0.24 亿 m³、1.65 亿 m³、0.73 亿 m³、2.55 亿 m³ 和 0.46 亿 m³,分别占总供水量的 30.4%、3.0%、20.4%、9.0%、31.5% 和 5.7%。目前,由于外流域引水供水工程外调水的利用,导致实际用水量大大超过了流域水资源量,水资源开发利用程度已远远超过 40% 的合理上限,远高于云南省现状 7.0% 的开发程度。

5. 水资源开发利用存在的问题

(1)人均水资源量低,区域内供需矛盾突出。滇池流域处于金沙江与红河水系的分水岭地区,属金沙江支流普渡河的源头区,区内地势较高,无其他过境水量补给,水资源极为短缺。降水少,蒸发量大,单位耕地上的水资源量小。滇池流域多年平均降水量 938.1mm,较全省平均降水量 1279mm 少 27%;多年平均水面蒸发量 1871mm,较全省平均蒸发量 1057mm 多 77%。降水少和蒸发大导致径流深仅为 188.7mm,因此单位耕地上的水资源量仅 600m³,仅为全国平均数 1800m³/亩的 1/3。按照联合国"国际人口计划研究项目"的划分,人均水资源量小于 500m³ 属于水危机地区,500～1000m³ 属于水紧张缺水地区,1000～1600m³ 属于缺水地区,大于 2000m³ 才是水均衡地区。1980 年,滇池流域人均水资源量仅为 400m³/人,由于滇池水质达到地表水Ⅲ类以上,故当时不存在城市供水短缺与水质性缺水问题。1990 年,流域内的人均水资源量下降到 310m³/人,资源性短缺带来的缺水及相关负面影响日益突出，滇池水环境开始恶化，草海水质一直处于劣Ⅴ类，外海水质也迅速从Ⅲ类下降到劣Ⅴ类水体。2010年，滇池流域人均水资源量下降至151m³/人，属水危机十分严重的地区。随着掌鸠河引水供水工程、清水海引水工程和牛栏江滇池补水工程通水后，滇池流域的水资源可利用水量增加到14.44亿 m³，但人均水资源量也仅为393m³，仍小于500m³水危机红线。

（2）滇池水质恶化的趋势虽已得到有效的遏制，但要实现河湖水体水质和水生态环境的改善，逐步减轻并消除湖泊蓝藻水华的危害，仍任重道远。滇池一直是国家"三湖"治理的重点之一，亦是"三湖"治理的难点所在。云南省和昆明市高度重视滇池治理工作并在"十一五"期间全面提升了对滇池的整治力度，将滇池治理列为最大的环境工程和民生工程，作为现代新昆明建设的头等大事。随着一系列外流域引水济昆工程、底泥疏浚工程、河道治理工程、环湖截污及环湖生态工程的逐步完成，较大程度地缩短了滇池水体的换水周期，对湖泊内源污染进行了适当控制与削减，并逐步摆脱了陆域污染入湖对湖泊水质的累积性叠加影响，为持续控制流域污染源和湖泊生态恢复提供了必要的基础和条件。滇池全流域水污染综合治理步伐的加快，为从根本上解决滇池水质污染问题提供了保障。

目前，滇池水体污染物浓度逐步降低，水体能见度有所改善，但是其受损的湖泊水生态系统，要恢复到污染前的状态或使其向良性的方向发展与转变，需要多方面的努力和长期的投入与治理。滇池水质污染、水体富营养化与蓝藻水华问题仍较为突出，湖泊水环境治理的形势仍较为严峻，流域水资源短缺及其时空分布失衡仍是制约滇池流域河湖水环境持续性改善的主要原因之一。由于流域内源头型水库仍是城市供水的重要水源，城市供水挤占流域内农业用水和入湖河道的生态环境用水，而农业又只能进一步挤占河道生态环境用水和抽提湖泊水来填补其缺口。这不仅使流域内工农业等部门的生产用水难满足其要求，而且造成了入湖河道的季节性断流和水质污染加重问题，使可利用的水资源量减少，进一步加剧了流域的水资源危机。滇池治理仍然需要不懈的努力，在现有的水资源条件下进行合理的配置和优化，才有可能巩固并持续提升其水环境治理成效。

（3）未建立健全区域内水资源高效配置体系。随着掌鸠河引水供水工程、清水海引水工程及牛栏江—滇池补水工程的建成通水，滇池流域多水源联合供水局面形成。同时，滇池流域工业向安宁—富民工业走廊转移，区域内产业工业布局发生了根本性的转变，滇池从以往保障生产生活供水向以河湖生态修复为主改善水质转变，功能任务发生了根本性转变，亟待建立健全区域内河-湖-库水资源系统多水源分质供水的水资源高效配置与统一调度方案。

3.1.2 外流域水源工程水资源概况

目前，滇池流域已建外流域调水工程主要有掌鸠河引水供水工程、清水海供水工程以及牛栏江—滇池补水工程。

3.1.2.1 掌鸠河引水工程

昆明市滇池流域水资源短缺，制约着昆明经济发展，也影响着市民生活水平的进一步提高，云南省、昆明市政府对这一问题十分重视。1993年4月，省人民政府召开的治理滇池现场办公会议，决定开展外流域引水济昆前期工作。通过对昆明市区周边 200km 范围内的 14 组水源方案的水量、水质、能耗、投资等多因素进行综合比选后，提出了以自流引水为主的掌鸠河引水水源方案为首选。1994 年 5 月，在水源选点成果评审中，评审专家组认为掌鸠河引水工程水量丰富、水质优良、自流引水，应列为优先建设项目。

云龙水库是掌鸠河引水供水工程的水源，是一座以城市供水为主的多年调节水库。水库位于掌鸠河上游云龙乡境内，坝址选在两岔河交汇口下游约 500m 处，控制流域面积 745km^2，多年平均径流量 3.08 亿 m^3。上游已建中型的双化水库，兴利库容 1816 万 m^3，其灌溉用水通过云龙水库输水渠道，经运昌大沟进入灌区，可满足下游灌区的用水要求。因此，云龙水库在掌鸠河流域规划中不承担灌溉任务，主要任务是向昆明城市供水，属单一功能的供水工程。

掌鸠河引水供水工程于 2007 年 3 月建成投入运行，可调毛水量 2.20 亿 m^3，输水渠（管）全长 97.7km，设计流量 10m^3/s，年输水能力可达 3.15 亿 m^3。

3.1.2.2　清水海引水工程

随着现代新昆明的建设，城市化、工业化进程的加快，掌鸠河引水工程已不能满足昆明城市发展的需求，继掌鸠河引水供水工程后的其他外流域引水工程势在必行。根据《云南省昆明市外流域引水济昆水源选点规划要点报告》和 2003 年 5 月云南省水利厅组织编制的《云南省昆明市滇池流域近期外流域补水方案》，在由近到远、由易到难、优水先用的原则下，通过对补水水源的水量、水质、投资、运行成本及水资源开发利用比选，清水海引水方案指标最优，是继掌鸠河引水供水工程后缓解昆明市水资源供需矛盾的最佳水源方案。工程任务是解决昆明市空港经济区、新机场、东城区及部分主城区的工业和生活用水。

清水海引水工程是清水海供水及水源环境管理项目重要组成部分，工程区主要位于小江流域及洗马河流域。该工程是以清水海为中心的清水海水源工程组，设计供水能力 1.04 亿 m^3，工程水源点位于小江流域的大白河和块河源头段，包括自流引水的清水海本区径流、塌鼻子龙潭（298 号）泉水、新田河引水、板桥河引水和石桥河引水以及末端水库——金钟山水库。

工程先在新田河、板桥河兴建日调节水库，在石桥河兴建无调节引水枢纽，恢复塌鼻子龙潭引水渠，再把这些水源点的水量引入清水海水库，加上本区径流，进行多年调节，在留足寻甸县用水的前提下，通过麦冲隧洞向受水区均匀引水 9487 万 m^3。引水到嵩明县白邑乡同心闸后，转向金钟山调蓄水工程附近设分水闸，主管进入下游自来水厂；分一支管引入金钟山调蓄水工程，重建金钟山调蓄水工程作为引水系统的末端事故备用水库，并充分调蓄水库水量，新增航空城供水 197 万 m^3，共向主城、空港经济区和东城供水 9684 万 m^3。该工程已于 2012 年 4 月建成通水。

3.1.2.3　牛栏江—滇池补水工程

云南省委、省政府多年来把滇池污染治理作为全省生态环境建设的头等大事，采取多种措施对滇池进行治理，取得了初步成效，但滇池水环境恶化的形势依然十分严峻，流域水资源短缺制约滇池水环境改善的问题日益突出。为破解这个难题，云南省委、省政府以科学发展观为指导，从全省经济社会可持续发展的高度出发，加强了滇中引水工程各项前期工作，提出了滇中引水工程为系统工程，需要分近、中、远期三步实施的战略构想。滇池补水就是滇中引水工程近、中期实施的一项重要工程，是解决昆明"水少"、滇池"水脏"的现实选择，是加快现代新昆明建设与实施滇池综合治理的关键性工程。

牛栏江—滇池补水工程是一项水资源综合利用工程，近期任务是向滇池补水，改善滇池水环境和水资源条件，配合滇池水污染防治的其他措施，达到规划水质目标，并具备为昆明市应急供水的能力；远期任务主要是向曲靖市供水，并与金沙江调水工程共同向滇池补水，同时作为昆明市的备用水源。

工程分布于曲靖市的沾益区、会泽县以及昆明市的寻甸县、嵩明县和昆明市盘龙区境内。德泽水库大坝距沾益公路里程72km，距曲靖市84km，距昆明市173km。由德泽水库水源枢纽工程、德泽干河提水泵站工程及德泽干河提水泵站至昆明（盘龙江）的输水线路工程组成。

德泽水库水源枢纽工程由混凝土面板堆石坝、左岸溢洪道、右岸泄洪隧洞、左岸发电放空隧洞及坝后电站等组成。大坝为混凝土面板堆石坝，最大坝高142.4m，水库总库容44788万m^3；正常蓄水位1790m，相应库容41597万m^3；死水位1752m，死库容18902万m^3；兴利库容21236万m^3，调洪库容3191万m^3。坝后电站装机规模2×10MW，额定水头111m，设计引用流量21m^3/s。

德泽干河泵站采取一级提水，安装4台机组，水泵单机功率22.5MW，总装机90MW，设计流量23m^3/s，设计扬程221.2m，最大提水扬程233.3m。

输水线路布置在牛栏江左岸，自德泽干河泵站出水池到昆明，线路起始高程为1973.178m，落点昆明（盘龙江左岸）高程1902.950m。输水线路总长115.85km，设计引水流量23m^3/s。

工程多年平均设计引水量5.72亿m^3，其中枯季水量2.47亿m^3，汛期水量3.25亿m^3，供水保证率70%，水量汛枯比为56.8：43.2，$P=50\%$保证率下可向滇池引水6.09亿m^3，扣除1%的输水损失后，进入滇池的多年平均补水量为5.72亿m^3，基本满足2020年滇池补水的水量及引水过程要求。德泽水库2030年在满足曲陆坝区3.1亿m^3供水量的基础上，还有1.38亿m^3水补给滇池，加上滇中引水工程的滇池补水量，可满足滇池2030水平年的生态环境用水需求。

3.2　滇池流域水资源供需平衡分析

3.2.1　滇池流域水资源需求预测

3.2.1.1　社会经济发展预测指标

滇池流域涉及昆明市五华区、盘龙区、官渡区、西山区、呈贡区、晋宁区。按照水系独立性和行政区划完整性的原则，将滇池流域划分为昆明主城区、官渡小哨、呈贡龙城、晋宁昆阳、西山海口、盘龙松华6个计算单元分别进行预测。

社会经济发展目标是水供求预测的重要依据，在社会经济发展诸多指标中，对规划水平年水资源配置方案影响较大的指标为人口、城镇化率、工业增加值和灌溉面积等，本次研究重点对上述指标进行预测。为了使预测的经济指标合理可行，符合滇池流域发展实际，本次研究在收集资料分析的基础上，还参考了近几年涉及该区域的一些规划成果，包括《云南省水资源综合规划》《滇中引水工程引水规模及水资源配置专题报告》《云南省 21 世纪初可持续发展水资源利用研究》《牛栏江流域（云南省部分）水资源综合利用规划修编》《牛栏江—滇池补水工程规划》等。

1. 人口和城镇化

根据滇池流域涉及的县（市、区）的统计年鉴，2015 年流域总人口 406.8 万人。人口预测采用趋势法和人口增长率法对总人口进行预测，以增长率法为基础，综合借鉴区域内人口发展研究的相关成果，考虑人均需水量以及城镇需水量的控制，辅之以专家咨询法对成果进行校正。人口增长率除了考虑人口的自然增长，还应考虑因人口迁移引起的机械增长。由于各个计算分区经济发展侧重点、城镇化进程、城市发展定位等诸多因素存在差异，还受到滇中产业新区建设等宏观战略的影响，人口会由经济落后地区向经济相对发达地区迁移，农村向城镇迁移，产业布局调整引起的产业工人机械迁移，这就造成了不同地区的人口增长率也不同。昆明主城片区增长率采用近几年统计的人口增长率，并考虑产业向工业园区转移、物流市场向外搬迁引起的人口机械迁移。盘龙松华属于松华坝水源保护区，限制人口的机械增长，以自然增长为主。呈贡龙城为昆明新城区，随着配套设施的完善，人口增长以机械增长为主。官渡小哨位于滇中产业集新区，西山海口、晋宁昆阳为昆明市"一县一园区"的工业集聚区，这些片区考虑产业集聚引起的人口机械增长。滇池流域 2015—2020 年以前人口综合增长率 10.6‰，2020—2030 年人口综合增长率 6.0‰，预测滇池流域总人口，2020 年 417.3 万人，2030 年 442.9 万人。

滇池流域城镇人口 371.8 万人，整体的城镇化率达到 91.4%，但各个片区的城镇化发展不均衡，现状以昆明主城城镇化率最高，已达 99.3%，以盘龙松华最低，仅 45%。滇池流域的城镇化水平整体而言已迈入城镇化加速发展期，其特征为城镇化率在 30% 以上，人口和经济加速向城镇聚集，产业以第三产业为主导。根据《滇中城市经济圈一体化发展总体规划（2014—2020）》，以昆明市 2015 年城镇化率现状水平为基础，参考各县（市、区）的城市发展总体规划成果，对各计算单元的城镇化率进行了预测。在各计算分区的总人口和城镇化率预测的基础上，预测 2020 年城镇人口 398.9 万人，城镇化率达到 95.6%；2030 年城镇人口 430.7 万人，城镇化率 97.3%。滇池流域各片区人口发展预测成果见表 3.2 - 1。

表 3.2 - 1　　　　　　　　滇池流域人口发展预测成果

计算单位	2015 年				2020 年				2030 年			
	总人口/万人	城镇人口/万人	农村人口/万人	城镇化率/%	总人口/万人	城镇人口/万人	农村人口/万人	城镇化率/%	总人口/万人	城镇人口/万人	农村人口/万人	城镇化率/%
昆明主城	302.74	300.62	2.12	99.3	304.56	302.77	1.79	99.4	308.71	307.33	1.38	99.6
西山海口	14.33	12.18	2.15	85.0	16.83	15.64	1.19	92.9	22.20	21.31	0.89	96.0

计算单位	2015 年				2020 年				2030 年			
	总人口/万人	城镇人口/万人	农村人口/万人	城镇化率/%	总人口/万人	城镇人口/万人	农村人口/万人	城镇化率/%	总人口/万人	城镇人口/万人	农村人口/万人	城镇化率/%
盘龙松华	8.21	3.69	4.51	45.0	8.30	4.83	3.47	58.2	8.45	6.40	2.05	75.7
官渡小哨	14.62	10.53	4.09	72.0	18.43	13.80	4.63	74.9	20.27	17.84	2.43	88.0
呈贡龙城	40.28	26.18	14.10	65.0	38.51	34.22	4.29	88.9	45.04	42.34	2.70	94.0
晋宁昆阳	26.58	18.60	7.97	70.0	30.64	27.61	3.03	90.1	38.20	35.52	2.68	93.0
小计	406.76	371.81	34.95	91.4	417.27	398.87	18.4	95.6	442.87	430.74	12.13	97.3

2. 工业发展

昆明市是云南省工业发展最活跃的区域。近年来，通过产业调整结构，建设支柱产业，大力发展有色金属、钢铁、磷化工等原材料工业，以及烟、糖等轻工业，同时注重发展电子工业等新兴产业，形成了冶金、烟草、机械、化工、采矿、医药等多个工业行业构成的工业体系，推动和引导着区域社会经济的发展。2015 年，滇池流域工业增加值 845 亿元，根据《云南桥头堡滇中产业集聚区发展规划（2013—2030）》《昆明市工业产业布局规划纲要（2010—2020）》《昆明市国民经济和社会发展第十三个五年规划纲要》等规划，预测流域 2020 年工业增加值 1152 亿元，2030 年工业增加值 1753 亿元。滇池流域各个片区工业发展预测成果见表 3.2-2。

表 3.2-2　　　　　　　　　滇池流域工业发展预测成果

计算单位	工业增加值/亿元			工业增加值增长率/%	
	2015 年	2020 年	2030 年	2012—2020 年	2020—2030 年
昆明主城	726	870	1138	3.67	2.72
西山海口	24	69	147	23.11	7.87
盘龙松华	0	0	0	0	0
官渡小哨	9	26	90	23.65	13.24
呈贡龙城	40	71	128	12.55	6.07
晋宁昆阳	46	116	250	20.62	7.97
合计	845	1152	1753	83.60	37.87

3. 农业发展

滇池流域 2015 年耕地面积 92.9 万亩，有效灌溉面积 30.6 万亩，耕地灌溉率为 32.9%。1978—2000 年期间滇池流域农业灌溉面积呈现一定的波动变化，有效灌溉面积基本维持在 45 万～50 万亩之间，实灌面积维持在 40 万～45 万亩之间。2000 年后，随着滇池流域内城市建设的发展，农田相继被用于城市建设，耕地面积逐渐减少。根据灌溉的水源分类，位于湖盆面山和近山的耕地灌溉由水库供水灌溉，湖滨的耕地由滇池提水灌溉，滇池沿湖提水灌溉面积集中在晋宁、呈贡、官渡、西山等区（县），2000 年滇池提灌面积 27 万亩，2007 年滇池环湖提水灌溉面积为 17.05 万亩，较 2000 年减少约 10 万亩。随着环湖湿地进一步建设，还会有一部分耕地"退耕还湖"，且随着昆明市城市发展和流域内工业园区的建设，灌溉面积还会有一定幅度的减少，预测到 2020 年减少至 29.0 万亩，2030 年进一步减少至 27.7 万亩。

滇池流域现状林果地灌溉面积为 3.49 万亩。根据《云南省昆明都市型现代农业产业规划》，昆明市未来农业发展的目标为依托生态资源特点和"五大产业链、四大中心、两大平台"建设与示范，形成生态和谐的现代都市型农业产业网络，林果（林下经济）是昆明都市型现代农业的主导产业。经分析计算，以蔬菜为主，苹果、梨等水果为主要作物的农业发展模式，农业灌溉综合用水定额较过去以水稻等为主的粮食作物种植模式下降 25％以上。在水资源约束条件下，滇池流域新增的灌溉面积以林果地灌溉为主，预测到 2020 年林果地灌溉面积为 4.98 万亩，2030 年林果地灌溉面积为 6.96 万亩。

滇池流域现状鱼塘补水面积为 0.40 万亩，主要位于滇池南岸晋宁区。综合考虑城市发展的需求、土地资源条件和水资源条件，参考历史发展趋势，预测鱼塘补水面积。2020 年滇池流域鱼塘补水面积为 1.20 万亩，2030 年为 1.90 万亩。

表 3.2-3　　　　　　　　　　滇池流域农业发展预测成果

水平年	计算单元	灌溉面积/万亩					鱼塘补水/万亩
		农田有效灌溉面积			林果地	合计	
		滇池提灌	蓄引灌溉	小计			
2015 年	昆明主城	3.55	1.22	4.77	0.39	5.16	0.10
	西山海口	1.14	0.75	1.89	0.28	2.17	0
	盘龙松华	0	4.74	4.74	1.19	5.93	0
	官渡小哨	0	2.06	2.06	0.50	2.56	0
	呈贡龙城	1.24	3.06	4.30	1.01	5.31	0
	晋宁昆阳	9.5	3.35	12.85	0.12	12.97	0.30
	小计	15.43	15.17	30.60	3.49	34.09	0.40
2020 年	昆明主城	3.35	0.82	4.17	0.40	4.57	0.30
	西山海口	0.94	0.75	1.69	0.28	1.97	0
	盘龙松华	0	4.64	4.64	1.52	6.16	0
	官渡小哨	0	1.86	1.86	0.54	2.40	0
	呈贡龙城	1.18	3.02	4.20	2.07	6.27	0.45
	晋宁昆阳	9.46	2.98	12.44	0.15	12.59	0.45
	小计	14.93	14.07	29.00	4.98	33.98	1.20

续表

水平年	计算单元	灌溉面积/万亩					鱼塘补水/万亩
		农田有效灌溉面积			林果地	合计	
		滇池提灌	蓄引灌溉	小计			
2030年	昆明主城	3.25	0.57	3.82	0.44	4.26	0.50
	西山海口	0.84	0.65	1.49	0.29	1.78	0
	盘龙松华	0	4.52	4.52	1.77	6.29	0
	官渡小哨	0	1.75	1.75	0.58	2.33	0
	呈贡龙城	0.98	2.81	3.79	3.73	7.52	0.60
	晋宁昆阳	8.82	3.51	12.33	0.16	12.49	0.80
	小计	13.89	13.81	27.70	6.96	34.66	1.90

4. 牲畜发展

为了控制滇池流域养殖污染源，2008年11月，昆明市政府发布《昆明市人民政府关于加强"一湖两江"流域禁止畜禽养殖的规定》，规定自2008年12月31日起，在"一湖两江"（滇池、盘龙江、牛栏江）流域保护区范围内，禁止新建、扩建、改建畜禽养殖场（户）。2009年12月31日起，在"一湖两江"范围内禁止规模畜禽养殖场（户）、小区的畜禽养殖。2015年，滇池流域共有牲畜39.72万头，其中大牲畜4.88万头、小牲畜34.84万头。滇池流域2020年牲畜数量为41.64万头，2030年牲畜数量为43.69万头，年均增长仅0.49%，远低于全省平均增长幅度，符合滇池流域控制养殖业污染的要求。

表3.2-4　　　　　　　　　　滇池流域牲畜发展预测成果

计算单元	2015年牲畜/万头			2020年牲畜/万头			2030年牲畜/万头		
	大牲畜	小牲畜	合计	大牲畜	小牲畜	合计	大牲畜	小牲畜	合计
昆明主城	0.10	7.62	7.72	0.03	5.18	5.21	0.03	4.68	4.71
西山海口	0.27	1.97	2.24	0.29	2.12	2.41	0.30	2.29	2.59
盘龙松华	1.40	6.70	8.10	1.50	7.21	8.71	1.58	7.64	9.22
官渡小哨	0.68	5.96	6.64	0.77	6.76	7.53	0.80	7.17	7.97
呈贡龙城	0.12	0.54	0.66	0.14	0.64	0.78	0.15	0.70	0.85
晋宁昆阳	2.31	12.05	14.36	2.71	14.29	17.00	2.91	15.44	18.35
小计	4.88	34.84	39.72	5.44	36.20	41.64	5.77	37.92	43.69

3.2.1.2　需水量预测

需水量预测分为城镇生活需水量、农村生活需水量、城镇工业需水量、农业灌溉需水量、生态环境需水量。根据前述预测的社会经济发展指标，在现状用水水平和相应的节水措施基础上，保持或适度加强现有节水投入力度，并考虑用水定额和用水量的变化趋势，计算流域内的需水量。

1. 城镇生活需水量

根据预测的人口和用水定额，按下式计算出相应需水量：

城镇生活毛需水量＝城镇生活综合用水定额×城镇人口÷管网漏损率

城镇生活综合用水定额为城镇居民生活用水定额、城镇公共用水定额和城镇绿化用水定额之和，各水平年城镇生活综合用水定额分别为227L/（人·d）、276L/（人·d）和294L/（人·d）；各水平年城镇生活配水管网漏失水量取综合生活水量的15％、12％、10％，由此计算得滇池流域各水平年城镇生活需水量分别为3.54亿m³、4.50亿m³和5.09亿m³，详见表3.2-5。

表3.2-5　　　　　　滇池流域各水平年城镇生活需水量成果　　　　　单位：万m³

计算单元	2015年				2020年				2030年			
	居民生活	城镇公共	城镇生态	合计	居民生活	城镇公共	城镇生态	合计	居民生活	城镇公共	城镇生态	合计
昆明主城	16874	9874	3250	29998	19795	10298	3516	33609	20960	13087	3988	38035
西山海口	556	289	89	934	876	461	156	1493	1253	665	242	2160
盘龙松华	175	91	28	294	270	142	48	460	376	200	73	649
官渡小哨	484	290	77	851	773	464	137	1374	1049	680	203	1932
呈贡龙城	1093	559	210	1862	3978	1022	397	5397	2662	1374	549	4585
晋宁昆阳	906	396	174	1476	1626	687	321	2634	2161	908	461	3530
小计	20087	11499	3829	35415	27318	13073	4575	44967	28461	16914	5516	50891

2. 工业需水量

根据预测的工业增加值和万元增加值用水定额，按下式计算出相应需水量：

$$工业毛需水量=\frac{工业增加值×万元增加值用水定额}{管网漏失率}$$

在工业用水典型调查分行业万元产值取水量调查数据的基础上，根据云南省、昆明市工业用水效率控制指标的要求，参考《滇中引水工程项目建议书》《云南省水中长期供求规划》中工业用水定额，预测各个计算单元的工业用水定额（见表3.2-6）。规划区内现状工业万元增加值用水定额（2000年可比价）为53m³/万元，预测2020年工业用水定额减低至41m³/万元，2030年进一步减低至30m³/万元。工业用水管网漏失率与城镇生活相同。计入管网漏失水量后，各水平年工业需水量分别为2.78亿m³、2.98亿m³和3.57亿m³。

表3.2-6　　　　　　滇池流域各水平年工业需水量成果

计算单元	工业用水定额/（m³/万元）			工业需水量/万m³		
	2015年	2020年	2030年	2015年	2020年	2030年
昆明主城	43	32	25	20306	17498	19300
西山海口	212	90	45	1987	4291	4477
盘龙松华	90	45	32	0	0	0
官渡小哨	50	40	30	170	719	1828

计算单元	工业用水定额/(m³/万元)			工业需水量/万 m³		
	2015 年	2020 年	2030 年	2015 年	2020 年	2030 年
呈贡龙城	132	60	38	2620	1614	3306
晋宁昆阳	146	70	40	2717	5638	6779
小计	673	337	210	27800	29760	35690

3. 农业需水量

农业灌溉需水量由农田灌溉需水量、林果灌溉需水量及鱼塘补水量三部分组成。根据预测的灌溉面积，综合灌溉净定额，即可计算出农业灌溉净需水量，再除以相应的灌溉水利用系数就可计算出农业灌溉毛需水量。

现状年，$P=75\%$频率滇池流域灌溉定额 450m³/亩，2020 年下降为 430m³/亩，2030 年下降为 413m³/亩（见表 3.2-7）；滇池流域现状的灌溉水利用系数为 0.61。由于滇池流域水资源相对紧缺，规划水平年按照节水要求，仍需逐步提高节水水平。农业节水措施是在加强节水管理，结合调整作物结构及农艺措施节水的基础上，主要通过以渠道衬砌为主的防渗措施提高水利用系数，局部条件较好的地区可推广先进的节水灌溉技术。滇池流域在 2020 规划水平年灌溉水利用系数提高到 0.64，2030 年提高到 0.67。在农业灌溉设计保证率 $P=75\%$ 时，现状水平年农业灌溉总需水量为 2.47 亿 m³，2020 水平年农业灌溉总需水量为 2.11 亿 m³，2030 水平年农业灌溉总需水量为 1.96 亿 m³（见表 3.2-8）。

表 3.2-7　　　　　　滇池流域各水平年农业灌溉定额成果　　　　　　单位：m³/亩

计算单元	2015 年		2020 年		2030 年	
	多年平均	$P=75\%$	多年平均	$P=75\%$	多年平均	$P=75\%$
昆明主城	457	515	326	366	317	355
呈贡龙城	494	554	455	520	442	504
晋宁昆阳	466	525	399	453	387	436
西山海口	360	403	352	399	343	387
盘龙松华	240	270	225	256	221	243
官渡小哨	359	404	350	393	341	384
滇池流域	2376	2671	2107	2387	2051	2309

表 3.2-8　　　　　　滇池流域各水平年农业需水量成果　　　　　　单位：万 m³

分区名称	2015 年				2020 年				2030 年			
	农田灌溉	林果灌溉	鱼塘补水	合计	农田灌溉	林果灌溉	鱼塘补水	合计	农田灌溉	林果灌溉	鱼塘补水	合计
昆明主城	4027	64	117	4208	2858	61	306	3225	2423	61	475	2959
西山海口	1247	46	0	1293	1050	43	0	1093	861	40	0	901

续表

分区名称	2015 年				2020 年				2030 年			
	农田灌溉	林果灌溉	鱼塘补水	合计	农田灌溉	林果灌溉	鱼塘补水	合计	农田灌溉	林果灌溉	鱼塘补水	合计
盘龙松华	2035	196	0	2231	1857	230	0	2087	1640	248	0	1888
官渡小哨	1364	82	0	1446	1144	82	0	1226	1002	80	0	1082
呈贡龙城	3902	165	0	4067	3411	313	459	4183	2849	522	570	3941
晋宁昆阳	11052	20	351	11423	8800	23	459	9282	8028	23	760	8811
小计	23627	573	468	24668	19120	752	1224	21096	16803	974	1805	19582

4. 农村生活需水量

农村生活需水量包括农村居民生活需水量和牲畜需水量。按下式计算：

$$农村居民生活需水量 = 农村居民生活需水定额 \times 农村人口$$

$$牲畜需水量 = 大牲畜需水定额 \times 大牲畜数量 + 小牲畜需水定额 \times 小牲畜数量$$

农村居民生活现状用水定额为 55L/(人·d)，2020 年提高至 65L/(人·d)，2030 年提高至 70L/(人·d)，大牲畜用水定额为 40L/(头·d)，小牲畜为 20L/(头·d)；规划水平年基本维持现状定额。现状水平年滇池流域农村居民生活需水量为 1034 万 m³，2020 年为 757 万 m³，2030 年为 448 万 m³，详见表 3.2 - 9。

表 3.2 - 9　　　　　　滇池流域各水平年农村居民生活需水量成果　　　　　单位：万 m³

计算单元	2015 年			2020 年			2030 年		
	居民生活	牲畜	合计	居民生活	牲畜	合计	居民生活	牲畜	合计
昆明主城	40	57	97	42	38	80	35	35	70
西山海口	53	18	71	28	20	48	0	21	21
盘龙松华	98	69	167	82	75	157	52	79	131
官渡小哨	74	53	127	86	61	147	0	64	64
呈贡龙城	268	6	274	102	7	109	0	7	7
晋宁昆阳	176	122	298	72	144	216	0	155	155
小计	709	325	1034	412	345	757	87	361	448

5. 总需水量

总需水量按城镇生活、城镇工业、农村生活、农业灌溉四类进行汇总，滇池流域经济社会需水总量现状年为 8.89 亿 m³，2020 年为 9.66 亿 m³，2030 年为 10.66 亿 m³。滇池流域各水平年需水量成果及其结构分布详见表 3.2 - 10、图 3.2 - 1、图 3.2 - 2。

表 3.2-10   滇池流域各水平年需水量成果   单位：亿 m³

计算单元	2015 年					2020 年					2030 年				
	城镇生活	城镇工业	农业灌溉	农村生活	小计	城镇生活	城镇工业	农业灌溉	农村生活	小计	城镇生活	城镇工业	农业灌溉	农村生活	小计
昆明主城	29998	20306	4209	98	54611	33609	17498	3225	81	54413	38035	19300	2959	70	60364
西山海口	934	1987	1292	72	4285	1492	4291	1093	48	6924	2160	4477	901	21	7559
盘龙松华	295	0	2230	167	2692	460	0	2088	157	2705	649	0	1888	131	2668
官渡小哨	851	170	1446	128	2595	1374	719	1225	147	3465	1932	1828	1083	64	4907
呈贡龙城	1862	2620	4067	274	8823	5398	1614	4182	108	11302	4585	3306	3940	7	11838
晋宁昆阳	1476	2717	11423	298	15914	2634	5638	9282	216	17770	3530	6779	8811	155	19275
合计	35416	27800	24667	1037	88920	44967	29760	21095	757	96579	50891	35690	19582	448	106611

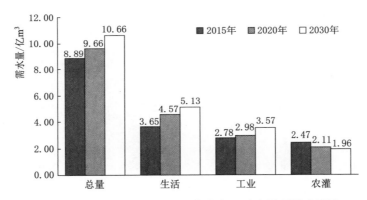

图 3.2-1   滇池流域不同水平年各行业需水量预测成果图

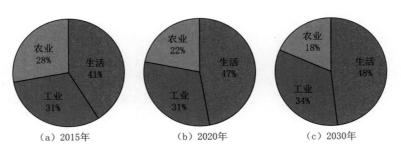

（a）2015 年   （b）2020 年   （c）2030 年

图 3.2-2   滇池流域不同设计水平年需水结构分布图

3.2.2   滇池流域水资源供给能力分析

3.2.2.1   现状供水设施及供水能力分析

滇池流域已建成了 1 座大型水库（松华坝），7 座中型水库（宝象河、果林、横冲、松茂、大河、柴河、双龙），29 座小（1）型水库，130 座小（2）型水库，445 座塘坝，总库容 4.37 亿 m³，兴利库容 2.71 亿 m³。小型河道引水工程 110 项，滇池及主要支流上的提水工程 239 处。水井工程 134 项，引调水工程 3 项。

1. 滇池流域蓄水工程

(1) 昆明主城片区。昆明主城现状建有大型水库 1 座，为松华坝水库，控制流域面积 593km²，总库容 2.19 亿 m³，调洪库容 1.18 亿 m³，调节库容 1.01 亿 m³，多年平均可供水量 1.30 亿 m³。昆明主城范围内建成小（1）型水库 6 座，总库容为 1515 万 m³，兴利库容 1314 万 m³，原设计供水量 1430 万 m³，全部为农业供水；建成小（2）型水库 15 座，设计供水量 286 万 m³，小坝塘 105 座，设计供水量 233 万 m³。

(2) 西山海口片区。西山海口范围内现状仅建有小（2）型水库 7 座，设计供水量 104 万 m³，小坝塘 12 座，设计供水量 80 万 m³，全部为农业灌溉用水。

(3) 盘龙松华片区。盘龙松华范围内建成小（1）型水库 3 座，总库容为 1181 万 m³，兴利库容 1026 万 m³，原设计供水量 1025 万 m³，全部为农业供水；建成小（2）型水库 21 座，设计供水量 402 万 m³，小坝塘 59 座，设计供水量 170 万 m³。

(4) 官渡小哨片区。官渡小哨现状建有中型水库 1 座，为宝象河水库，宝象河水库总库容 2070 万 m³，兴利库容 1550 万 m³，死库容 50 万 m³。宝象河水库初建时的工程任务是人饮、农灌和防洪。1996 年建立了宝象河自来水厂，取水库水作为饮用水源，属于"2258"工程的东线工程。2004 年，宝象河水厂扩建通水，与主城实现并网供水，供水能力由原来的 4 万 m³/d 扩建到 8 万 m³/d，有效地缓解了昆明主城片区的供水紧张状况。官渡小哨范围内建成小（1）型水库 3 座，总库容为 497 万 m³，兴利库容 421 万 m³，原设计供水量 325 万 m³；建成小（2）型水库 8 座，设计供水量 220 万 m³，小坝塘 116 座，设计供水量 254 万 m³。

(5) 呈贡龙城片区。呈贡龙城现状建有松茂、横冲、果林 3 座中型水库，总库容为 3740 万 m³，兴利库容 1848 万 m³，原设计供水量 2205 万 m³。由于水质较差，全部为农业灌溉水库。呈贡龙城范围内还建有小（1）型水库 9 座，总库容为 2014 万 m³，兴利库容 1255 万 m³，原设计供水量 1318 万 m³；建成小（2）型水库 35 座，设计供水量 822 万 m³，小坝塘 85 座，设计供水量 233 万 m³。

(6) 晋宁昆阳片区。呈贡龙城现状建有大河、柴河、双龙 3 座中型水库，总库容为 5274 万 m³，兴利库容 4406 万 m³，原为农业灌溉水库，设计供水量 5274 万 m³。随着城市的发展，现已全部转变为城市供水水库。晋宁昆阳范围内还建有小（1）型水库 8 座，总库容为 1276 万 m³，兴利库容 1074 万 m³，原设计供水量 1033 万 m³；建成小（2）型水库 42 座，设计供水量 808 万 m³，小坝塘 136 座，设计供水量 470 万 m³。

滇池流域已建蓄水工程见表 3.2-11。

2. 引水工程

滇池流域内现状建有引水工程 120 项，主要集中在盘龙松华、官渡小哨 2 个计算单元，主要供水对象为农业灌溉，设计供水量 2895 万 m³，其中引水流量大于 0.3m³/s 的引水工程 9 项，设计供水水量为 1288 万 m³；小于 0.3m³/s 的引水工程 111 项，设计供水量 1607 万 m³。滇池流域已建引水工程见表 3.2-12。

3. 提水工程

滇池流域的提水工程主要为滇池沿岸的西山海口、昆明主城、呈贡龙城、晋宁昆阳等

4个计算单元的环湖提水，供水对象以农业灌溉为主，设计年提水水量 1.29 亿 m³，设计灌溉面积 15.43 万亩，设计工业供水量 0.42 亿 m³。滇池流域已建提水工程见表 3.2 - 13。

表 3.2 - 11 　　　　　　　　　　滇池流域已建蓄水工程

规　模	水库名称	控制面积/km²	总库容/万 m³	兴利库容/万 m³	供水范围	供水对象
大中型	松华坝	593	21900	10500	昆明主城	城镇供水
	宝象河	67	2070	1550	昆明主城	城镇供水
	果林	30.8	1140	395	呈贡龙城	农业灌溉
	松茂	41.1	1600	973	呈贡龙城	农业灌溉
	横冲	28.5	1000	693	呈贡龙城	农业灌溉
	大河	44.1	1850	1700	呈贡龙城 晋宁昆阳 昆明主城	城镇供水
	柴河	106.5	2200	1590	呈贡龙城 晋宁昆阳 昆明主城	城镇供水
	双龙	54	1224	1216	晋宁昆阳	城镇供水
小（1）型	东白沙河	22.5	424	312	昆明主城	城镇绿化
	金殿	16.7	274	245	昆明主城	城镇绿化
	源清	6.7	158	124	昆明主城	城镇绿化
	铜牛寺	9	122	100	呈贡龙城	农业灌溉
	天生坝	23.9	232.5	220	官渡小哨	农业灌溉
	大石坝	17.8	715	653	盘龙松华	城镇生活
	闸坝	28.3	300	256	盘龙松华	城镇生活
	黄龙	21.5	166	116	盘龙松华	农业灌溉
	西北沙河	11.5	275	259	昆明主城	城镇工业
	自卫村	1.15	105	98.6	昆明主城	城镇供水
	三家村	6	297	212	昆明主城	城镇供水
	三多	13.8	461.8	352	昆明主城	城镇供水
	红坡	16.7	300.6	293.7	昆明主城	城镇供水
	中坝塘	4	102.6	83.4	呈贡龙城	农业灌溉
	意思桥	6.89	103.5	58.7	呈贡龙城	农业灌溉
	石龙坝	17.1	289	177.5	呈贡龙城	农业灌溉
	白龙潭	7.6	156	156	呈贡龙城	农业灌溉
	关山	15.2	560	311	呈贡龙城	农业灌溉
	哨山	4.88	148	94	呈贡龙城	农业灌溉

续表

规　模	水库名称	控制面积/km²	总库容/万 m³	兴利库容/万 m³	供水范围	供水对象
小（1）型	白云	14.7	357	307	呈贡龙城	农业灌溉
	马金铺	1.5	173.8	87.2	呈贡龙城	农业灌溉
	映山塘	20.9	123	116	晋宁昆阳	城镇生活
	大春河	10.8	350	300	晋宁昆阳	城镇生活
	洛武河	8.9	210	150	晋宁昆阳	城镇生活
	马鞍塘	5.08	118	85	晋宁昆阳	城镇生活
	大冲箐	4.2	107.8	100	晋宁昆阳	城镇生活
	西大竹箐	1.4	114	95	晋宁昆阳	农业灌溉
	团结坝	8.16	114	91.7	晋宁昆阳	农业灌溉
	石门坎	27.76	139	136	晋宁昆阳	农业灌溉
合计		1319.62	39980.6	24206.8		

表 3.2－12　　　　　　　　　　滇池流域已建引水工程

计算单元	引水工程		设计供水能力/万 m³				
	规模	数量	城镇绿化	城镇工业	农业灌溉	农村生活	合计
昆明主城	≥0.3m³/s	7		230	854		1084
	<0.3m³/s			560			560
西山海口	≥0.3m³/s	2			204		204
	<0.3m³/s	4					0
盘龙松华	≥0.3m³/s						0
	<0.3m³/s	42	105		370	45	520
官渡小哨	≥0.3m³/s	0					0
	<0.3m³/s	15	57		330	50	437
呈贡龙城	≥0.3m³/s						0
	<0.3m³/s	50				90	90
晋宁昆阳	≥0.3m³/s	0					0
	<0.3m³/s	0					0
小计	≥0.3m³/s	9	0	230	1058	0	1288
	<0.3m³/s	111	162	560	700	185	1607

表 3.2－13　　　　　　　　　　滇池流域已建提水工程

计算单元	农业灌溉			城镇工业		备　注
	泵站数量	年提水量/万 m³	提灌面积/万亩	泵站数量	年提水量/万 m³	
西山海口	25	813	1.14	29	1542	海口河
昆明主城	29	2975	3.55	11	660	

计算单元	农业灌溉			城镇工业		备　注
	泵站数量	年提水量/万 m³	提灌面积/万亩	泵站数量	年提水量/万 m³	
呈贡龙城	32	1044	1.24	0	0	
晋宁昆阳	143	8029	9.50	7	1045	
合计	229	12861	15.43	47	3247	

4. 外流域调水工程

解决滇池流域水资源短缺和水环境污染问题的水资源开发利用方案按照由近到远、先易后难、逐步实施的原则，可以归结为三个层次：第一层次，滇池流域内的水资源利用措施；第二层次，小范围的跨流域调水工程；第三层次，大范围的跨区域、跨流域调水工程。其中，第二层次包括掌鸠河引水供水工程一期工程、清水海供水及水源环境管理项目以及牛栏江—滇池补水工程，第三层次为正在开展前期工作的滇中引水工程方案。目前第一、第二层次的引调水工程均已建成通水，第三层次的滇中引水工程已开工建设。由于上述引调水工程刚建成或正在建设，因此设计供水能力直接采用相关报告的分析成果。

掌鸠河引水供水工程任务是向昆明城市供水，设计流量 $10 \text{m}^3/\text{s}$，可调毛水量 2.20 亿 m^3。清水海引水工程任务是解决昆明市空港经济区、新机场、东城区及部分主城区的工业和生活用水，设计供水 9684 万 m^3。牛栏江—滇池补水工程任务是向滇池补水，改善滇池水环境和水资源条件，配合滇池水污染防治的其他措施，达到规划水质目标，并具备为昆明市应急供水的能力；远期任务主要是向曲靖市供水，并与金沙江调水工程共同向滇池补水，同时作为昆明市的备用水源。多年平均设计引水量为 5.72 亿 m^3。

5. 地下水工程

地下水工程包括城市集中式地下水和分散式地下水两部分。

滇池—普渡河流域开采地下水作为原水的水厂有海源寺水厂、雪梨山水厂、石江水厂和甸心水厂。从地下水取水的满足程度来看，这些水厂的地下水开采量占所在区域地下水水资源量的比重较小，具备按照设计处理能力取水的水资源条件；从地下水取水的必要性来看，规划水平年区域水资源供需矛盾将更加突出，不具备关停这些水厂或另找水源的条件，因此，继续取用地下水为城市供水，设计取水水量＝水厂设计处理能力×365d。滇池流域海源寺水厂和雪梨山水厂的设计处理能力为 5 万 m^3/d，年地下水取水水量为 1825 万 m^3。

根据《昆明市取水许可台账》资料分析，滇池流域内现状有一部分企事业单位取用地下水作为生活、生产用水。按照《昆明市地下水保护条例》的管理要求，考虑到 2020 规划水平年，区域水资源供需矛盾突出，除城乡集中式公共管网通达或有替代水源的地区、考虑关停地下水开采外，其余地区仍开采地下水，2030 水平年滇中引水工程通水后，除个别不能采用自来水的科研院所外，全部关停城市分散式地下水取水水井。本次规划根据取水许可台账，按照分计算单元逐个统计地下水取水许可水量，作为 2020 水平年的城市分散式地下水取水量。分散式地下水开采主要集中在昆明主城、西山海口、呈贡龙城。农村分散式地下水取水以人工井取水为主，现状农村生活取用地下水 798 万 m^3。随着城市化进程的加快，农村人口的呈减少的趋势，农村生活用水逐渐减少，原有的水井数量和取水水量也随之减小，因此，在规划水平年原有人工井完全能够满足农村生活的用水需求。根据昆明市取水许可台账统计资料，流域内现状取用地下水 6290 万 m³，其中城镇生活供水 3671 万 m³，工业供水 2061 万 m³，农村生活供水 558 万 m³（见表 3.2-14）。

表 3.2-14 滇池流域已建分散式地下水工程

计算单元	分散式地下水供水量/万 m³			
	城镇生活	城镇工业	农村生活	合计
昆明主城	1507	767	76	2350
西山海口	845	407	72	1324
盘龙松华	0	0	36	36
官渡小哨	40	332	55	427
呈贡龙城	1192	191	76	1459
晋宁昆阳	87	364	243	694
小计	3671	2061	558	6290

6. 污水处理回用工程

滇池流域现状建有污水处理厂 21 座，设计处理能力 164.5 万 m³；2020 年新建污水处理厂 7 座，改扩建 6 座，新增处理能力 114 万 m³/d；2030 年，新增 2 座，改扩建 4 座，新增污水处理能力 24.6 万 m³/d。滇池流域污水处理设施统计见表 3.2-15。

表 3.2-15 滇池流域污水处理设施统计

计算单元	现　状		2020 年		2030 年	
	座数	处理能力/ （万 m³/d）	座数	处理能力/ （万 m³/d）	座数	处理能力/ （万 m³/d）
昆明主城	10	110.5	14	180.5	14	180.5
西山海口	0	0	2	10	2	12.4
盘龙松华	0	0	0	0	0	0
官渡小哨	1	4	2	5	4	8.2
呈贡龙城	6	31	6	64	5	64
晋宁昆阳	5	19	5	19	5	38
小计	22	164.5	29	278.5	30	303.1

（1）昆明主城片区。已初步形成城北、城西、城南、城东及城东南片区系统 5 个排水系统。主城现状排水管网主要集中在建成区内，总长约 948km。目前主城已投产运行 10 座污水处理厂，现状处理能力 110.5 万 m³/d，设计处理规模为 127.5 万 m³/d。在建污水处理厂 2 座，设计处理规模 11.0 万 m³/d，规划拟建污水处理厂 2 座，设计处理规模 22.0 万 m³/d，到 2020 规划水平年，主城片区污水处理能力为 193.5 万 m³/d。

现状第二、四、五、六、七、八、十和昆明市经济开发区污水处理厂的尾水通过入滇河流或排污专管接入北岸排污干管，每天大约 77.5 万 m³ 的尾水直接从排污干管提至西园隧洞，排出滇池流域，还有 19 万 m³ 的尾水直接排入草海。

（2）呈贡龙城片区。现状已建有呈贡区污水处理厂、洛龙河污水处理厂、捞鱼河污水处理厂和马金铺污水处理厂等 4 座污水处理厂，设计处理规模 15 万 m^3/d，以及洛龙河混合污水处理厂和捞鱼河混合污水处理厂 2 座混合污水处理厂，设计处理规模 11 万 m^3/d。

（3）官渡小哨片区。现状已建有空港南污水处理厂，设计处理规模 4.0 万 m^3/d。规划新建新庄污水处理厂、小哨污水处理厂和秧草凹污水处理厂，2030 年官渡小哨污水处理厂的设计处理规模为 8.2 万 m^3/d。

（4）晋宁昆阳片区。现状环湖南岸干渠截污工程设置雨、污水处理厂共 5 座，旱季污水处理规模 19 万 m^3/d，2030 年雨季污水及初期雨水处理规模为 38.0 万 m^3/d。

（5）西山海口片区。海口片区现状无污水处理厂，规划新建 2 座污水处理厂，设计处理能力为 12.4 万 m^3/d。

现状年在分析可供水量时，按照流域内工程不下泄生态流量、开展污水处理回用、外流域调水工程中掌鸠河引水工程不向禄劝供水、清水海引水工程不向嵩明供水进行计算。经计算复核，各类水利工程总供水量 8.62 亿 m^3，其中蓄水、引水、提水、地下水、跨流域调水、污水处理回用工程供水量分别为 2.33 亿 m^3、0.23 亿 m^3、1.66 亿 m^3、3.20 亿 m^3、0.34 亿 m^3，详细结果见表 3.2-16。

表 3.2-16　　　　　　　　滇池流域现状水利工程可供水量

工程类别	数量	总库容/万 m^3	兴利库容/万 m^3	可供水量/万 m^3
蓄水工程	612	43713	32058	23349
引水工程	120			2346
提水工程	239			16607
地下水工程	134			8435
引调水工程	3			32013
污水处理回用工程	418			3422
合计	1526			86172

3.2.2.2　2020 年供水设施及供水能力分析

滇池流域本区水资源开发利用程度已较高，2020 年无新增大中型水源工程。根据《西南五省（自治区、直辖市）重点水源工程规划》《云南省小康水利建设规划》《云南省小型水库建设规划》等规划的成果，滇池流域规划小（1）型 9 座（新建 7 座，扩建 2 座），主要集中在晋宁昆阳，总库容 1622 万 m^3，兴利库容 1130 万 m^3，新增供水量 1633 万 m^3，详见表 3.2-17。

表 3.2-17　　　　　滇池流域 2020 水平年新建蓄水工程特性　　　　单位：万 m^3

计算单元	水库名称	总库容/万 m^3	兴利库容/万 m^3	设计供水能力/万 m^3				
				城镇供水	工业	农业灌溉	农村生活	合计
昆明主城	牛鼻村水库	112	64			84	16	100
晋宁昆阳	杨柳冲水库	130	112	117		16	17	150
	石门坎水库	164	124	106			27	133
	大场新塘水库	223	158	230		18	0	248

计算单元	水库名称	总库容/万 m³	兴利库容/万 m³	设计供水能力/万 m³				
				城镇供水	工业	农业灌溉	农村生活	合计
晋宁昆阳	酸水塘水库	382	246	146		272	110	528
官渡小哨	沙井大河水库	277	192			171	35	206
	复兴水库	129	77			89	13	102
西山海口	杨梅山水库	100	72			69	12	81
	小麦地水库	105	85	5		80		85
合计		1622	1130	604	0	799	230	1633

2020 规划水平年，按照水生态文明建设要求，流域内工程按工程断面多年平均径流量 10%下泄生态流量，进一步加大污水处理回用，外流域调水工程中掌鸠河引水工程不向禄劝供水、清水海引水工程不向嵩明供水进行计算。经计算复核，考虑生态退减后，大中型蓄水工程的供水量减小 15%～20%，小型蓄水工程减小 10%～15%，引提水工程减小 10%～13%。各类水利工程 2020 年总供水量 9.51 亿 m³，其中蓄水、引水、提水、地下水、跨流域调水、污水处理回用工程供水量分别为 2.52 亿 m³、0.49 亿 m³、2.01 亿 m³、0.58 亿 m³、3.27 亿 m³、0.64 亿 m³。

3.2.2.3 2030 年供水设施及供水能力分析

2030 年较 2020 水平年新增的水源工程为滇中引水工程。滇中引水工程是解决滇中地区水资源短缺的根本途径，工程建设任务以解决城镇生活与工业缺水为主，兼顾生态和农业用水。滇中引水工程建成后，可有效解决滇中地区的水资源短缺危机。

滇池流域属于滇中引水工程的主要受水区，按照水系独立性和行政区划完整性的原则，滇池流域划分为昆明四城区、官渡小哨、呈贡龙城、晋宁昆阳等 4 个受水小区，其中官渡小哨为间接受水区，2030 水平年由清水海引水供水工程供水，其余 3 个为直接受水区，2030 水平年滇池流域受水区生产生活引水水量（小区水量）为 4.54 亿 m³。

滇池流域各类水利工程 2030 年总供水量 10.58 亿 m³，其中蓄水、引水、提水、地下水、跨流域调水、污水处理回用工程供水量分别为 2.35 亿 m³、0.13 亿 m³、1.32 亿 m³、0.22 亿 m³、5.63 亿 m³、0.93 亿 m³。不同设计水平年滇池流域不同水源的供水量及供水结构见图 3.2-3、图 3.2-4。

3.2.3 滇池流域水资源配置及供需分析

3.2.3.1 水资源配置方案

《全国水资源综合规划大纲》对水资源配置的定义为：在流域或特定区域范围内，遵循有效性、公平性和可持续性的原则，利用各种工程与非工程措施，按照市场经济规律和资源配置原则，通过合理抑制需求、保障有效供给、维护和改善生态环境质量等手段和措施，对多种可利用水资源在区域间和各用水部门间进行配置。本次研究水资源配置的总体

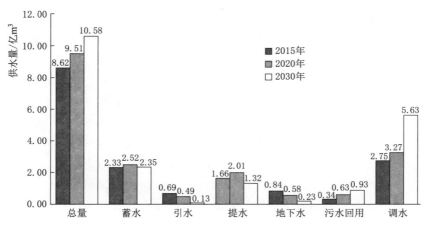

图 3.2-3 滇池流域不同设计水平年各类工程供水量分布图

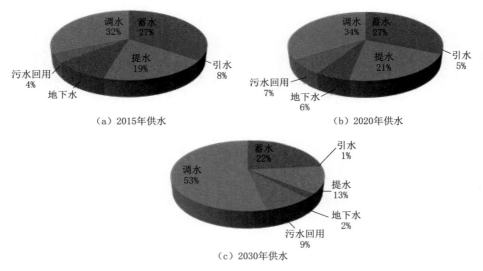

图 3.2-4 滇池流域不同设计水平年供水结构分布图

思路为：对区域河流水系、用水户、供水水源按照供水—用水—耗水—排水的水力联系进行概化，建立区域水资源网络图；在区域水资源网络图基础上，构建水资源模拟模型，对区域水资源进行合理配置。综合考虑研究目标与要求、现有技术力量和手段，采用 MIKE BASIN 模型作为水资源配置模拟的技术工具。

1. 水资源配置原则

（1）遵循高效、公平和可持续的基本原则，坚持节水优先、空间均衡、系统治理。通过区域"自然-人工"二元水资源循环系统再生水资源的合理调配，实现促进水资源高效利用、提高水资源承载能力、缓解水资源供需矛盾，遏制水环境恶化趋势，支撑水资源系统、社会经济系统和生态环境系统的可持续协调发展。

（2）以水资源供需平衡分析为技术手段，通过工程与非工程措施的结合，合理抑制需求，增强水资源保障能力。

（3）按照国家有关技术规程规范的要求，各用水对象的设计供水保证率规定为：城镇和农村生活 95%，工业生产 95%，农田灌溉 75%。城镇生活、农村生活和工业供水保证率按月时段统计，农田灌溉供水保证率按年统计。

（4）现状年水资源配置时按现状实际情况，水库不下泄生态水量；规划水平年，现状水库和规划新建水库按 10% 下泄生态流量，综合考虑城乡生活用水。

（5）每个小区分为城镇生活、工业、农业灌溉、农村生活、河道生态基流用水部门；供水工程应预留河道生态基流，优先下泄河道生态基流，再分别按各供水对象供水；同时向生活、工业、农业供水的水库，优先向生活供水，其次再向工业供水，最后向农业灌溉供水。水库每个供水对象都设立两条兴利调度线，即加大供水线和限制供水线，各条调度线的分析确定是以水库实际运行管理情况调查与水利计算方法相结合，逐时段计算出调度线。库水位高于加大供水线时，根据需要可以增大供水量；水位在加大供水线和限制供水线之间，属于正常供水区；低于限制供水线，则逐渐削减供水量，特枯年份还可能会大量减少至停止农业供水。水库最高蓄水位为正常蓄水位，回落的最低水位为死水位，汛期严格遵守防洪限制水位的调度运行规定。

（6）水资源配置中的水库调度规则是，首先满足防洪安全和下游生态基流要求，然后是供水任务，供水配置时应遵循"优水优用、高水高用、由近及远"的原则。

（7）将水源工程分为三个层次，第一层次为流域内的水源工程，第二层次为流域内的引调水工程，第三层次为流域外引调水工程。遵循"先本区、后外调"原则，在配置时，按照水源的优先级拟定供水次序，优先考虑第一层次的水源工程，供水不足时再考虑第二层次的外调水工程，以此类推。但外流域调水工程首先应满足调出区的用水需求，多余水量才可调往受水区。

（8）城镇生活、工农业用水的回归水重新回到河道中，可作为下游用水户的取水水源继续使用，配置计算模型中的城镇生活的回归水系数为 0.70；工业生产的回归水量根据各计算单元内的工业产业结构和各工业园区规划设计报告而采用不同的回归系数计算，工业回归系数在 0.2~0.7；农村生活用水比较分散，用水量小，一般无排水设施，不计算回归水量；规划区农作物以经济林果、蔬菜为主，水稻相对较少，农业回归系数取值 0.3，略低于其他地区。环湖灌区农业从滇池取水，退水又退回滇池，为了避免死循环，需水量采用耗水定额进行计算，不考虑回归水。

（9）配置时考虑分质供水。在各计算单元的水资源供需平衡中，应严格按照各部门的用水水质标准执行：城乡生活供水水质为地表水 III 类及其以上，工业供水水质为 IV 类以上，农田灌溉和生态环境用水的水质标准为 V 类以上，部分对水质无特殊要求的工业用水（如冷却水等）可使用再生水。对于水质不达标的水量，将作为不合格供水，从原来的总供水量中予以扣除，不再参与供需平衡。规划水平年水资源配置时，考虑实施水资源保护治理措施后，达到水功能区划确定的水质目标的水量可纳入配置。

  2. 水资源配置方法

  水资源配置采用 MIKE BASIN 软件建立调出区及受水区的水资源配置模型进行长系列调节计算。考虑供水水源与用水户关系、灌区作物组成和结构等因素后，将规划区分成盘龙松华、西山海口、官渡小哨、昆明主城、呈贡龙城、晋宁昆阳6个计算单元分别进行配置计算。

每个计算单元内的用水节点划分为城镇生活、工业、农村生活、农田灌溉、生态用水（含河道生态、湿地生态、城市生态）5个部门。水资源配置网络模型中，供水工程有大中型水库、调水工程、小型水库、小塘坝和引提水工程。每座中型水库、重点小（1）型水库及每项调水工程和规模以上引提水工程都作为单独的供水个节点；对于小（2）型水库和小坝塘，按计算单元合并打捆，概化成一水库节点进行调算；小型引提水工程按计算单元合并打捆，概化成一个节点进行调算。大、中型水库、小（1）型水库和主要拦河闸均设有河道生态基流节点。

采用MIKE BASIN建立规划的水资源配置模型，以电子地图为背景，根据流域水源工程和用水户之间已经形成供用水逻辑关系，建立规划区的河流、水利工程供水及城乡用水节点概化的水资源配置模型网络图。

网络图中主要的节点类型有：河流连接节点、河道生态基流节点、城市生活用水节点、农村生活用水节点、工业用水节点、农业灌溉用水节点、大中型水库节点、重点小（1）型水库节点、打捆小型水库节点、引提水工程节点、拦河闸节点、回归水节点等。其中，河流连接节点又分为汇流节点、分水节点、径流节点、系统出流节点。网络中的回归水设退水线路，加入水资源系统网络，回归水量按前述所取回归水系数与供水量相乘，并考虑一定的延迟时间，生成退水过程线。

按以上方法建立调出区和受水区的水系及供用水节点网络图，水资源配置模型根据该节点网络图进行水资源分配。录入相应的径流、需水量、水库特性参数、调度规则等数据，模拟各计算单元现状水平年和规划水平年长系列调节计算，分析供需水状况和缺水分布。参与调节计算的水库运行水位，现有水库主要是根据各自的设计文件，结合实际运行情况确定；规划水库以最近设计阶段的成果为准。各断面的来水＝上游单元灌区水库下泄水量＋区间径流量＋断面以上用水的回归水量。现状年和规划水平年（2030年）滇池流域水资源系统配置概化分别见图3.2-5、图3.2-6。

3.2.3.2 水资源供需平衡分析

根据前述的需水预测和供水预测成果，滇池流域现状年需水量8.89亿m³，各类水利工程可供水量8.62亿m³，缺水0.27亿m³，缺水率3.1%。各计算单元城镇生活、工业和农村生活供需基本平衡，缺水均为农业灌溉，主要分布在晋宁昆阳和官渡小哨两个计算单元，主要是因为城市规模和工业的迅速发展，原为农业灌溉的双龙、马鞍塘水库、大春河水库等水库转供城镇生活，城镇生产生活用水挤占了农业用水。图3.2-7为水平年滇池流域各行业缺水量分布图。

2020年滇池流域需水量9.67亿m³，各类水利工程可供水量9.51亿m³，缺水0.15亿m³，缺水率1.6%；2030年滇池流域需水量10.66亿m³，各类水利工程可供水量10.58亿m³，缺水0.08亿m³，缺水率0.8%，各规划水平年城镇生活、工业和农村生活用水供需基本平衡，缺水均为农业灌溉，农业缺水与现状水平年相当，主要是因为城镇用水挤占农业用水所致。滇池流域各水平年水资源供需平衡表见表3.2-18。

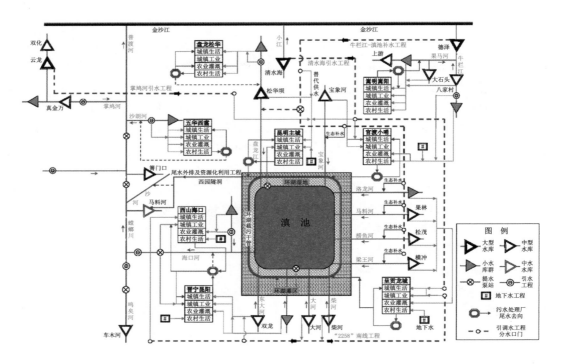

图 3.2-5 滇池流域现状年资源系统配置概化图

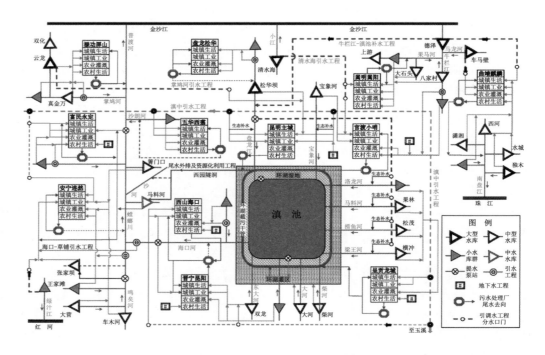

图 3.2-6 滇池流域 2030 水平年资源系统配置概化图

表 3.2-18

滇池流域各水平年水资源供需平衡表

水平年	计算单元	需水量/万 m³					供水量/万 m³									缺水量/万 m³				
							流域内水源工程				流域内引调水工程	流域外引调水工程	污水处理回用	滇中引水工程						
		城镇生活	城镇工业	农业灌溉	农村生活	合计	蓄水工程	引水工程	提水工程	地下水工程					合计	城镇生活	城镇工业	农业灌溉	农村生活	合计
2015年	昆明主城	29998	20306	4209	98	54611	13226	1030	3635	3445	3461	26597	2986		54380	0	0	224	7	231
	西山海口	934	1987	1292	72	4285	207	178	2384	1362	0	0	0		4131	0	0	155	0	155
	盘龙松华	295	0	2230	167	2692	1615	533	38	36	0	0	187		2409	0	0	277	7	284
	官渡小哨	851	170	1446	128	2595	968	511	0	466	0	271	0		2216	0	0	378	0	378
	呈贡龙城	1862	2620	4067	274	8823	4090	94	1125	1543	1043	641	75		8611	2	0	190	21	213
	晋宁昆阳	1476	2717	11423	298	15914	3243	0	9425	1583	0	0	174		14425	0	1	1488	0	1488
	小计	35416	27800	24667	1037	88920	23349	2346	16607	8435	4504	27509	3422		86172	2	1	2712	35	2749
2020年	昆明主城	33609	17498	3225	81	54413	13610	960	3954	3440	555	28211	3284		54014	1	265	134	0	400
	西山海口	1492	4291	1093	48	6924	335	171	4233	48	1201	0	800		6788	−1	0	137	0	136
	盘龙松华	460	0	2088	157	2705	1623	556	26	36	0	0	288		2529	0	0	175	0	175
	官渡小哨	1374	719	1225	147	3465	1599	341	0	434	0	760	137		3271	1	0	193	0	194
	呈贡龙城	5398	1614	4182	108	11302	3132	18	958	1517	1139	3772	629		11166	0	3	132	0	135
	晋宁昆阳	2634	5638	9282	216	17770	4915	0	10913	332	0	0	1171		17331	−1	1	438	0	438
	小计	44967	29759	21096	757	96579	25214	2046	20084	5807	2895	32743	6309		95098	1	271	1209	0	1478
2030年	昆明主城	38035	19300	2959	70	60364	12614	403	2722	824		9573	3906	30094	60136	0	0	227	0	227
	西山海口	2160	4477	901	21	7559	221	172	2798	21		0	1956	2334	7502	0	0	57	0	57
	盘龙松华	649	0	1888	131	2668	1443	502	96	36		0	403	0	2480	0	0	189	0	189
	官渡小哨	1932	1828	1083	64	4907	1815	229	0	352		1349	203	914	4862	0	0	44	0	44
	呈贡龙城	4585	3306	3940	7	11838	2891	0	737	911		0	873	6102	11514	0	0	323	0	323
	晋宁昆阳	3530	6779	8811	155	19275	4523	0	6887	113		0	1816	5936	19275	0	0	0	0	0
	小计	50891	35690	19582	448	106611	23507	1306	13240	2257	0	10922	9157	45380	105769	0	0	840	0	840

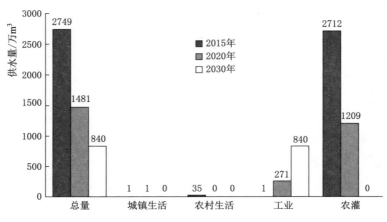

图 3.2-7　水平年滇池流域各行业缺水量分布图

3.3　滇池流域供排水关系与水平衡分析

云南省会昆明市位于滇池流域内，历来是云南省政治、经济、文化中心和交通、通信枢纽，滇池流域供排水关系既关系到昆明市经济社会发展，更关系到云南省社会安全稳定。滇池流域供水主要服务于昆明市主城区生产、生活用水安全，既有松华坝水库等流域内水源，也有掌鸠河、清水海、牛栏江等近距离外流域调水工程，更有正在实施的滇中引水工程。昆明市的排水既有排向滇池流域的，也有排向牛栏江流域的。滇池流域的供排水关系情况复杂，研究好滇池流域的供排水关系对进一步研究滇池流域水平衡、水环境承载能力具有重要的支撑作用。

3.3.1　昆明市主城区供水格局现状及趋势研究

昆明主城的供水水源主要依靠地表径流及地下水。现使用的城市供水水源点有 9 处，其中地面水源点 6 处，地下水源点 3 处。地面水源点主要以松华坝水库、云龙水库、清水海供水工程为主，其他水源点还有宝象河水库、大河水库、柴河水库、红坡水库，以及作为城市备用水源的牛栏江—滇池补水工程。地下水源点有海源寺泉水、白龙潭泉水、龙泉寺泉水。昆明市城市供水水源保证率 95% 的可利用总量为 5.43 亿 m³。水源名称、供水量及水质评价见表 3.3-1。

表 3.3-1　　　　　　　　　　昆明城市供水水源供水量表

水源名称	$P=95\%$ 可供水量/亿 m³	水质评价
掌鸠河引水	2.19	Ⅱ类
松华坝水库	1.15	Ⅱ类
红坡水库	0.11	Ⅲ类
自来水用地下水	0.20	

水源名称	$P=95\%$可供水量/亿 m^3	水质评价
自采地下水	0.22	
宝象河水库工程组	0.16	Ⅲ类
黑龙潭泉水	0.07	
大河、柴河水库	0.36	Ⅲ类
清水海	0.97	Ⅱ类
合计	5.43	

昆明主城现状有水厂 12 座，分别是一水厂、二水厂、三水厂、四水厂、五水厂、六水厂、宝象河水厂、自卫村水厂、海源寺水厂、白龙潭泵站、罗家营水厂和七水厂，设计供水规模为 160.0 万 m^3/d。现状昆明主城区水厂分布不均匀，基本上多分布在主城东北部，西片区只有 4 万 m^3/d 自卫村水厂和 3 万 m^3/d 海源寺水厂，南片区只有五水厂，因此城区北部供水情况较好，南片区及西片区供水水压较低，水量不足。根据《昆明中心城区给水专项规划（2010—2020）》成果，现状年日需水量 115 万 m^3/d，预计 2020 年日需水量 126 万 m^3/d，昆明市现有水厂都能满足 2020 年昆明市经济和社会发展的需要，昆明市的水厂维持现状布局，不再建设新的水厂，仅实施自卫村水厂扩建工程，以满足主城西部近期用水量需求。

3.3.2 昆明市主城区排水格局现状及趋势研究

昆明主城区现状排水体制为合流制和分流制相结合，在市中心区边缘新建的生活小区及部分旧城改造路段已实施了分流管系，但由于部分新建分流制排水系统的雨污水出路尚未最终得到解决，一些区域目前还继续保持着内部分流、出口处合流的部分分流制状况。规划到 2020 年，昆明市建成区实现完全的雨污分流排水体制。

现状已建有 10 个污水处理厂，年设计处理规模 150 万 m^3/d。按照《昆明中心城区排水专项规划（2009—2020）》，其规划扩建和新建的污水处理厂已全部建成，2020 年排水规模与现状一致。根据各污水处理厂所在的位置以及与污水处理厂相配套的污水主干管网所服务的范围与区域，主城污水排水系统形成 5 个分区，即：城北片区、城西片区、城南片区、城东片区和城东南片区。

城北片区：城北片区位于主城北部，东以世博园为界，南至圆通公园，西至长虫山，北至松华坝大坝。目前该片区污水系统以四污厂、五污厂作为依托。

城西片区：城西片区位于主城西部，东以翠湖、正义路为界，南至草海，西至西山，北至普吉。目前该片区污水系统以三污厂作为依托。

城南片区：城南片区位于主城盘龙江以西的城市南部，东以盘龙江为界，南至滇池外海，西至大观河，北至圆通公园、青年路。目前该片区污水系统以一污厂、七污厂作为依托。

城东片区：城东片区位于主城盘龙江以东的城市东北部和东南部，西以盘龙江为界，南至大清河入海口，东至东三环，北至穿金路。目前该片区污水系统以二污厂和大清河转输泵站作为依托。

城东南片区：城东南片位于主城东南部，东、北至果林水库为界，南至宝象河，西至机场。目前该片区污水系统以六污厂、经开区污水处理厂作为依托。

根据 2016 年滇池流域各污水处理厂（水质净化厂）的排水量统计，流域内现状排水量合计为 5.2 亿 m³/a，其中昆明主城的十个水质净化厂排水量为 4.6 亿 m³/a。具体排水规模、排水去向及空间位置分布详见表 3.3 - 2。

表 3.3 - 2　　2016 年滇池流域主要水质净化厂排水水量及排水去向统计表

序号	水质净化厂	2016 年排水量/(万 m³/a)	排水去向
1	第一	4559	船房河、采莲河
2	第二	3812	明通河
3	第三	7944	老运粮河、乌龙河
4	第四	1595	盘龙江
5	第五	7863	金汁河
6	第六	4431	新宝象河
7	第七、第八	10631	外排泵站
8	第九	2231	新运粮河
9	第十	3319	海明河
10	捞鱼河	474	捞鱼河
11	洛龙河	2286	清水大沟，斗南湿地
12	淤泥河	650	淤泥河
13	白鱼河	670	白鱼河
14	古城	300	恢厂湿地
15	昆阳	848	小口子河
16	白鱼口	129	滇池湿地
17	阿子营	20	牧羊河
18	滇源镇	33	冷水河

昆明市主城区地形北高南低，规划区内的河渠均自北向南流入滇池，滇池成为城市雨污水的唯一受纳水体。近年来，为保护滇池，昆明市开展了环湖截污工程和尾水外排工程，主要污水通过西园隧洞直接排到滇池下游，污水处理厂处理后的尾水不再进入滇池，每天大约有 77.5 万 m³ 的尾水从西园隧洞排出滇池流域，还有 19 万 m³ 的尾水直接排入草海。

3.3.3　流域水循环过程与水平衡分析

现状年滇池流域属于丰水年，区内来水量约为 8.25 亿 m³。此外，掌鸠河引水、清水海引水和牛栏江引水三大外流域引水工程分别向滇池流域引调水 1.78 亿 m³、0.97 亿 m³

和 5.23 亿 m³，流域水资源总量约为 16.23 亿 m³，供水用于流域内工业、农业生产用水、生活用水和河道生态用水，其中工业供水 2.78 亿 m³，生活供水 3.65 亿 m³，农业灌溉用水 2.47 亿 m³，河道生态用水 7.33 亿 m³。各行业用水消耗后，生活污水经处理后，大部分（2.83 亿 m³）通过管道经西园隧洞外排至滇池流域外，小部分（0.64 亿 m³）进入滇池，再生水利用量为 0.34 亿 m³；农业灌溉回归水约 0.74 亿 m³ 进入滇池，河道生态用水 7.96 亿 m³ 进入滇池。同时，对于滇池湖区，湖面降水量 2.86 亿 m³、蒸发量 4.57 亿 m³，海口河出流量为 6.10 亿 m³，西园隧洞出流量共 4.36 亿 m³。现状年滇池流域水循环过程见图 3.3 − 1。

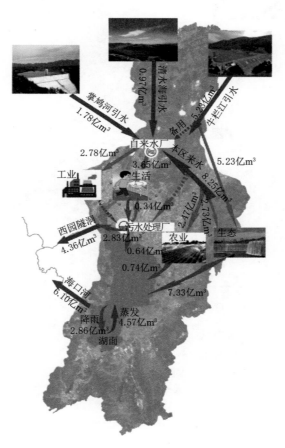

图 3.3 − 1 滇池流域 2015 年水循环示意图

2020 水平年，滇池流域区内来水量按多年平均 5.55 亿 m³ 计算。此外，根据流域水资源供需平衡分析结果，掌鸠河引水、清水海引水和牛栏江引水三大外流域引水工程分别向滇池流域引调水 2.31 亿 m³、0.97 亿 m³ 和 5.72 亿 m³，流域水资源总量约为 14.55 亿 m³，供水用于流域内工业、农业生产用水、生活用水和河道生态用水，其中工业供水 2.98 亿 m³，生活供水 4.57 亿 m³，农业灌溉用水 2.11 亿 m³，河道生态用水 4.89 亿 m³。各行业用水消耗后，生活污水经处理后，大部分（4.02 亿 m³）通过管道经西园隧洞外排至滇池流域外，小部分（0.24 亿 m³）进入滇池，再生水利用量为 0.63 亿 m³；农业灌溉回归水约 0.63 亿 m³ 进入滇池，河道生态用水 5.67 亿 m³ 进入滇池。同时，对于滇池湖区，湖面降水量 2.86 亿 m³、蒸发量 4.57 亿 m³，海口河出流量为 2.81 亿 m³，西园隧洞出流量共 6.03 亿 m³。2020 水平年滇池流域水循环过程见图 3.3 - 2。

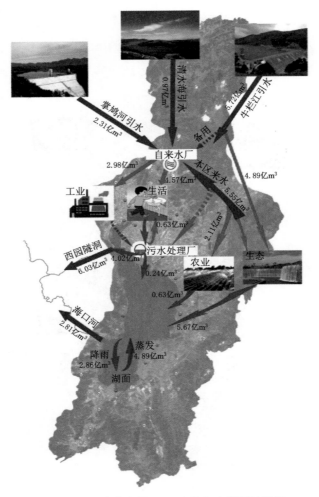

图 3.3 - 2　滇池流域 2020 水平年水循环示意图

2030 水平年，滇池流域区内来水量按多年平均 5.55 亿 m³ 计算。此外，滇中引水工程将建成供水，根据流域水资源供需平衡分析结果，滇中引水、掌鸠河引水、清水海引水和牛栏江引水四大外流域引水工程分别向滇池流域引调水量分别为 4.54 亿 m³、0.92 亿 m³、0.17 亿 m³ 和 1.38 亿 m³，流域水资源总量约为 12.56 亿 m³，供水用于流域内工业、农业生产用水、生活用水和河道生态用水，其中工业供水 3.57 亿 m³，生活供水 5.13 亿 m³，农业灌溉用水 1.96 亿 m³，河道生态用水 1.90 亿 m³。各行业用水消耗后，生活污水经处理后，大部分（4.02 亿 m³）通过管道经西园隧洞外排至滇池流域外，小部分（0.81 亿 m³）进入滇池，再生水利用量为 0.63 亿 m³；农业灌溉回归水约

0.59 亿 m³ 进入滇池,河道生态用水 2.89 亿 m³ 进入滇池。同时,对于滇池湖区,湖面降水量 2.86 亿 m³、蒸发量 4.57 亿 m³,海口河出流量为 1.50 亿 m³,西园隧洞出流量共 5.09 亿 m³。2030 水平年滇池流域水循环过程见图 3.3 – 3。

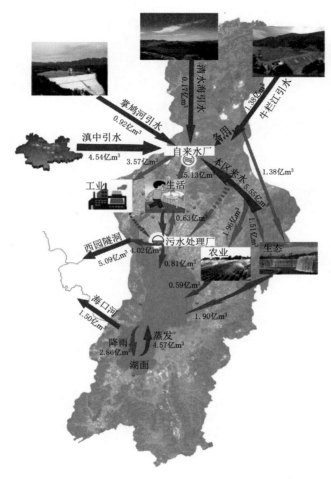

图 3.3 – 3　滇池流域 2030 水平年水循环示意图

3.4　小结

滇池流域为水资源严重紧缺地区,其现状水资源开发利用程度已远超过国际公认的 40% 合理上限。由于流域内水资源过度开发,滇池及主要入滇河流水环境不断恶化,成为资源性缺水、水质性缺水并存的区域,水少、水脏、水资源开发利用程度高的问题已严重制约了区域经济和社会的发展。为了解决滇池流域水资源紧缺问题,昆明市建设了掌鸠河引水工程、清水海引水工程、牛栏江—滇池补水工程等一系列外流域调水工程,基本解决了昆明市近期缺水严重问题。

滇池流域现状年需水量 8.89 亿 m³,各类水利工程可供水量 8.62 亿 m³,缺水 0.27 亿 m³,

缺水率 3.3%。2020 年，滇池流域需水量 9.67 亿 m³，各类水利工程可供水量 9.51 亿 m³，缺水 0.15 亿 m³，缺水率 1.6%。2030 年，滇池流域需水量 10.66 亿 m³，各类水利工程可供水量 10.58 亿 m³，缺水 0.08 亿 m³，缺水率 0.8%。现状及 2020 水平年城镇生活、工业和农村生活供需基本平衡，缺水部分均为农业灌溉，主要因为城市规模和工业的迅速发展，原为农业灌溉的双龙水库等水库转供城镇生活，城镇生产生活用水挤占农业用水所致。2030 水平年，滇中引水通水后，供需可以平衡。

近年来，昆明市开展了环湖截污工程和尾水外排工程，昆明主城区的生活污水大部分都依托西园隧洞工程直接排到滇池下游的沙河，污水处理厂处理后达标排放的尾水不再进入滇池，每天大约有 77.5 万 m³ 的尾水从西园隧洞排出滇池流域，还有 19 万 m³ 的尾水直接排入草海。滇池流域昆明主城区供排水关系基本平衡。

第4章 滇池流域入湖河流环境流量研究

4.1 滇池流域入湖河道功能定位

4.1.1 滇池入湖河流概述

滇池流域入湖河道众多，大小有数十条呈羽状汇入滇池。大多为源近流短的山区性河流。汇入滇池的河流集水面积大于 $100km^2$ 的有盘龙江、宝象河、洛龙河、大河、东大河、柴河、捞鱼河等，其中以盘龙江最大。"十一五"期间纳入滇池流域重点监测的河流主要有乌龙河、新运粮河、老运粮河、王家堆渠、大观河、船房河、西坝河、采莲河、金家河、盘龙江、大清河、海河、六甲宝象河、小清河、五甲宝象河、虾坝河、老宝象河、宝象河、马料河、洛龙河、捞鱼河、南冲河、淤泥河、白鱼河、柴河、茨巷河、古城河、东大河和护城河，共计29条。

2010年5月颁布施行的《昆明市河道管理条例》中，出入滇池河道是指滇池流域范围内的螳螂川、盘龙江、新运粮河、老运粮河、乌龙河、大观河、西坝河、船房河、采莲河、金家河、大清河（明通河）、枧槽河、金汁河、海河（东白沙河）、宝象河（新宝象河）、老宝象河、六甲宝象河、小清河、五甲宝象河、虾坝河（织布营河）、马料河、洛龙河、捞鱼河（胜利河）、南冲河、大河（淤泥河）、柴河、白鱼河、茨巷河、东大河、中河（护城河）、古城河、王家堆渠、牧羊河、冷水河、姚安河、老盘龙江等河道，共计36条。

2013年1月颁布施行的《云南省滇池保护条例》中，滇池主要入湖河道是指滇池保护范围内的盘龙江、新运粮河、老运粮河、乌龙河、大观河、西坝河、船房河、采莲河、金家河、大清河（含明通河、枧槽河）、海河（东北沙河）、宝象河（新宝象河）、老宝象河、六甲宝象河、小清河、五甲宝象河、虾坝河（织布营河）、马料河、洛龙河、捞鱼河（含梁王河）、南冲河、大河（淤泥河）、柴河、白鱼河、茨巷河、东大河、中河（护城河）、古城河、牧羊河、冷水河等河道，共计30条。

2017年4月印发的《昆明市全面深化河长制工作实施方案》中，纳入市级河长名录的滇池主要入湖河道有盘龙江、洛龙河、宝象河、大观河、新运粮河、马料河、冷水河、牧羊河、金家河、正大河、南冲河、金汁河、枧槽河、乌龙河、老宝象河、五甲宝象河、六甲宝象河、东大河、中河（护城河）、大河、淤泥河、白鱼河、大清河（含明通河）、柴河（含茨巷河）、船房河、西坝河、采莲河、太家河、海河（含东北沙河）、广谱大沟、老运粮河、古城河、虾坝河、姚安河、小清河、捞鱼河（含梁王河）等，共计 36 条。

4.1.2　滇池入湖河流功能定位

根据昆明市主城区城市防洪、排涝、城市景观建设和河流生态修复的需求，可将滇池流域入滇河流划分为城市防洪、排涝、排水及生态景观河道等几种类型。

4.1.2.1　城市防洪河道

防洪河道是指发源于昆明城市上游山丘地区，穿过城市或连片耕地后入滇的河流，具有防御城市外来客水功能的河道。滇池流域具有防洪功能的河流主要有盘龙江、新运粮河、老运粮河、大清河（包括金汁河、枧槽河和明通河）、海河、宝象河、广普大沟、马料河、洛龙河、捞鱼河、梁王河、南冲河、淤泥河、大河、柴河、东大河、古城河等，共计 17 条。

4.1.2.2　城市排涝河道

排涝河道是指源自昆明城区，河道平缓，承雨区以城市为主，其功能仅担负排泄城区雨水。具体排涝河道有乌龙河、大观河、西坝河、船房河、采莲河、金家河、正大河、六甲宝象河、小清河、五甲宝象河、姚安河（虾坝河）、老宝象河、新开河、中河等，共计 14 条。

4.1.2.3　城市排水河道

根据滇池流域"十二五"污染防治规划的总体设计，昆明市实施了污水处理厂尾水外排工程，将主城的污水处理厂尾水通过河道或管道收集到环湖截污干管，再由环湖截污干管输送到西园隧洞直接外排到螳螂川，以减少滇池的污染负荷入湖量，同时解决安宁-富民工业走廊工业用水资源短缺的问题。主要入滇河道中作为排水河道的有采莲河、船房河、乌龙河、老运粮河、新运粮河、大清（包括金汁河、海明河、枧槽河、明通河）、海河（东北沙河）等，共计 7 条。

4.1.2.4　城市生态景观河道

为了提升昆明城市功能和品位，优化人居环境，滇池流域城镇水系专项规划对主要入滇河流的治理状况进行梳理，"河流清，则滇池清。"昆明市 2008 年实施了"河长制"，大力加强对入滇河流的治理。截至目前，滇池流域主城区主要入滇河流已基本全线截污，穿城河流基本都具有一定的景观功能。根据主要入滇河道的分布位置，认为具备较强生态景观效应的河流应当是接纳城市外来客水或承接城区雨水、穿过城镇汇入滇池的河道，具体有新运粮河、老运粮河、大观河、西坝河、船房河、盘龙江、海河（东北沙河）、宝象河、马料河、洛龙河、捞鱼河、梁王河、南冲河、大河、柴河、东大河、古城河、六甲宝象河、小清河、五甲宝象河、虾坝河等 20 余条。

4.1.3 重点研究河流的自然环境特点

城市河流受用地、防洪、供排水及城市景观等功能的约束，绝大多数河道都经过人工改造与整治，使其具备防洪排水、景观文化、生态环境改善等功能。滇池流域水资源匮乏，水资源开发利用程度很高，加之受流域城镇化快速发展的影响，滇池入湖河道基本无清洁来水，城市排水和面源径流成为维持河道基本功能的主要水量来源，河道的生态环境改善功能无法正常发挥、景观功能较差。

随着滇池流域经济社会发展水平逐步提高和昆明城市水生态文明建设需要，消除城区黑臭水体并恢复城区河段生态环境功能成为当前的迫切需求。参考河湖库环境流量计算的相关规范与导则要求，科学合理划分城区重点生态景观河道和一般河道，制定差别化的城区河段的保护目标与河道功能目标，以入湖河流小流域为单元，采用径流还原和水力学方法，研究城市河道维持其景观功能和满足其他环境敏感目标需求的环境流量，从而确定各城市景观河道适宜的环境流量。本次研究重点针对滇池流域具有重要生态和景观功能的入滇河道进行生态环境需水量分析，同时与《昆明市全面深化河长制工作实施方案》紧密结合，确定筛选盘龙江、新运粮河、老运粮河、大观河、西坝河、船房河、采莲河、金家河、金汁河、枧槽河、大清河、海河、六甲宝象河、小清河、五甲宝象河、虾坝河、姚安河、老宝象河、新宝象河、广普大沟、马料河、洛龙河、捞鱼河、梁王河、南冲河、淤泥河、大河、白鱼河、柴河、东大河、护城河、古城河，共计 32 条河流作为本次主要入滇河道生态环境需水量研究的重点河道；其中，新运粮河、老运粮河、大观河、西坝河和船房河等 5 条汇入草海，其余 27 条汇入外海。各河流主要特点概述如下：

1. 盘龙江

盘龙江发源于嵩明县梁王山北麓喳啦箐白沙坡（高程 2600m），自北向南经牧羊、阿子营、黄石岩、小河等地，在岔河嘴与右支甸尾河汇合后入松华坝水库，出库后进入昆明盆地，穿越昆明主城区后于官渡区洪家村注入滇池外海。盘龙江河道全长 94km，总落差约 714m，河床平均坡降 7.6‰，流域面积 735km²。水库以上为山区，夹有山间盆地，河道呈树枝状，河长 67.5km，河床坡降 10.1‰，区间汇水面积 593km²，多年平均流量 6.57m³/s，实测最大流量（1966 年）222m³/s。水库以下为滇池盆地，河道较顺直，长 26.53km，区间汇水面积 142km²，其中城区面积为 75.5km²，不透水或弱透水面积比重为 53.2%；其间，廖家庙以上河段长 11km，河床平均坡降为 1.8‰，有 9 级跌水，已按 50 年一遇设防标准治理，两岸局部人工渠化，复式断面，宽度 21.3～57.8m；廖家庙以下长 15.5km，河床平均坡降为 0.36‰，矩形与复式断面相结合，宽度 20.2～48.1m（其中，廖家庙到南坝闸段长 7.6km，已按 100 年一遇设防标准治理，两岸为砌石镶护并大部绿化或小型景观花园）。穿越主城区干流河段现建有节制闸 3 座、桥梁 29 座（铁路桥 2 座、道路桥 17 座、人行桥 10 座）。目前，水库以下盘龙江已进行了清淤，但仍有众多桥梁，部分还存在阻水问题。盘龙江支流水系发育，呈羽状分布，汇入或分出盘龙江的主要支流有十数条。汇入盘龙江的支流主要有牧羊河、甸尾河、马溺河、清水河、羊清河、花鱼沟、麻线沟、银汁河等；分流盘龙江的支流主要有金汁河、东干渠、玉带河、大观河、西坝河、永昌河、马撒营河、杨家河、陆家河、金太河、金家河、太家河等。

图 4.1-1 盘龙江（瀑布公园下段）河道现状照片（摄于 2017 年 8 月）

2. 新运粮河

新运粮河是昆明主城五华区、高新区、西山区的一条主要防洪排涝河道，呈自北向南分布，发源于五华区车头山，经龙池山庄、桃园村、甸头村、沙靠村进入西北沙河水库，出库后经普吉、陈家营、海源庄、龙院村（鸡舌尖）、新发村、高新开发区、梁家河，穿成昆铁路、石安公路，在积下村附近汇入滇池草海。其中桃园村至龙院村段称西北沙河，已完成治理，复式断面，宽 9～15m；龙院村至成昆铁路段称中干渠，矩形断面，宽 6.1～12.3m；成昆铁路至入草海口段称新运粮河，矩形、复式断面相结合，宽 6.8～24m，已清淤。流域面积 83.4km^2，主河长 19.7km，平均坡降为 2.12‰。主要支流有西边小河、小普吉排洪沟、陈家营岔沟、上峰村岔沟、白龙河、马街大沙沟、海河、马街小沙沟等。

3. 老运粮河

老运粮河是明代洪武十八年（公元 1385 年）疏挖海沟、沼泽地形成的人工河道，也是由滇池运粮到大西仓的通道。原运河东起大西门外茴香堆（现昆师路昆一中附近），上联老龙河（今凤翥街东侧），东与菜海子（翠湖）相连，东南与顺城河相通，北接地藏寺来水（今西站大沟）。因滇池水位降低和历代城市建设导致河系变迁，老运粮河逐渐演变成为西城区的主要排涝河流。现老运粮河主要指菱角塘至滇池入口河段，经红联、春苑小区，沿云山路向西至兴苑路口与小路沟汇合，再经昆明市第三污水处理厂、积善村后流入草海。河长 11.3km，平均坡降 5.62‰，汇水区面积 18.7km^2。现状矩形断面，宽 6～24.8m，已进行清淤。主要支流有小路沟、七亩沟、鱼翅沟、麻园河等。

4. 大观河

大观河上段称篆塘河，为暗河，源自大观分洪闸，向西沿西昌路经篆塘折转向南至大观楼入草海，汇水区面积 2.8km^2，全长 3.9km，其中篆塘河长 0.9km。篆塘至大观楼段称大观河，河道断面呈矩形，河宽 9.4～40.5m。

图 4.1-2 大观河（篆塘段）河道现状照片（摄于 2017 年 8 月）

5. 西坝河

西坝河源自大观分洪闸，向南经西坝、马家堆、福海、韩家小村，至新河村入草海。汇水区面积 4.9km²，河长 7.4km，大部分河道已治理，断面呈矩形、复式，河宽 3～9m。

图 4.1-3 西坝河（广福路段）河道现状照片（摄于 2017 年 8 月）

6. 船房河

船房河源自昆明城区青年路圆通山门口，自北向南穿凯旋利汽车市场，经福海乡船房村于新河村附近汇入滇池草海。二环南路以上由兰花沟和弥勒寺大沟组成，其中兰花沟源于现云南省林业厅门口，沿青年路南下，至南屏街转西，折向大井巷，穿宝善街，过同仁街，穿金碧路，再沿书林街南下入敬德巷后，向西流至东寺街，穿玉带河马蹄桥涵洞、西昌路至刘家营，经环城西路、西园路（以上段为暗涵河，以下为明渠），在凯旋利汽车市场大门北侧弥勒寺大沟与之相汇，兰花沟长 5.7km，汇水区面积 2.8km²（由正义路以东、盘龙江以西、圆通山以南、环城南路以北片区组成）。弥勒寺大沟源于弥勒寺公园，经弥勒新村、王家坝，穿成昆铁路（以上为盖板沟，以下为明渠），顺二环南路南侧于凯旋利汽车市场大门北侧汇入兰花沟，河长 2.1km，汇水区面积 1.2km²。两河（沟）于凯旋利汽车市场汇合后向西先后流经船房村、阳光小区、郑家河村、河尾村，继续流至新河村南侧入草海。

7. 采莲河

采莲河源于黄瓜营附近，自北向南经永昌小区，穿成昆铁路后过四园庄、王家地、卢家营、李家地等，在绿世界纳永昌河，过周家地，在大坝村再纳杨家河后进河尾村，经河尾村闸后又分为两支：一支转西后再次分为左右支，其中右支穿滇池路经泵站抽水汇入船房河，左支在海埂加油站旁穿滇池路，经河尾村端仕楼侧进滇池度假村，穿云南民族村和海埂公园后由中泵站抽排入滇池；另一支沿滇池路南流，经渔户村，在滇池路北侧纳大清河，在渔户村纳太家河，顺滇池路左岸过海埂公园由东泵站抽排入滇池，河长 12.5km，平均坡降 0.280‰，汇水面积 19.4km²。主要支流有永昌河、太家河、杨家河和大清河。现状主河道宽 3.0～12.0m，河深 1.0～3.5m，最小断面行洪能力为 2.20m³/s，最大断面行洪能力为 20.3m³/s。

8. 金家河

金家河为金太河分水渠，在四道坝村从金太河分出，经孙家湾村、陆家场、李家湾村，穿广福路，过金家村、河尾村后，在金太塘汇入滇池。河长 6.91km，平均坡降 0.21‰，河宽 2～13m，堤高 1～2.5m，汇水面积 9km²。河宽 2～13m，堤高 1～2.5m，双村以上河堤为浆砌石，双村到河尾小村段为土质河岸，河尾小村以下为浆砌石。

9. 枧槽河

枧槽河清水河与海明河汇合后称枧槽河，向南流经双桥村、日新村、向化村在六甲附近流入海河汇入滇池，原河道全长 9.8km。现从张家庙改道汇入大清河，下游有 1.4km 河道被废弃。现河道为宝海公园北侧至张家庙河段，是大清河的主要支流，河道全长 5.73km，汇水面积 7.51km²。现状河宽为 14.0～25.0m，河深 1.9～3.0m，最小断面行洪能力为 13.4m³/s，最大断面行洪能力为 34.9m³/s。

10. 金汁河

金汁河为盘龙江引水灌溉河道，是昆明"六河"之一，始建于宋代，经元、明、清至今历代整修治理，全长 35km。松华坝水库建成后，由水库左岸引水，顺盘龙江东面山麓南流，经龙头街、波罗村、金马寺，下穿昆河铁路，过董家湾、拓东路、吴井桥，向南经日新、双凤、小街村、宏德村等，经 2005 年整治在向化村桥排入枧槽河，整治后的金汁河全长 27 公里，汇水面积 15.9km²。现状河宽为 2.0～6.0m，河深 1.5～3.0m，最小断面行洪能力为 3.34m³/s，最大断面行洪能力为 8.97m³/s。

11. 大清河

大清河上游由右支明通河、左支枧槽河构成。明通河与枧槽河交口以下称大清河，向南流经叶家村、梁家村、新二泵站，在福保文化城西侧入滇池，明通河与枧槽河交汇口以下河长 6km，河床平均坡降 0.12‰，全河段两岸河堤上部为土堤绿化带、下部为浆砌块石，区间汇水面积 2.8km²。含明通河、枧槽河两支的大清河全流域面积为 48.4km²，河长 29.4km。

12. 海河

海河发源于官渡区大板桥以北一撮云（高程 2336.5m），河流自东北向西南至岔河，集鬼门关的山箐水，于三农场处向南黄土坡村入东白沙河水库（面积 22.5km²，总库容 420 万 m³），出库后经龙池村、十里铺、羊方凹，在牛街庄转西至土桥村，沿昆明国际机场东缘至王家村，纳白得邑、阿角村、三家村等片区来水后称海河，穿广福路，于七甲村纳机场西侧小河后南行，在福保村入滇池。河长 18.9km，流域面积 29.8km²，河宽 2.0～14.0m，河深 1.0～3.0m，后段海河（东白沙河）长 8km，河宽 12～15m。

13. 六甲宝象河

六甲宝象河原属宝象河的分洪、灌溉河道，现被彩云路截洪沟截断，自成体系。现从永丰村起，经雨龙村，穿广福路，过七甲村，沿官南大道右侧至福保村，由闸门控制既可直接入滇池，也可分流至海河，目前多是分流至海河。河道基本顺直，河段长 10.8km，河宽 1～5m，堤高 1～4m，流域面积 2.63km²。流域内以不透水或弱透水地面为主，占比约 60%。

14. 小清河

小清河原属宝象河的分洪、灌溉河道，现被彩云路截洪沟截断，自成体系。源于小板桥镇云溪村附近，主要汇集六甲乡部分村庄和福保村一带的居民生活及雨水，其间流经张家沟、新二桥等村庄，最后在小河嘴村附近中科院滇池蓝藻控制试验基地旁流入滇池。河长 8.17km，流域面积 3.18km²。现状河宽为 0.5～8.0m，河深 1.0～3.0m。

15. 五甲宝象河

五甲宝象河原属宝象河的分洪、灌溉河道，现被彩云路截洪沟截断，自成体系。从世纪城片集雨污水，穿广福路，沿金刚村、楼房村南流，在小河嘴下村进小清河汇入滇池，沿途纳经济技术开发区、陈旗营、雨龙村等片区的雨、污水。全长 9.43km，河宽 2～9m，堤高 2～5m，汇水面积 3.28km²。河道最小断面行洪能力为 1.94m³/s，最大断面行洪能力为 5.08m³/s。

16. 虾坝河

虾坝河原属宝象河的分洪、灌溉河道，现被彩云路截洪沟截断，自成体系。从世纪城（原为织布营村）起，穿广福路桥，经过四甲东侧南流至熊家村，在姚家坝水寺处分为两支，即姚安河和虾坝河。虾坝河经王家村、五甲塘，穿姚安公路后从夏之春海滨公园南侧汇入滇池，河长 4.06km，河宽 6～14m，堤高 1.3～2m，汇水面积 3.4km²，下垫面为农田。虾坝河（又称织布营河）全长 10.6km，河宽 4～18m，堤高 1.3～4m，汇水面积 9.1km²。

17. 姚安河

姚安河原属宝象河的分洪、灌溉河道，现被彩云路截洪沟截断，自成体系。从世纪城（原为织布营村）起，穿广福路桥，经过四甲东侧南流至熊家村，在姚家坝水寺处分为两支，即姚安河和虾坝河。姚安河经王家村，在龙马村与李家村之间纳老宝象河支流后穿姚安村，在独家村入滇池，河长 3.55km，河宽 7~14m，堤高 1.5~3m，汇水面积 3.6km²，下垫面为农田，李家村以下河堤为浆砌石。

18. 老宝象河

老宝象河源自羊甫分洪闸，过大街村，穿昆洛公路、彩云路，过第六污水处理厂、龙马村、严家村后在宝丰村入滇池。河长 10.1km，平均坡降为 0.520‰，河宽 4~10m，堤高 2~5m，沿途河堤高于村庄农田（目前已规划为城区用地），汇水面积 3.94km²，不透水或弱透水面积占比约 60%。其中在季官村末端分流入杜家营大沟，经后所村前沿、丁家村、郭家村后汇入姚安河，河长 2.87km，河宽 3~4m，堤高 1.5~4m，汇水面积 1.46km²，下垫面为农田。

19. 新宝象河

宝象河是昆明古六河之一，发源于官渡区大板桥办事处石灰窑村孙家坟山（高程 2500m），河流自东向西蜿蜒，经小寨村至三岔河入宝象河水库，出库后续向西先后流经坝口村、阿地村，过大板桥、阿拉坝子盆地，穿昆明经济技术开发区，于小板桥镇羊甫村处沿整治的新宝象河穿昆玉高速路、彩云路、广福路和环湖东路，于海东村汇入滇池。河道全长 47.1km，平均坡降为 15‰，流域面积 292km²，其中宝象河水库控制面积为 67km²，支流上相继建有天生坝、前卫屯、铜牛寺、茨冲、复兴等小型水库及塘坝。宝象河水库以下大板桥等片区目前相继进行昆明空港经济区、昆明经济技术开发区的建设，按其规划建设，区域不透水面积比例将超过 60%。2005 年前，羊甫分洪闸以下由干流老宝象河、新宝象河、织布营河（虾坝、姚安河）、五甲宝象河、小清河、六甲宝象河等组成，其后昆明市政府对新宝象河进行了整治，并在彩云路东侧修建了 6m 宽、4m 深的引洪渠，使宝象河在彩云路以上洪水通过新宝象河排泄，原来的河道自成体系。2006 年对新宝象河整治后达到 50 年一遇防洪标准，河道全长 8.8km，宽 15~56m，堤高 3~5m，其间汇水面积 16.7km²。

20. 广普大沟

广普大沟发源于小板桥以东洒梅山（高程 2047m）、洋湾山（高程 2027m）老官山（高程 2034.5m）、龙宝山（高程 2049m）等群山西侧，河流大致自东向西蜿蜒而行，先后穿越南昆铁路、昆洛路、昆玉高速路、广福路和环湖公路汇入滇池。昆洛路以上流域为山坡、旱地和部分城镇居民住地，无明显河道，昆洛路以下目前正在进行大规模的城市建设，且河道常年有一些生活污水汇入。昆洛路以下至滇池入口段长 6.9km，河宽 2.4~20m，河床平均坡降 1.42‰，汇水区面积 21.1km²。

21. 马料河

马料河发源于官渡区阿拉乡新村犀牛塘龙潭，自北向南过新村，至白水塘村南部约 500m 处进入呈贡区境内的果林水库，出库后经倪家营、望朔村（洛羊镇），于矣六甲小新村分洪闸分为左支矣六马料河、右支关锁马料河，平行流经约 4km 后，左支于矣六甲村注入滇池外海，右支于回龙村注入滇池。马料河长 22.5km，平均坡降 3.3‰，面积 69.4km²（呈贡区境内 38.7km²，官渡区境内 30.7km²），其中果林水库以上河长 10km，平均坡降 3.55‰，水库以下河道长 12.4km，平均坡降 3.1‰。现状河道已局部治理，宽 3.2~11.8m，河堤为土质类。

图 4.1-4　宝象河（入滇段）河道现状照片（摄于 2016 年 8 月）

22. 洛龙河

洛龙河石夹子落水洞以上称瑶冲河，以下称洛龙河。发源于向阳山西南侧山箐，向西南流经七甸、广南、三家村，至石夹子落水洞经人工修筑隧道流至石龙坝水库或下游洛龙河，并在大新册附近接纳黑、白龙潭泉水及石龙坝水库（面积 17.1km²）来水后穿呈贡区，于江尾村入滇池外海。洛龙河全长 29.3km，平均坡降 6.67‰，面积 132km²；其中落水洞以上面积为 68.1km²，河长 12.1km；落水洞以下面积 63.9km²（包括石龙坝、白龙潭水库面积在内），河长 17.2km。洛龙河平均坡降 1.24‰，大部分河道断面为规整的矩形，宽 3.9～11m。

23. 捞鱼河

捞鱼河发源于呈贡区吴家营乡烟包山一带西侧山箐，经和尚大地西侧、小松子园村后入松茂水库（总库容 1600 万 m³，面积 38.1km²），出库后向西南经段家营、缪家营、郎家营，于郑家营村南纳关山水库（总库容 560 万 m³，面积 15km²）下泄洪水后向西南经中庄、下庄、雨花村往西过大渔村，于月角小村附近再纳梁王河分洪河道于中和村入滇池外海。河长 30.9km，平均坡降 4.93‰，面积 123km²，其中松茂水库以下长 15.4km，平均坡降 6.1‰。现状河道大部分为复式断面，宽 5～40m，两岸堤角为浆砌石，上部土质。

24. 梁王河

梁王河发源于梁王山余脉老母猪山南麓（河源高程 2661m），自东向西蜿蜒过杨柳冲村后入横冲水库，出库后经上庄子、大营，于化城附近分左、右两支。左支进马金铺塘、穿昆玉高速公路，过石头村于大渔乡大海晏村附近注入滇池。右支自东南向西北过高家庄，穿昆玉高速公路、昆洛路，在月角小村附近入捞鱼河。干流河长 23.3km，平均坡降 5.40‰，汇水区面积 57.5km²。现状河道大部分为复式断面，河宽 3～9m，两岸堤脚为浆砌石，上部土质。

图 4.1-5　捞鱼河（入滇段）河道现状照片（摄于 2017 年 8 月）

25. 南冲河

南冲河发源于呈贡与澄江县分界的黑汉山（2494.7m）西侧，自南向北入白云水库（总库容 357 万 m³），出库后经浅丘坝子，过山母村、白云村后穿老昆玉公路，于左所村处接纳哨山河向西再穿昆玉高速路，其后进入晋宁区境，于小河家附近入滇池。流域面积 56.9km²（含哨山河），河长 14.4km，平均坡降 28.2‰，其中白云水库控制面积 14.7km²，水库至滇池入口段区间面积 42.2km²（含哨山水库所在河流）。哨山河发源于呈贡与澄江县交界的马澄公路干塘子附近（高程 2197.2m），自南向北至小营村南侧折转向西南进入哨山水库（总库容 148 万 m³），出库后河流沿浅丘河谷向西南过白云村北侧进入人工渠道，在左卫村附近穿老昆玉公路，并于左所村处汇入南冲河。交口以上流域面积 24.5km²，其中哨山水库面积 4.88km²，水库以下至交口段区间面积 19.6km²，目前，区间部分已规划为城市建设用地。

26. 淤泥河

淤泥河全长 10.11km，自小寨闸至宋家营大闸为晋城段，长度 5.55km，河断面宽 4~6m，河堤宽 2.5~4m，自宋家营大闸至入湖口为新街段，长度 4.56km，河断面宽 6m，河堤宽 2~5m。

27. 大河

大河发源于晋宁区境内的化乐乡老君山北侧，向北流经干洞、黄家庄，在界牌村入大河水库，在库区汇入谷堆山支流来水，出库后向北流经河间铺、曹家田、四家村，在八家村纳杨柳冲支流后，向北流经大西坡、中村、小村，在立盘村接沙底河、李家营片支流来水后，经双龙凹村，在段民村收水头、上村、南山片支流来水，继续向北流经小凹里村，在十里村纳马鞍塘水库出流后，经山后村，在石碑村又纳凤凰山支流来水，在小寨分洪闸处分流为两支：右支转北于石子河附近汇入淤泥河，左支向西北流经新庄、河湾，在天城门村闸处再次分流，其中老河道经永和、新街，于回龙村入滇池，干流（称白鱼河）经小新村后在下海埂村入滇池。流域径流面积 194km²，河长 35.3km，平均坡降 3.19‰，现状河宽 3.7~21.4m。

28. 白鱼河

白鱼河白鱼河是柴河一支流，和大河交汇于小寨分洪闸后形成的主要排洪河。流经晋城、新街、上蒜三个乡镇的新庄、河湾、天城门、钟贵、左卫、小新村、下海埂，从下海埂流入滇池。全长 6.05km，起点为小寨分洪闸，终点为上蒜乡下海埂村。河道断面平均宽度 7.26m（最窄处 5m，最宽处 12m）；河顺流左堤平均宽度 6.4m（最窄处 3m，最宽处 9m），河顺流右堤平均宽度 4.07m（最窄处 2m，最宽处 6m）。主要承担着晋城、新街、上蒜三个乡镇约 1.5 万亩农田的灌溉及大河、柴河大部分下泄洪水的泄洪任务。

29. 柴河（茨巷河）

柴河发源于晋宁区境内的六街乡甸头村东北面山箐，过沙坝水库，自东北向西南流经甸头村，至兴旺村折转向西北流，经者腻、大营、六街，在龙王潭村东北侧入柴河水库，出库后向北流经李官营、段七、竹园、细家营村，在观音山分洪闸分左、右两支，其中左支（称茨巷河）向西北流经昆明化肥厂，在小渔村入滇池，右支自西南向东北流经小朴村，在小寨入晋宁大河。干流河长 33.4km，平均坡降 3.90‰，汇水区面积 190km²。现状河宽 4.3~14.5m。

30. 东大河

东大河发源于晋宁区宝峰（新街）乡魏家箐村西南侧山箐，自西南向东北分别进入团结小（1）型、合作小（2）型水库，出库后折转向北流经大麦地、庄上村，于小河口村处入双龙水库（总库容 1224 万 m³，面积 54km²），出库后向东北流经双龙村，纳右支流大春河水库（面积 10.8km²）下泄洪水后，过普家村、河埂村，再纳左支流洛武河水库（面积 8.9km²）下泄洪水后，过普达村、储英村，在河咀村入滇池外海。河长 23.3km，面积 158km²，平均坡降 4.20‰。东大河水库以下除新昆玉路匝道至环湖公路段已整治，宽 7.3~13m 外，其他为天然河道；水库以下至入滇池口段相继穿越了昆洛路、昆玉铁路、环湖南路等桥涵，建有灌溉闸 3 座。

图 4.1-6　东大河（入滇段）河道现状照片（摄于 2016 年 8 月）

31. 护城河（中河）

护城河（中河）原为东大河左侧分洪河道，现为晋宁区城景观河道。发源于晋宁城侧沙妈顶（河源高程 2202m），上段称石牙脚箐，自西向东流淌至大兴城后进入滇池盆地，河道高程降至 1900m，其后纳左支白龙潭箐，至麦地村附近沿晋宁城边缘转向北偏东，于张家村附近纳人工修筑的东大河分洪河道来水，继续续向北至有余村附近，再纳发源于砚石磨山的左支行经 560m 后，于原云南省女子监狱的西北侧入滇池。汇水区面积 25.3km²，干流河长 7.3km，河宽 4.2～31m，局部已治理，河床平均坡降 13.8‰。

32. 古城河

古城河发源于晋宁区古城镇八大弯村老高山东南侧山箐，自西北向东南流至三家村折转向东北，经昆阳磷矿、西汉营，在昆阳磷肥厂旁穿昆阳至晋宁老公路后，进入古城镇，继续向东北流经上村，汇集沿途村庄雨污水后，在下村入滇池。干流河长 11km，平均坡降 17.5‰，汇水区面积 18.3km²。古城以上为天然河道，两岸多为坡地、农田，河段坡降大，沟谷杂草丛生；古城以下河道已被整治，河段顺直，河宽 5～6m。

4.2　河流环境流量概念及其计算方法

4.2.1　生态环境需水量的概念与内涵

当前，水资源已经成为生态系统健康和经济发展的限制性因素。随着经济社会的不断发展，人类对水生态系统服务功能需求的不断增加与水生态系统功能性退化构成了矛盾，人类对水资源的开发利用已呈现出不同程度的掠夺性，生产、生活与生态用水之间的矛盾日益加剧，导致了严重的生态环境问题，如生态系统退化、生物多样性降低、河道断流、地下水位下降、水环境污染和土地荒漠化等，使社会安全、经济安全、生态安全和水资源安全都受到威胁。因此，如要解决这个矛盾，就需要合理分配水资源在经济社会发展和生态环境保护中的比例，保障维护生态环境相对稳定的环境用水需求。尤其是在流域水资源的规划与管理中，基于有限的水资源总量，实现流域水资源的合理配置，维持合理的生态环境需水量，将人类活动控制在生态环境和资源允许范围内，是流域规划和管理中需要解决的根本性问题，同时也是实现"社会-经济-生态"复合系统可持续发展的关键性问题。

20 世纪 90 年代以前，水资源管理和规划通常以人类需求为中心，很少考虑维持自然生态环境用水的需求。长期以来，在研究水资源供需问题、水资源配置问题时，只强调生产和生活需水量，忽视生态系统本身的生态环境需水量（沈坩卿，1999），认为需水量由三部分组成，即：需水量＝农业需水量＋工业需水量＋生活需水量。由于长期忽视生态环境需水量，导致生态失衡与环境恶化，并反过来限制了经济社会发展。90 年代以后，水资源管理才放弃旧观念，遵循"必须首先满足基本生态需水"的原则（杨志峰，2003），强调水资源、生态系统和人类社会的相互协调，重视生态环境和水资源的内在关系，并将此作为水资源管理的基础。在考虑生态环境需水量后，需水量应该由四部分组成，即：需水量＝农业需水量＋工业需水量＋生活需水量＋生态环境需水量。也就是说，今后在研究水资源供需与配置问题时，除了考虑经济社会发展和生活需水量外，还必须同时优先考虑生态环境需水量。只有这样，才能保证水资源的良性循环，实现水资源的可持续利用，恢复和重建生态环境（王西琴，2002）。

4.2.1.1　生态环境需水量的概念

20 世纪 90 年代，国外学者已经逐步认识到水资源与生态环境系统的互动关系，促进了水资源管理观念的转变，逐渐放弃以人类需求为中心，强调生态环境需水量的重要性。其中，生态需水量的定义于 1993 年由 Covich 提出，认为生态需水量就是保证恢复和维持生态系统健康发展所需的水量（Covich，1993）。1998 年，Gleick 提出了基本生态需水量（Basic Ecological Water Requirement）的概念，即需要提供一定质量和一定数量的水给天然生境，以求最小化改变天然生态系统的过程，并保护物种多样性和生态完整性（Gleick，1998）。在其后的研究中，将此概念进一步升华并同水资源短缺、危机与配置相联系，描述河流系统生态需水量的相关概念有：枯水流量（Low Flow）、最小流量（Minimum Flow）、河道内流量（Instream Flow）、环境需水量（Environmental Flow Requirements）、生态需水量（Ecological Flow Requirements）、生态可接受流量（Ecology Acceptable Flow Regime）和最小可接受流量（Minimum Acceptable Flow）以及补偿流量（Compensation Flow）等。

在国内，研究生态需水量的范围更广，不同研究者根据研究侧重点的不同，对生态需水量的定义也不同。崔树斌（2001）认为，生态需水量应该是指一个特定区域内的生态的需水量，而并不是单指生物体的需水量或者耗水量，它是一个工程学的概念，与"生态环境需（用）水量"的含义和计算方法应当是一致的，计算生态需水量实质上就是要计算维持生态保护区生物群落稳定和可再生维持的栖息地的环境需水量，也即"生态环境所需水量"。对生态需水量具有普适性的定义，是钱正英等（2001 年）在《中国可持续发展水资源战略研究综合报告及各专题报告》中提出的：广义的生态需水量是指维持全球生态系统水分平衡包括水热平衡、水盐平衡、水沙平衡等所需用的水；狭义的生态环境需水量是指为维护生态环境不再恶化，并逐渐改善所需要消耗的水资源总量。

目前，对于生态需水量的概念还存在着许多分歧，没有统一的定义（崔真真，2010）。诸多学者根据研究对象的具体情况，提出不同的生态需水量的概念，并出现不同的定义，如生态用水量、生态耗水量、生态储水量、生态缺水量、环境需水量及生态环境需水量等。近几年，研究者们对这些相关概念进行了界定。但是，生态需水量、环境需水量和生态环境需水量三个概念并没有得到严格的界定，经常混淆，研究者们通常将三者的计算方法等同，导致了生态需水量、环境需水量计算内容和结果的不同。杨志峰等区别了生态需水量和环境需水量：生态需水量主要侧重在生物维持其自身发展及保护生物多样性方面，环境需水量则主要体现在环境改善方面（杨志峰，2003）。由于我国正处于经济快速发展阶段，水生态系统同时面临着水质恶化、水生生境丧失、水生生物受到多方面的威胁等生态、环境方面的问题，而能否提供足够的生态水量是解决上述生态环境问题的重要因素之一，因此在现阶段我国的生态需水研究更加适用生态环境需水量的概念。

4.2.1.2　生态环境需水量的研究进展

生态环境需水量研究最早起始于美国，主要集中在河流方面。早在 20 世纪 40 年代，随着水库的建设和水资源开发利用程度的提高，美国的资源管理部门开始注意和关心渔场的减少问题。美国渔业与野生动物保护协会对河道流量进行了较多研究，主要是关于鱼类生长繁殖和产量与河流流量的关系，并首先提出了"Instream Flow Requirements"的概念，即避免河流生态系统退化的河流最小生态流量。50—60 年代，出现了关于河流生态流量的定量研究和基于过程的研究，在此期间，河流生态学家将注意力集中在能量流、碳通量和大型无脊椎动物生活史方面。70 年代，澳大利亚、南非、法国和加拿大等国家针对河流生态系统，比较系统地开展了关于鱼类生长繁殖、产量与河流流量关系的研究，提出了一些计算和评价方法。80 年代，美国全面调整了对流域的开发和管理目标，形成了生态环境需水量分配的雏形，但并没有明确地提出生态环境需水量的计算方法。90 年代以后，通过水资源和生态环境的相关性研究，生态环境需水量研究才正式成为全球关注的焦点问题之一。

总之，国外生态环境需水量的研究主要集中在河流生态环境需水量，其研究内容可概括为：河道流量与鱼类生息环境关系的研究；河道流量、水生生物与溶解氧三者之间关系的研究；水生生物指示物与流量之间的关系研究；水库库存调度考虑生态环境、生态环境需水量的优化分配研究；生态环境需水量与经济用水量的关系研究等。

国内对生态环境需水量的研究也是从河流生态系统开始的。生态环境需水量的研究尚处于起步阶段，对生态环境需水量的概念、内涵与外延等没有统一的定义，对其计算方法的研究也不够深入和完善，基本停留在定性分析和宏观定量分析阶段。研究大致可分为以下几个时期（崔瑛，2010）：20 世纪 70 年代末，开始研究探讨河流最小流量问题，主要集中在河流最小流量确定方法的研究方向。水利部长江水资源保护科学研究所的《环境用水初步探讨》是典型代表。80 年代，针对水污染日益严重的问题，国务院环境保护委员会在《关于防治水污染技术政策的规定》中指出：在水资源规划时，要保证为改善水质所需的环境用水。该时期主要集中在宏观战略方面的研究，对如何实施、管理仍处于探索阶段。

贾宝全等在对新疆生态用水量估算时定义：在干旱区内，凡是对绿洲景观的生存和发展及环境质量的维持与改善起支撑作用的系统所消耗的水分称之为生态用水（贾宝全，2000）。董增川在研究西部地区水资源配置时认为：生态环境需水量是指水域生态系统维持正常的生态和环境功能所必需消耗的水量（董增川，1999）。根据西部地区水域生态系统的特点，认为生态环境需水量包括以下几个方面：①维护天然植被需水量；②维护合理的生态地下水位需水量；③维持水体一定量稀释自净能力的基流量；④防止河流系统泥沙淤积的河道最小径流量；⑤维护河湖水生生物生存的最小需水量。

4.2.2 生态环境需水量的计算方法

4.2.2.1 国外研究方法及进展

生态需水量的计算方法有很多，全球有超过 200 种（Thame，2003）。目前国际上对于河流生态环境需水量计算方法研究较为成熟，可大致分为四类：水文学法、水力学法、栖息地法和综合法。

1. 水文学法

水文学法，又称为历史流量法。该方法最简单也最具有代表性，以历史流量作为基础，根据简单水文指标对设定河流流量，直接获取历史流量中年天然径流的百分数作为河流生态需水量的推荐值。此法现场不需要测定数据，但未考虑流量的丰、枯水年变化和季节变化以及河段形状的变化。目前，水文学法主要用来评价河流水资源开发利用程度或作为在优先度不高的河段研究河道流量推荐值使用。典型方法有 Tennant 法、Texas 法、NGPRP 法、基本流量法、7Q$_{10}$法、RVA 法等，下面介绍其中几种。

（1）Tennant 法（Tennant，1976），又称作蒙大拿法。该法通过建立起来的流量和栖息地质量之间的经验公式，仅使用历史流量即可确定生态需水量。取年天然径流量的一个百分数作为河流生态需水量的推荐值：如 10%的年平均流量是退化或贫瘠的栖息地条件；20%的年平均流量提供了保护水生生物栖息地的适当标准；在小河流中，30%的年平均流量接近最佳生物栖息地标准。河道生态环境需水量计算公式为

$$W_t = \sum_{i=1}^{12} M_i N_i$$

式中：W_t 为河道生态环境需水量；M_i 为一年内第 i 个月多年平均流量；N_i 对应第 i 月份的推荐基流百分比。

该方法的优点是：不需要现场观测，在有水文站的河流，年平均流量的估算可以从历史资料获得；在没有水文站的河流，可通过可以接受的水文技术来获得平均流量。但是，该方法没有考虑到河道流量的动态变化，未明确水环境、生态特征等影响因素，没有从流域特性及成因规律分析流量的特点。该法一般具有宏观的定性指导意义，可用于检验其他方法。

表 4.2-1　　　　　　　Tennant 法对栖息地质量的描述

流量值及相应栖息地的定性描述	推荐的基流占平均流量百分比/%	
	一般用水期（10月至次年3月）	鱼类产卵育幼期（4—9月）
最大	200	200
最佳范围	60～90	60～90
极好	40	60
非常好	30	50
好	20	40
中	10	30
差或最小	10	10
极差	<10	<10

（2）Texa 法（Matthews，1991）。该法是在 Tennant 法的基础上，进一步考虑了水文季节变化因素，通过对各月的流量频率曲线进行计算后，取 50%保证率下的月流量的特定百分率作为最小流量。其特定百分率的设定以研究区典型植物以及鱼类的水量需求为依据。该法具有地域性，对流量变化主要受融雪影响的河流较适用。

（3）NGPRP（Northern Great Plains Resource Program）法（Dunbar，1998）。该法是将水文年按枯水年、平水年和丰水年分组，取平水年组 90%保证率流量作为最小流量。

其优点是考虑了枯水年、平水年和丰水年的差别，综合了气候状况以及可接受频率因素，缺点是缺乏生物学依据。

（4）基本流量法（Basic Flow Method）（Alcazar，1996）。该法是选取平均年的 1d，2d，3d，…，100d 的最小流量系列，计算 1 和 2、2 和 3、3 和 4，…，99 和 100 点之间的流量变化情况，将相对流量变化最大处点的流量设定为河流所需基本流量。该法是根据河流流量变化状况确定所需流量，能反映出年平均流量相同的季节性河流和非季节性河流在生态环境需水量上的差别，计算简单，但缺乏生物学资料证明。

2. 水力学法

该方法应用水力学现场数据，分析河流流量与鱼类栖息地指示因子之间的关系，从而确定生态需水量。最常用的水力学法是考虑湿周随流量变化的方法。

（1）湿周法（Lamb，1989）。湿周即过水断面上，河槽被水流浸湿部分的周长。该方法假设保护好临界区域的水生栖息地的湿周，也将对非临界区域的栖息地提供足够的保护。这是因为通常湿周是随着河流流量的增大而增加的，然而，当湿周超过其临界值时，河流流量即使再大量增加，湿周的增加量变化也很小。因此，只要保护好临界湿周，也就能基本满足非临界状态下的河流水生生物栖息地的最低要求。通常假设浅滩是最临界的栖息地类型，湿周断面一般选在浅滩。该计算方法的基本思想是，首先通过确立河流流量与湿周的函数关系，绘制出湿周-流量曲线，有三种方法：可从多个河道断面的几何尺寸-流量关系实测数据经验推求，或从单一河道断面的一组几何尺寸-流量数据中计算得出，或利用曼宁公式；然后找曲线上的变化点，即最大曲率或斜率为 1 处的那个点对应的流量就是最小生态流量。由于该方法得到的河流流量值会受到河道形状的影响，因此，该法大部分应用于宽浅河道。

（2）R2CROSS 法（Mosely，1982）。该法由美国科罗拉多州水利局的专家开发并应用。R2CROSS 法具有和湿周法相同的假设，即假设浅滩是最临界的栖息地类型，保护浅滩栖息地也将保护其他的水生栖息地，如水塘和水道。该法将平均深度、平均流速以及湿周占横断面周长的百分数作为反映生物栖息地质量的水力学指标。若能在浅滩类型的栖息地保持这三种参数在足够的水平上，那么将足以维持冷水鱼类与水生无脊椎动物在水塘与水道的水生生境。其中，所有河流的平均流速推荐采用 30.48cm/s 的常数，平均深度、湿周长百分数标准分别是河流顶宽和河流总长与湿周之比的函数。所以，该法确定最小生态需水量具有两个标准：一是湿周率；二是保持一定比例的河流宽度、平均水深以及平均流速。该法以曼宁公式为基础，计算所需水量。使用在一个河流断面上现场收集到的数据对未观测到的水力学参数进行模拟。起初，该法的河流流量推荐值是按年控制的，后来生物学家又研究根据鱼的生物学需要和河流的季节性变化分季节制定相应的标准。由于水深、河宽、流速等必须通过对河流的断面进行实地调查才能确定有关的参数，所以该法应用难度大。一般适用于浅滩式的河流栖息地类型。以曼宁公式为基础，根据水深-流量曲线得到计算公式如下：

$$Q=\frac{1}{n}R^{2/3}J^{1/2}A$$

式中：n 为河道糙率，参考天然河道糙率表；J 为水面比降；A 为过水面积；R 为水力半径，等于过水面积除以湿周。

3. 栖息地法

栖息地是植物和动物（包括人类）能够正常的生活、生长、觅食、繁殖以及进行生命循环周期中的重要组成部分。该法是对水力学方法的进一步发展，根据指示物种所需的水利条件确定河流流量，目的是为水生生物提供一个适宜的物理生境。因为栖息地法可实现定量模拟，并且是基于生物原则，所以目前被认为是最可信的评价方法，主要代表方法有以下几种：

（1）河道内流量增加法 IFIM（Instream Flow Incremental Methodology）（Bovee，1994）。该方法是由美国鱼类和野生动物部门提出的，用于河流规划、保护和管理等的决策支持系统。系统由一系列水量、水质、生态等专业模型和各类方法库组成，综合考虑水量、流速、最小水深、河床底质、水温、溶解氧、总碱度、浊度、透光度、水生物种类等影响因子，把大量的水文水化学现场数据与选定的水生生物在不同生长阶段的生物学信息相结合，采用物理栖息地模拟模型 PHABSIM（Physical Habitat Simulation Model），模拟流速变化和栖息地类型的关系，并做出综合评价。其计算结果常用来评价水资源开发建设项目对下游水生生物栖息地的影响。由于该法需要详尽的资料支撑和多学科配合研究，并且缺乏定量化的生物资料，使得这种方法的应用受到了一定的限制。

（2）RCHARC（Riverine Community Habitat Assessmentand Restoration Concept）法（Nestler，2000）。该法根据栖息地指示生物（种群）与河流水力参数（流量、流速、水深）的相关性，采用多变量回归分析法，确定河流的生态可接受流量。指示生物通常是鱼、无脊椎动物以及大型植物等。

（3）Basque 法（Docampo，1995）。该法假定河流为连续系统的一种生物学方法，认为河流上、中游的物种多样性随着流量的增加而增加。它首先根据曼宁公式建立湿周与流量的变化关系，然后利用河流无脊椎动物多样性与湿周的变化关系确定最小和最优流量。

4. 综合法

该法是从研究区生态环境整体出发，集中相关学科的专家小组意见，通过综合研究河道内流量、泥沙输移、河床形状与河岸带群落之间的关系来确定流量的推荐值，并要求这个推荐值能够同时满足生物保护、栖息地维持、泥沙冲淤、污染控制和景观维持等整体生态功能。综合法主要包括以下两种：

（1）南非的 BBM（Building Block Methodology）法（King，2000）。该法首先考察河流系统整体生态环境对水量和水质的要求；然后预先设定一个可满足需水要求的状态，以预定状态为目标，综合考虑砌块确定原则和专家小组意见，将流量组成人为地分成 4 个砌块（即枯水年基流量、平水年基流量、枯水年高流量和平水年高流量），河流基本特性由这 4 个砌块决定；最后通过综合分析确定满足需水要求的河道流量。

（2）澳大利亚的整体评价（Holistic Approach）法（Arthington，1992）。该法的基本思想也是通过综合评价整个河流系统来确定流量的推荐值，但要求以保持河流流量的完整性、天然季节性和地域变化性为基本原则，并着重分析不同等级的洪水影响情况，强调洪水和低流量对河流生态系统保护的重要性。所以，该法的关键是要有实测天然日流量系列、相关学科的专家小组、现场调查以及公众参与等。

4.2.2.2 国内研究方法及进展

国外对于生态环境需水量的计算方法很多，但由于生态系统的复杂性，没有一种被公认的通用方法。多数计算方法为经验和半经验的方法，因此，这些方法在我国未必适用。同时，由于我国大多数河流缺乏生态资料，一些方法无法使用。根据我国河流的生态环境功能，将河流生态环境需水量划分为六个部分（崔瑛，2010）。

1. 河流基本生态需水量

指维持河流的基本生态环境功能不受破坏，要求年内各时段的河川径流都能维持在一定水平而不出现诸如枯竭甚至断流等所需要的水量。这部分需水量计算的代表方法有以下两种：

（1）最小月平均流量法（王西琴，2002）。即以河流最小月平均实测径流量的多年平均值作为河流的基本生态环境需水量，其计算公式如下：

$$W_b = \frac{T}{n} \sum_{i=1}^{n} \min(Q_i) \times 10^{-4}$$

式中：W_b 为河流每年基本生态需水量，万 m^3；Q_i 为第 i 年的月平均流量，m^3/s；T 为换算系数，取值 31.536×10^6；n 为统计年数。

（2）枯水年天然径流估算法（徐志侠，2004）。以最枯年天然径流量估算基本生态需水量。

2. 防治河流水质污染的生态需水量

河流水质被污染，将使河流的生态环境功能遭受直接的破坏，因此河道内必须维持一定的水量来维持水体的自净功能。所以这部分生态需水量的研究备受国内外学者的关注，目前主要采用以下两种方法进行计算：

（1）十年最枯月平均流量法（倪晋仁，2002）。采用 90% 保证率最枯连续 7 天的平均水量作为河流最小流量设计值。该方法在 20 世纪 70 年代传入我国，主要用于计算污染物允许排放量，在许多大型水利工程建设的环境影响评价中得到应用。由于该标准要求比较高，鉴于我国的经济发展水平相对比较落后、南北方水资源情况差别较大，我国在《制定地方水污染物排放标准的技术原则和方法》（GB 3839—83）中规定：一般采用近十年最枯月平均流量或 90% 保证率最枯月平均流量。

（2）水质目标法（崔起，2008）。该方法是依据水环境容量的基本原理，以水质目标为约束的方法，主要计算污染物水体水质稀释自净的需水量，作为满足环境质量目标约束的河道最小流量值。其基本原理是在考虑河段上游来水污染物浓度、河段内污染物产生量、河段内污染物治理浓度、河段内污水废水资源化程度和污染物削减综合状况等条件下，得出满足河段水质控制目标的相应水量。综合考虑以水质目标来约束计算河段的最小流量。

3. 维持水生生物栖息地生态平衡需水量

指以水生生物栖息地为平台、以水生生物栖息地生态平衡为基本目标计算的生态环境需水量。水域生态系统中将水生生物分为生产者、消费者和分解者三大类，当水域生态系统受外界强烈的干扰时，会引起生态平衡失调。例如水体严重污染时，将导致生态系统一级结构的破坏，即一个或几个生物组分受损甚至缺失，生产者层次的主要种类从系统中消失，各级消费者因栖息地破坏而被迫迁移或消失，生态系统发生急剧变化，从而造成生态系统被破坏。所以，必须维持一部分有质量的水量，以满足水生生物的用水需求。目前，国内尚未见到这方面的物理实验模型计算方法，一般采用估算法计算。例如，在计算与河道相连的湿地野生生物栖息地生态需水量时，采用如下公式进行估算（张长春，2005）：

$$W_q = A \times B \times H$$

式中：W_q 为生物栖息地需水量；A 为湿地面积；B 为水面面积百分比；H 为水深。A、B、H 数据均由"3S"技术及实地考察获得。

4. 河流水面蒸发和河道渗透耗水量

水面蒸发用水量：是指当水面蒸发量高于降水量时，通过水面蒸发量与降水量差值所计算的消耗与蒸发的净水量。当降水量大于蒸发量时，就认为蒸发生态用水量为 0，蒸发用水一般根据河流水面面积、降水量和水面蒸发量，由水量平衡原理计算，其计算公式为

$$W_E = A(E-P) \times 10^{11} \quad (E > P)$$
$$W_E = 0 \quad (E < P)$$

式中：W_E 为水面蒸发用水量，亿 m^3；A 为各月平均水面面积，m^2；E 为各月平均蒸发量，mm，由 E_{601} 水面蒸发器测定结果计算得到；P 为各月平均降水量，mm。

渗透耗水量：当河道水位高于两岸地下水位时，河水将通过渗透补给地下水。渗透耗水量一般采用传统的达西定律计算，即

$$Q_渗 = KFh/L$$

式中：$Q_渗$ 为单位时间渗流量；F 为过水断面；h 为总水头损失；L 为渗流路径长度；K 为渗流系数。

倪深海等以河道蒸发损失量、河道渗透损失量、河道基础流量三项之和作为河道生态需水量，并依此计算了大汉河各主要河段生态环境需水量（倪深海，2002）。

5. 河流输沙需水量

输沙是河流系统的一个重要功能。为了输沙排沙，维持冲刷与侵蚀的动态平衡，需要一定的生态水量与之匹配，这部分水量就称为输沙需水量。

刘凌等（2003）根据输沙动力学理论，将河道在不冲不淤的临界状态下河流最小流量作为防止河道泥沙淤积的最小生态环境需水量。针对我国北方河流泥沙含量高的特点，有些专家学者采用了估算法，如李丽娟等（2000）提出根据多年最大月平均含沙量的平均值估算河流输沙需水量的方法，计算公式如下：

$$W_s = S_t/C_{max}$$

$$C_{max} = \frac{1}{n} \sum_1^n \max(C_{ij})$$

式中：W_s 为输沙需水量，m^3；S_t 为多年平均输沙量，kg；C_{max} 为多年最大平均含沙量的平均值，kg/m^3；C_{ij} 为第 i 年 j 月平均含沙量，kg/m^3；n 为统计年数。

　　6. 维持河流系统景观及水上娱乐需水量

　　景观具备的可观赏性是客观和人类主观的有机统一，不可避免地带有人类主观因素（商崇菊，2011）。可从水体的水面宽度、水深和流速三方面综合考虑，确定水体景观需水量。关于河流景观生态需水量，喻泽斌等（2005）认为是维持河流与其水文周边景观生态系统的结构和功能的完整性不受破坏所需的水量，并且采用权重-属性决策分析法计算了漓江的景观生态环境需水量，证明该方法简单可行。王西琴等（2002）提出的假设法来确定河流维持原有自然景观使其不干涸平均所需补充的水量。崔树彬（2001）采用人均水面面积指标乘以景区人口数的计算方法。景观需水量具有显著的地域性、功能性及阶段性差异，故尚未有统一的计算标准和方法。

4.2.3　生态环境需水量计算方法比较

　　水文学法是根据水文资料中的历史流量资料计算生态需水量，属于统计学方法。其优点是不需要现场测定数据，简单快速；但不足之处在于未考虑生物需求和生物间的相互作用。最小月平均流量法、枯水年天然径流估算法和 $7Q_{10}$ 改进法实质上都属于水文学法。

　　水力学法研究生物对湿周、流速、水深等水力参数的需求，从而确定生态需水。其优点是包含了更多更为具体的河流信息，只需要简单的现场测量，不需要详细的物种生境关系数据，数据容易获得；缺点是忽视了水流流速的变化，未能考虑河流中具体的物种不同生命阶段的需求。该类方法假定河道在时间尺度上是稳定的，并且所选择的横断面能够确切地表征整个河道的特征，而实际情况并非如此：不能体现流量的季节变化因素，不适于确定季节性河流流量。水力学法主要适用于：小型河流或者流量很小且相对稳定的河流；泥沙含量小、水环境污染不明显的河流；推荐的流量主要是为了满足某些无脊椎动物以及特殊物种保护的需要。

　　栖息地法是一种属于物理实验模型的方法，生物学基础牢固。其优点是在水力学的基础上考虑了水量、流速、水质和水生物种等影响因素，比前两种方法更具灵活性，可以考虑全年中许多生物物种及其不同生命阶段所利用栖息地的变化，从而选择能提供这种栖息地的流量；但要实现该方法的优点，就意味着需要对水生态系统有足够的了解和清晰的管理目标，以便解决不同物种或同一物种不同生命阶段在栖息地需求上的矛盾，也就需要投入很多的时间、资金和专门技术，另外，所需要的生物资料常常难以获得，这就是该方法的缺点和限制。该方法对于解决较小型河道生态环境需水量较为适用，但对于大河流需要更多实践和参数变换，国内尚无具体研究实例，通常根据水量平衡原理采用估算法进行计算。

　　综合法综合考虑了专家小组意见和生态整体功能，克服了栖息地法只针对 1～2 种指示生物的缺点，强调河流是一个生态系统整体，是目前最为合理的一种方法；但该方法需要的人力、物力是最大的，费用最高，数据最多，使其应用受到一定的限制。同时，该方法有时所需要的生态资料中部分资料无法得到满足，只有依靠专家有限的经验确定生态需水量，使其计算结果的可靠性受到质疑。

　　综上，目前国际上通用的四种计算河道生态环境需水量的方法，存在一定的差异，并各有优劣之处，简明扼要的对比见表 4.2-2。

表 4.2－2　　　　　　　　　　河道生态环境需水量计算方法比较

计算方法	方法描述	典型方法	优点	缺点	适用范围
水文学法	以河流水文数据为基础，由水文指标直接获取历史流量中年天然径流量的百分数作为河流生态环境需水量的推荐值	Tennant 法、Texa 法、NGPRP 法、$7Q_{10}$ 法、基本流量法	历史数据易满足，不需要现场测定数据，操作性简单，考虑指标少，揭示其统计特性	没有明确考虑栖息地、水质、水温等因素，未考虑流量丰枯变化、季节变化以及河段的形状变化	适用于已进行过多年监测的河流，有充足的数据资料；评价河流水资源开发利用程度或优先度不高的河段；研究河道流量推荐值
水力学法	根据河道水力参数（如宽度、深度、流速和湿周等确定流量	湿周法、R2CROSS 法	只需现场测量，不需要详细的物种－生境关系数据，数据较易获取；可与其他方法结合使用	不能体现季节变化，通常不能用于确定季节性河流流量；易受河床形态影响，误差较大	适用于河床较稳定的浅滩式河流类，小型河流或者流量、河道形状相对较稳定的河流；不适用季节性河流
栖息地法	基于生物原则，由流量-栖息地健康关系确定栖息地流量，为水生生物提供一个适宜的生境	UW 法、WUW 法、IFIM 法、RCHARC 法、Basque 法	在水力学方法基础上考虑水量、水质、流速和水生生物等因素，生物与流量结合，更具说服力	所需的生物-生境资料难以获取，且实施过程中需要大量的人力、物力，不适合于快捷使用	适用于较少受人类影响的河流，有较详尽定量化生物资料数据支撑的河流，以及小型和轻度污染的河流
综合法	综合研究流量、泥沙运输、河床形状与河岸带群落关系，河道流量满足生物保护、栖息地维持、泥沙沉积、污染物控制和景观维护等功能	BBM 法、整体评价法	综合考虑了生态整体功能，强调河流是一个生态系统整体	需要大量人力、物力和财力来得到大量全方面地数据资料，同时必须有专家意见及公众参与等，应用受到一定的限制	需要大量生态资料、相关专家小组、现场调查和公众参与，目前国内尚无应用实例报道

目前，国内外研究河流生态环境需水量的计算方法有以下几点不同：

（1）研究条件的限制。国外许多关于河流生态需水量的研究方法涉及大量的生物资料，需要现场数据的支撑。而我国开展这方面的研究时间较晚，研究成果还比较少，同时缺乏大量的现场观测数据，所以国外的计算方法不一定适合我国国情。例如国外的综合法，虽然该方法被认为是目前最为合理的一种计算方法，但是需要大量的生态资料或数据，这部分资料还没有办法满足，国内想要使用该方法进行生态环境流量应用研究受到很大限制。

（2）研究侧重点不同。如上所述，生态需水量具有时空变化性，不同时间、空间尺度上，生态需水量和研究的侧重点是不一样的。所以，国内学者在参考国外研究方法的同时，会根据研究河流的实际生态环境状况和水文条件特点，对计算方法进行适当改进，以使其尽量符合客观实际。

（3）研究者学科背景不同。生态需水量是水文学、生物学、生态学、环境科学和系统科学的交叉与融合，而各个领域的研究者关注的重点肯定会有所差异，所以也可能导致其采用不同的方法来进行计算。

综上所述，虽然国内外研究河流生态环境需水量的计算方法很多，且存在较大差异，但不同的计算方法之间也存在一定程度的关联性，相互之间可以参考与借鉴。例如国内保护水生生物栖息地的方法，就可以应用国外水力学法中的湿周法和 R2CROSS 法等来检验河流流量与鱼类栖息地指示因子间的关系。应用的关键还是具体问题具体分析，以便符合各国的实际情况。

4.3　滇池入湖河道生态环境需水量计算

4.3.1　计算方法选取

生态环境需水量的计算涉及的点多、面广，且计算方法众多，目前国内尚无统一的计算方法，大多根据实际情况选取较为适当的方法进行计算。本次研究重点是河道的自然环境特点：均为内陆淡水河流，不需要考虑水盐平衡；上游均建有水库，对径流来沙有一定拦截作用，可以不考虑河流的输沙功能；均为穿过市区的河流，有较高的景观需求，应适当考虑景观用水；大部分河段经过人工整治，河道断面较为规则，基本呈矩形断面，便于用水力学方法进行生态环境需水量计算；现状河道下垫面不透水面积比例较高，且沿岸均为城市开发建设用地，基本已硬化，故不考虑河流渗透耗水量；所有河流均已完成截污工程，无须考虑防治河流水质污染的生态需水量。但滇池流域是典型的年降雨量远远小于蒸发量的地区，故必须考虑水面蒸发造成的水量减少。因此，针对滇池主要入湖河流生态环境需水量计算，主要考虑河流基本生态需水量、景观需水量和水面蒸发补水量三个方面。

1. 河流基本生态需水量的计算方法

结合研究河道特点，根据《水资源保护规划编制规程》（SL 613—2013）和《河湖生态保护与修复规划导则》（SL 709—2015）中均规定："对于我国南方河流，生态基流采用不小于 90％保证率最枯月平均流量和多年平均天然径流量的 10％两者之间的大值"。故本研究采用这两种方法进行河流生态基流的计算，并取较大值作为河流推荐生态基流。

2. 景观需水量的计算方法

因为大部分河段经过人工整治，河道断面较为规则，基本呈矩形断面，便于用水力学方法进行生态环境需水量计算，故本研究选择 R2CROSS 法作为基本计算原理，根据研究河道具体特点进行相关系数调整，采用河宽、平均水深、平均流速以及湿周率等指标来评估河流的景观需水量。

R2CROSS 法综合考虑了水力学、水文学、生物学、地质学等多方面的因素，研究河流水深、流速和湿周等有关水流的指示因子，而水深、流速、湿周等可以认为是河流景观构成的必要因子，因此本研究选取 R2CROSS 法计算景观需水量。R2CROSS 法确定最小流量的水力参数标准见表 4.3-1。

表 4.3-1 　　　　　　　　R2CROSS 法确定最小流量的标准

河流顶宽/m	平均水深/m	湿周率/%	平均流速/(m/s)
0.3~0.6	0.06	50	0.3048
6.3~12.3	0.06~0.12	50	0.3048
12.3~18.3	0.12~0.18	50~60	0.3048
18.3~30.5	0.18~0.3	≥70	0.3048

3. 蒸发补水量的计算方法

当水面蒸发大于降水时，通过水面蒸发量与降水量差值所计算的消耗与蒸发的净水量。当降水量大于蒸发量时，就认为蒸发生态用水量为 0，蒸发用水一般根据河流水面面积、降水量和水面蒸发量，由水量平衡原理计算，其计算公式为

$$W_E = A(E-P) \times 10^{-11} \quad (E > P)$$
$$W_E = 0 \quad (E < P)$$

式中：W_E 为水面蒸发用水量，亿 m^3；A 为各月平均水面面积，m^2；E 为各月平均蒸发量，mm，由 E_{601} 水面蒸发器测定结果计算得到；P 为各月平均降水量，mm。

4.3.2　河流基本生态需水量计算

根据 1953—2010 年 58 年的水文系列资料，还原得到本次重点研究河流的天然径流系列。分别采用 90% 保证率最小月平均流量和天然径流多年平均值的 10% 两种方法计算各河流的生态基流，并取两者中的较大值作为推荐的河流生态基流。计算结果详见表 4.3-2。

表 4.3-2 　　　　　　　　河流生态基流计算结果　　　　　单位：m^3/s

序号	河流	多年平均天然径流量	90%保证率最小月平均流量	多年平均天然径流量的10%	推荐生态基流量
1	盘龙江	7.600	0.222	0.760	0.760
2	新运粮河	0.925	0.112	0.093	0.112
3	老运粮河	0.205	0.029	0.021	0.029
4	大观河	0.055	0.008	0.006	0.008
5	西坝河	0.010	0.002	0.001	0.002
6	船房河	0.080	0.012	0.008	0.012
7	采莲河	0.215	0.031	0.022	0.031
8	金家河	0.100	0.015	0.010	0.015
9	海河	0.620	0.072	0.062	0.072
10	大清河（含金汁河、枧槽河）	0.535	0.077	0.054	0.077
11	六甲宝象河	0.020	0.003	0.002	0.003
12	小清河	0.025	0.003	0.003	0.003

续表

序号	河　流	多年平均天然径流量	90%保证率最小月平均流量	多年平均天然径流量的10%	推荐生态基流量
13	五甲宝象河	0.025	0.003	0.003	0.003
14	虾坝河	0.045	0.005	0.005	0.005
15	姚安河	0.030	0.003	0.003	0.003
16	老宝象河	0.030	0.004	0.003	0.004
17	宝象河	2.445	0.289	0.245	0.289
18	广普大沟	0.195	0.028	0.020	0.028
19	马料河	0.455	0.024	0.046	0.046
20	洛龙河	1.320	0.154	0.132	0.154
21	捞鱼河	0.675	0.040	0.068	0.068
22	梁王河	0.360	0.026	0.036	0.036
23	南冲河	0.355	0.034	0.036	0.036
24	淤泥河	0.365	0.045	0.037	0.045
25	大河（含白鱼河）	1.500	0.138	0.150	0.150
26	柴河	1.360	0.072	0.136	0.136
27	东大河	1.230	0.099	0.123	0.123
28	护城河	0.190	0.022	0.019	0.022
29	古城河	0.137	0.016	0.014	0.016

4.3.3　景观需水量计算

1. 河道水力参数

根据 R2CROSS 法确定的最小水力参数，并结合各入滇河道防洪需要，参考《昆明市城市防洪总体规划》报告，得到各条河流的水力参数。因为同一河流不同河段水力参数各不相同，为了便于计算，选择各水力参数较为接近平均水平的河段作为代表河段，进行景观需水量分析计算。相关水力参数根据各河道特点进行微调。其中，河道断面选择为经过综合分析筛选出接近该河流平均水平的断面，河宽为河道断面上口实测值，坡降为研究河段整体的平均值，平均水深采用 R2CROSS 法推荐的最大值 0.3m。采用上述改进的 R2CROSS 法对穿过昆明主城区、呈贡新城、晋宁城区等具备城市景观功能需求的河道进行景观需水量计算，各主要河道的水力参数具体详见表 4.3 - 3。

表 4.3 - 3　　　　　　　　滇池主要入湖河流的水力学特征参数

序号	河　流	河宽/m	坡降/‰	景观水深/m
1	盘龙江（圆通桥）	32	1.0	0.3
2	新运粮河（石安公路）	9	0.9	0.3

序号	河　　流	河宽/m	坡降/‰	景观水深/m
3	老运粮河（铁路桥）	7	3.6	0.3
4	大观河（篆塘）	20	0.5	0.3
5	西坝河（广福路）	6	0.4	0.3
6	船房河（广福路）	18	0.4	0.3
7	采莲河（广福路）	9	0.3	0.3
8	金家河（环湖东路）	5	0.1	0.3
9	海河（环湖东路）	18	1.0	0.3
10	大清河（梁家村）	30	0.1	0.3
11	六甲宝象河（环湖东路）	4	0.5	0.3
12	小清河（环湖东路）	6	0.3	0.3
13	五甲宝象河（环湖东路）	3	0.6	0.3
14	虾坝河（环湖东路）	20	0.3	0.3
15	姚安河（环湖东路）	9	0.4	0.3
16	老宝象河（广福路）	6	0.4	0.3
17	宝象河（广福路）	20	1.4	0.3
18	马料河（昆玉高速）	8	1.4	0.3
19	洛龙河（昆玉高速）	9	1.9	0.3
20	捞鱼河（昆玉高速）	10	2.0	0.3
21	东大河（洪家村）	8	1.0	0.3
22	护城河（昆洛公路）	6	1.0	0.3

2. 计算结果

按照 R2CROSS 法，依据曼宁公式进行计算。由于滇池主要入湖河道均为宽浅型河道，曼宁公式中的水力半径可近似认为等于水深；同时为了简化计算，将各河道的过水断面近似看作矩形断面，则过水断面面积为河宽乘以水深。将以上各参数代入曼宁公式，得到滇池湖周穿过昆明主城区、呈贡新城、晋宁城区等的主要入湖河流景观功能的需水量，结果见表 4.3-4。

表 4.3-4　　　　　　　　　河流景观需水量计算结果

序号	河流名称	景　观　需　水　量	
		年需水量/万 m³	流量/(m³/s)
1	盘龙江	8475	2.69
2	新运粮河	2193	0.70
3	老运粮河	3371	1.07
4	大观河	3718	1.18

续表

序号	河流名称	景观需水量	
		年需水量/万 m³	流量/(m³/s)
5	西坝河	955	0.30
6	船房河	2987	0.95
7	采莲河	1266	0.40
8	金家河	393	0.12
9	海河	4722	1.50
10	大清河（含金汁河、枧槽河）	2510	0.80
11	六甲宝象河	691	0.22
12	小清河	827	0.26
13	五甲宝象河	552	0.17
14	虾坝河	2880	0.91
15	姚安河	1462	0.46
16	老宝象河	955	0.30
17	宝象河	6222	1.97
18	马料河	2419	0.77
19	洛龙河	3186	1.01
20	捞鱼河	3648	1.16
21	东大河	2044	0.65
22	护城河	1510	0.48

4.3.4　水面蒸发补水量计算

1. 水面蒸发量

滇池周围的中滩和海埂两站有蒸发观测资料。蒸发量的大小与地形、方位、风力、湿度等有关。中滩站位于山坳之中，风力较湖面小，海埂站地势更为开阔，相对比较接近水面蒸发情况，故水面蒸发量采用海埂站资料作为参照更为接近。另外，根据海埂站（E601蒸发皿）蒸发观测资料分析，多年平均水面蒸发量为 1479.6mm。滇池周边的昆明、呈贡、晋宁三个气象站（20cm 蒸发皿）多年平均蒸发观测值按 0.74 的折算系数折算后，多年平均水面蒸发量分别为 1368.6mm、1427.6mm 和 1567.4mm，三站平均为 1454.5mm，与海埂站多年平均水面蒸发量相差不到 1%。本研究取海埂站多年平均水面蒸发量 1479.5mm 作为水面蒸发量参考值，多年平均月蒸发量见表 4.3-5。

表 4.3-5　　　　　　　　　滇池流域多年平均月蒸发量表　　　　　　　　单位：mm

月份	1	2	3	4	5	6	7	8	9	10	11	12	合计
水面蒸发量	119.5	101.2	88.9	82.6	82.7	102.6	126.3	176.7	186.1	169.5	124.5	119.0	1479.6

2. 水面降水量

降水数据采用昆明站多年月平均降水量，具体降水月过程见表4.3-6。

表4.3-6 滇池流域多年平均降水量月过程表 单位：mm

月份	1	2	3	4	5	6	7	8	9	10	11	12	合计
降雨量	18.5	18.5	23.1	27.8	83.3	148.1	194.4	185.1	101.8	74.1	32.4	18.5	925.6

3. 河道水面面积

根据各河道的水力参数，并将每一条河流水面概化为一个矩形，根据河宽及河段长，计算出每条河流的水面面积，具体结果见表4.3-7。

表4.3-7 主要入滇河道水面面积

序号	河流	起始断面	长度/km	平均河宽/m	水面面积/km²
1	盘龙江	松华坝水库至入滇口	27	32	0.85
2	新运粮河	龙院村至入滇口	9	9	0.08
3	老运粮河	范家营水库至入滇口	11	7	0.08
4	大观河	篆塘至大观楼入滇口	3	20	0.06
5	西坝河	双龙水库至入滇口	7	6	0.04
6	船房河	二环南路至入滇口	6	18	0.10
7	采莲河	二环南路至东泵站	8	9	0.07
8	金家河	马洒营至滇池泵站	8	5	0.04
9	海河	彩云北路至入滇口	11	18	0.20
10	大清河（含金汁河、枧槽河）	张家庙至入滇口	6	30	0.18
11	六甲宝象河	广福路至入滇口	5	4	0.02
12	小清河	广福路至入滇口	6	6	0.04
13	五甲宝象河	广福路至入滇口	7	3	0.02
14	虾坝河	广福路至入滇口	6	20	0.12
15	姚安河	南连接线桥涵至入滇口	3	9	0.02
16	老宝象河	广福路至入滇口	2	6	0.01
17	宝象河	宝象河水库至入外海口	32	20	0.64
18	广普大沟	昆洛路至入滇口	8	7	0.05
19	马料河	果林水库至入滇池外海	12	8	0.10
20	洛龙河	石龙坝水库至入滇口	9	9	0.08
21	捞鱼河	松茂水库至入滇口	15	10	0.15
22	梁王河	横冲水库至入滇口	13	4	0.05
23	南冲河	环湖南路至入滇口	2	6	0.01

续表

序号	河　　流	起始断面	长度/km	平均河宽/m	水面面积/km²
24	淤泥河	环湖南路至入滇口	7	10	0.07
25	大河（含白鱼河）	双龙水库至入滇口	14	15	0.21
26	柴河	柴河水库至入滇口	15	16	0.25
27	东大河	双龙水库至入滇口	23	8	0.19
28	护城河	新区桥涵至入滇池外海	6	6	0.04
29	古城河	昆阳海口公路至入滇口	3	6	0.02

4. 水面蒸发补水计算结果

根据上述计算方法和参数，计算得到各条河流水面蒸发补水需水量，详细结果见表 4.3-8。

表 4.3-8　　　　　　　　　　　水面蒸发补水量计算结果　　　　　　　　　　单位：万 m³

序号	河　　流	1 月	2 月	3 月	4 月	5—8 月	9 月	10 月	11 月	12 月	全年
1	龙江	8.6	7.0	5.6	4.6	0	7.1	8.1	7.8	8.5	57.3
2	新运粮河	0.8	0.6	0.5	0.4	0	0.7	0.7	0.7	0.8	5.2
3	老运粮河	0.8	0.6	0.5	0.4	0	0.6	0.7	0.7	0.8	5.1
4	大观河	0.6	0.5	0.4	0.3	0	0.5	0.6	0.6	0.6	4.1
5	西坝河	0.4	0.4	0.3	0.2	0	0.4	0.4	0.4	0.4	2.9
6	船房河	1.0	0.8	0.7	0.6	0	0.9	1.0	0.9	1.0	6.9
7	采莲河	0.8	0.6	0.5	0.4	0	0.6	0.7	0.7	0.8	5.1
8	金家河	0.4	0.3	0.3	0.2	0	0.3	0.4	0.4	0.4	2.7
9	海河	2.1	1.7	1.3	1.1	0	1.7	1.9	1.9	2.0	13.7
10	大清河（含金汁河、枧槽河）	1.8	1.5	1.2	1.0	0	1.5	1.7	1.7	1.8	12.2
11	六甲宝象河	0.2	0.2	0.1	0.1	0	0.2	0.2	0.2	0.2	1.4
12	小清河	0.4	0.3	0.3	0.2	0	0.3	0.4	0.4	0.4	2.7
13	五甲宝象河	0.2	0.2	0.1	0.1	0	0.2	0.2	0.2	0.2	1.4
14	虾坝河	1.3	1.0	0.8	0.7	0	1.0	1.2	1.1	1.2	8.3
15	姚安河	0.2	0.2	0.1	0.1	0	0.2	0.2	0.2	0.2	1.4
16	老宝象河	0.1	0.1	0.1	0.1	0	0.1	0.1	0.1	0.1	0.8
17	宝象河	6.5	5.3	4.2	3.5	0	5.4	6.1	5.9	6.5	43.4
18	广普大沟	0.5	0.4	0.4	0.3	0	0.5	0.5	0.5	0.5	3.6
19	马料河	1.0	0.8	0.7	0.5	0	0.8	0.9	0.9	1.0	6.6
20	洛龙河	0.8	0.6	0.5	0.4	0	0.7	0.7	0.7	0.8	5.2

续表

序号	河　流	1月	2月	3月	4月	5—8月	9月	10月	11月	12月	全年
21	捞鱼河	1.6	1.3	1.0	0.8	0	1.3	1.5	1.4	1.5	10.4
22	梁王河	0.5	0.4	0.3	0.3	0	0.4	0.5	0.5	0.5	3.4
23	南冲河	0.1	0.1	0.1	0.0	0	0.1	0.1	0.1	0.1	0.7
24	淤泥河	0.7	0.6	0.5	0.4	0	0.6	0.7	0.7	0.7	4.9
25	大河（含白鱼河）	2.1	1.7	1.4	1.2	0	1.8	2.0	1.9	2.1	14.2
26	柴河	2.5	2.0	1.6	1.4	0	2.1	2.4	2.3	2.5	16.8
27	东大河	1.9	1.5	1.2	1.0	0	1.6	1.8	1.7	1.9	12.6
28	护城河	0.4	0.3	0.2	0.2	0	0.3	0.3	0.3	0.4	2.5
29	古城河	0.2	0.1	0.1	0.1	0	0.1	0.2	0.2	0.2	1.2

4.3.5　河道生态环境需水总量

综合以上各种功能的需水量就得到滇池主要入湖河道的生态环境需水量，但河流生态环境需水量并不是以上各项的简单汇总，因为同一水量可能满足多种功能，例如满足景观娱乐需要的水量往往也满足了河流的生态基流量，所以计算时要考虑各种功能需水量的兼容关系。就滇池主要入湖河道而言，河流生态需水总量应该是生态基流与景观需水量两者中的较大值与水面蒸发补水量的和值。滇池环湖各主要入湖河流的生态环境需水量计算结果详见表4.3-9。

表 4.3-9　　　　滇池环湖主要入湖河流生态环境需水量计算成果

序号	河　流	生态基流 /（万 m³/a）	景观需水量 /（万 m³/a）	蒸发补水量 /（万 m³/a）	环境需水量 /（万 m³/a）	平均流量 /（m³/s）
1	盘龙江	2397	8475	57	8532	2.71
2	新运粮河	355	2193	5	2198	0.70
3	老运粮河	93	3371	5	3376	1.07
4	大观河	25	3718	4	3722	1.18
5	西坝河	6	955	3	958	0.30
6	船房河	37	2987	7	2994	0.95
7	采莲河	98	1266	5	1271	0.40
8	金家河	46	393	3	396	0.13
9	海河	226	4722	14	4736	1.50
10	大清河（含金汁河、枧槽河）	244	2510	12	2522	0.80
11	六甲宝象河	8	691	1	692	0.22
12	小清河	10	827	3	830	0.26

续表

序号	河　　流	生态基流/(万 m³/a)	景观需水量/(万 m³/a)	蒸发补水量/(万 m³/a)	环境需水量/(万 m³/a)	平均流量/(m³/s)
13	五甲宝象河	10	552	1	553	0.18
14	虾坝河	17	2880	8	2888	0.92
15	姚安河	10	1462	2	1464	0.46
16	老宝象河	12	955	1	956	0.30
17	宝象河	910	6222	44	6266	1.99
18	广普大沟	88	—	4	92	0.03
19	马料河	143	2419	7	2426	0.77
20	洛龙河	486	3186	5	3191	1.01
21	捞鱼河	213	3648	10	3658	1.16
22	梁王河	114	—	3	117	0.04
23	南冲河	112	—	1	113	0.04
24	淤泥河	143	—	5	148	0.05
25	大河（含白鱼河）	473	—	14	487	0.15
26	柴河	429	—	17	446	0.14
27	东大河	388	2044	13	2057	0.65
28	护城河	68	1510	3	1513	0.48
29	古城河	49	—	1	50	0.02
	合计	7210	56986	258	58652	18.61

4.4　小结

　　以滇池环湖入湖河流为研究对象，根据入滇河流的环境现状调查结果和功能定位需求，按照城市防洪、排涝、排水、景观和自然河流等不同功能分别对各类河道进行了功能定位与需求划分，归纳总结了不同功能性河道生态环境流量的计算方法，计算了不同功能类型河流的生态环境需水量，并以滇池入湖河流的景观需求为主要抓手，进一步符合了滇池主要入滇河流的生态环境需水量。

　　生态环境需水量计算方法众多，在国外较为普遍的计算方法有水文学法、水力学法、栖息地法和综合法四大类。国内学者在借鉴国外研究方法的基础上，结合国内实际情况和研究需求，综合考虑了基本生态需水量、防治河流水质污染、维持水生生物栖息地生态平衡、河流水面蒸发和河道渗透、河流输沙、维持河流系统景观及水上娱乐等六个方面的需求，提出了河流生态环境需水量计算方法。滇池入湖河流生态环境流量计算研究，充分考虑了高原河湖的环境特点和城市河流的景观需求，综合考虑了河道基本生态需水量、城市河道景观需水量和水面蒸发损失补水等三个方面的内容，计算结果具有较好的科学合理性。

　　本次滇池入湖河流生态环境流量计算研究，经过多方面分析主要入滇河道特点，对接纳城市外来客水的近自然河流分析计算河流基本生态需水量、景观用水量，对发源于城区承接城区雨水的河流主要计算景观需水量，并结合滇池流域多年平均蒸发量大于降雨量的实际情况，分析计算了各河流水面蒸发损失所需的补水量，进而综合考虑确定河流生态环境需水量。其中，河流基本需水量和蒸发补水量的计算方法是按照相关技术导则、规范等要求进行计算；景观需水量则选择 R2CROSS 法作为计算基础，并根据实际情况对计算方法进行略微调整，采用改进后的 R2CROSS 法进行景观需水量计算。本研究采用的计算方法有据，计算结果合理可信。

　　经过综合研究分析，对新运粮河、老运粮河、大观河、西坝河、船房河、盘龙江、大清河、宝象河、马料河、洛龙河、捞鱼河、大河、柴河、古城河、东大河等 29 条入滇河流进行了生态环境需水量的计算。为保障滇池流域各主要入湖河道的生态环境安全和维持基本的流水景观，滇池流域入湖河道的生态环境需水总量为 5.87 亿 m³（18.60m³/s）。各入滇河道的生态环境需水量详见表 4.3 - 9。

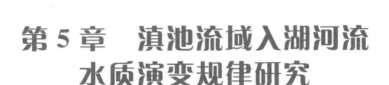

第5章 滇池流域入湖河流水质演变规律研究

入湖河流和大小沟渠是滇池陆域污染负荷进入滇池草海和外海的主要通道，入湖河道水流是陆域污染负荷进入滇池的主要载体，入湖河流的水质状况直接决定着湖泊水质的好坏，入湖河流水质变化也间接反映了湖泊水质的演变过程及水体富营养化变化特征，因此分析滇池流域入湖河流水质状况及其时空变化特征，研究入湖河流水质未来的演变趋势对提升滇池流域河湖水环境承载能力、科学利用好流域内现有的水资源条件具有重要的意义。

5.1 滇池流域入湖河流水质现状及其变化特征

5.1.1 滇池流域入湖污染负荷调查与分析

5.1.1.1 滇池流域污染源调查及入湖负荷分析

滇池流域污染源可分为工业类污染点源、城镇生活类污染源、第三产业和农业农村非点源污染源等几类。根据《滇池流域水污染防治规划（2016—2020）》中的相关调查结果，对滇池流域污染源组成及入湖污染物总量分布进行简要分析。

1. 工业污染源现状调查与分析

滇池流域纳入调查的工业企业共3523家，其中有1089家工业企业无废水外排。从行业分类情况看，化学原料及化学制品制造业占整个滇池流域工业企业总数的17%，其次是设备制造业、医药制造业、农副产品加工业、食品制造业、有色金属冶炼及压延加工业。从污染物排放情况看，滇池流域污水排放量较大的前四个行业是农副产品加工业、食品制造业、化学原料及化学制品制造业、饮料制造业，其合计污水排放量占整个流域工业污水排放总量的62%。COD排放量最大的工业企业为食品制造业，NH_3-N排放量最大的为农副产品加工业。

滇池流域2014年工业企业污水排放总量865万t，污染物COD、NH_3-N、TN排放量分别为1605t、95t和95t。工业企业主要分布在滇池外海北岸和外海东岸，其COD、

NH_3-N、TN 排放量分别占滇池流域工业企业排放总量的 67%、62%、62%；其次为草海陆域和外海南岸，其 COD、NH_3-N、TN 排放量分别占滇池流域排放总量的 30%、37%、37%；外海工业企业污染排放量最低。

2. 城镇生活污染现状调查与分析

2014 年，滇池流域城镇生活污水主要集中在主城四区，其城镇生活污水排放量占排放总量的 91.62%，其中以官渡区污染排放量最高，其 COD、NH_3-N、TN、TP 排放量分别占滇池流域排放总量的 30%、23.9%、30.1%、30.2%；呈贡区、晋宁区城镇生活污染排放量最低。从片区分布来看，现状年城镇生活污染主要分布在草海陆域和外海北岸，城镇生活污水排放量占总排放量的 90.57%。外海北岸城镇居民生活污水排放量占全流域的 56.2%。

3. 农业农村污染现状调查与分析

滇池流域农业农村生活污染主要来源于农村生活、农业种植和畜禽养殖污染，2014 年农业农村污染物产生量为 COD 6404t、NH_3-N 879t、TN 1717t、TP 377t。农村农业生活污染主要分布在外海南岸，其农业农村生活污水排放量占总排放量的 62.7%；其次是外海北岸和外海东岸，占总排放量的 17.8% 和 16.4%；草海陆域污染排放量最低。

4. 滇池流域入湖污染物现状分析

基于各类入湖污染源调查成果，2014 年滇池流域环湖入湖 COD、NH_3-N、TP、TN 负荷量分别为 39761t、5292t、620t、7367t。从区域分布看，外海北岸（昆明主城区）是各类入湖污染物的主要来源，COD、NH_3-N、TP、TN 入湖负荷量分别约占总入湖负荷量的 39.3%、54.3%、40.3%、50.9%；其次是草海陆域，各指标分别占入湖负荷总量的 22.6%、23.2%、17.6%、20.7%；外海东岸与外海南岸的入湖负荷量所占比例大致相当，外海西岸入湖负荷量占比相对最小（在 4% 以内）。

5. 滇池流域污染物来源组成及其变化

近年来滇池流域陆域入湖污染负荷统计情况见表 5.1-1。

与 2008 年相比，2014 年滇池流域的工业源和生活源污染物都得到了有效控制，工业源排放的 COD、TN、TP 排放量较 2008 年分别减少了 52.0%、52.7%、100.0%；城镇生活源排放的 COD、TN、TP 排放量较 2008 年分别减少了 48.0%、53.7%、77.8%。陆域污染物排放量的 COD、TN、TP 较 2008 年分别减少了 38.3%、43.9%、39.7%。

5.1.1.2 滇池入湖污染物过程及其时空变化特征

根据滇池流域污染源调查与组分分析结果，再结合昆明市环境监测中心、昆明市水文水资源局等单位提供的 2014 年滇池流域入湖水质监测资料、入湖和出湖河流水量监测资料和滇池湖泊水质逐月水质监测资料、湖区降雨资料和湖面蒸发资料等，并结合滇池水环境数学模型和水量平衡模型对上述资料进行了校验和适当修正，从而为滇池流域入湖污染物分控分布特点分析提供翔实的基础资料。

1. 现状年滇池主要污染物入湖污染负荷总量

2014 年环湖经陆域进入滇池的 COD_{Mn}、TP、TN 污染负荷（含牛栏江来水携带的污染负荷）分别为 7095t、197t、6461t，其中进入草海的污染负荷量分别为 1366t、34t、1536t，

表 5.1－1　　近年来滇池流域主要污染物来源分析

污染物及来源		1995年 排放量/t	1995年 占总量/%	1998年 排放量/t	1998年 占总量/%	2000年 排放量/t	2000年 占总量/%	2008年 排放量/t	2008年 占总量/%	2010年 排放量/t	2010年 占总量/%	2014年 排放量/t	2014年 占总量/%
COD	生活	25364	45	30331	47	32494	52	61109		71567		31752	80.0
	工业	13782	24	9994	15	6944	11	3346		3298		1605	4.0
	面源	17303	31	24275	38	22840	37	0		0		6404	16.0
	总量	56449	100	64600	100	62278	100	64455		74865		39761	100
TN	生活	5255	57	5924	54	9835	64	12010		14456		5555	75.0
	工业	955	10	1024	9	534	3	200		170		95	1.0
	面源	2955	32	4101	37	4972	32	0		0		1717	23.0
	总量	9165	100	11049	100	15341	100	12210		14626		7367	100
TP	生活	466	45	529	42	796	59	1094		1207		243	39.0
	工业	148	14	180	14	28	2	12		4		0	0
	面源	417	40	542	43	515	38	0		0		377	61.0
	总量	1031	100	1251	100	1339	100	1106		1211		620	100

分别占滇池入湖污染负荷总量的 19.3％、17.5％、23.8％；进入外海的各指标负荷量分别为 5729t、163t、4925t，分别占滇池入湖污染负荷总量的 80.7％、82.5％、76.2％。

2. 现状年滇池入湖污染负荷滞留量分析

2014 年经草海西园隧洞和外海海口河出湖的 COD_{Mn}、TP、TN 污染负荷量分别为8561t、163t、3480t；经与入湖污染量相比较，得到 2014 年滇池草海各指标的滞留比例分别为－3.7％、－2.4％、4.5％，外海的支流以上指标的滞留比例分别为－22.4％、22.5％、57.8％。2014 年进入草海的入湖污染负荷在湖体中基本无滞留，同时内源污染负荷量还有所减轻，表现为草海水质指标浓度值与内源污染程度双降低；现状年进入外海的 COD_{Mn} 负荷量在湖体中无滞留，而 TP、TN 入湖负荷有滞留并成为内源，其中 TN 入湖负荷量的滞留比例仍接近 60％。

3. 现状年滇池入湖污染负荷年内变化特征

滇池经由雨季（5—10 月）降雨径流入湖的污染负荷量约占入湖污染负荷总量的71.3％，其中草海雨季入湖的负荷量占入湖负荷总量的 75.4％左右，外海受牛栏江引水影响雨季入湖的负荷量所占比重偏小，仅占 70.2％。如果剔除牛栏江—滇池补水工程对外海入湖过程影响，并考虑环湖截污和尾水外排等因素，外海雨季入湖污染负荷量占入湖负荷总量的比例应在 80％以上。

4. 滇池入湖污染负荷空间分布特点

2014 年经外海北岸入湖的 COD_{Mn}、TP、TN 污染负荷分别占外海入湖污染负荷总量的 75.3％、82.1％、88.8％（平均值为 82.1％），即外海北岸入湖负荷量占外海入湖负荷量的 80％以上，是滇池外海最主要的污染物来源；其次是外海东岸区，三指标约占外海入湖负荷总量的 11.9％；外海南岸入湖的污染负荷量相对最少，约占外海入湖负荷总量的 3.2％。

5.1.2 滇池流域入湖河流水质现状评价

滇池流域目前纳入常规水质监测范围的入湖河流合计 36 条。据 2014—2015 年滇池环湖河流入湖水质资料统计，进入草海的老运粮河、新运粮河、大观河、西坝河、船房河、乌龙河、王家堆渠等河流水质为Ⅳ～劣Ⅴ类。2014—2015 年期间，进入草海各水质指标（COD、NH_3-N、COD_{Mn}、TP、TN）浓度的最大值分别高达 99mg/L、32.91mg/L、25mg/L、3.10mg/L、38.50mg/L，各指标年均入湖水质浓度分别为 29mg/L、4.72mg/L、6.94mg/L、0.44mg/L、13.24mg/L，分属水质类别为Ⅳ类、劣Ⅴ类、Ⅳ类、劣Ⅴ类、劣Ⅴ类（参照湖库标准，下同），超Ⅳ类（水功能区划目标）水质指标主要有 TN、TP 和NH_3-N。

2014—2015 年期间，入外海水质指标（COD、NH_3-N、COD_{Mn}、TP、TN）浓度最大值分别高达 166mg/L、75.26mg/L、47mg/L、6.65mg/L、80.80mg/L，年均水质浓度分别为 26mg/L、3.45mg/L、5.14mg/L、0.36mg/L、6.30mg/L，分属水质类别为Ⅳ类、劣Ⅴ类、Ⅲ类、Ⅴ类、劣Ⅴ类，超Ⅲ类（水功能区划目标）水质指标主要有总氮、氨氮、总磷和化学需氧量。2014—2015 年，滇池环湖各入湖河流水质现状评价结果见表 5.1-2。

表 5.1-2   **2014—2015 年滇池入湖河流水质类别评价结果**

河流名称	水 质 类 别				
	COD	NH_3-N	COD_{Mn}	TP	综合
王家堆渠	劣Ⅴ类	劣Ⅴ类	Ⅴ类	劣Ⅴ类	劣Ⅴ类
新运粮河	Ⅳ类	劣Ⅴ类	Ⅳ类	劣Ⅴ类	劣Ⅴ类
老运粮河	Ⅲ类	Ⅴ类	Ⅲ类	Ⅲ类	Ⅴ类
乌龙河	Ⅲ类	Ⅳ类	Ⅲ类	Ⅲ类	Ⅳ类
大观河	Ⅳ类	Ⅳ类	Ⅲ类	Ⅲ类	Ⅳ类
船房河	Ⅳ类	Ⅱ类	Ⅲ类	Ⅲ类	Ⅳ类
采莲河	Ⅴ类	劣Ⅴ类	Ⅳ类	劣Ⅴ类	劣Ⅴ类
金家河	Ⅴ类	劣Ⅴ类	Ⅳ类	劣Ⅴ类	劣Ⅴ类
盘龙江	Ⅰ类	Ⅱ类	Ⅱ类	Ⅲ类	Ⅲ类
金汁河	Ⅱ类	Ⅲ类	Ⅲ类	Ⅴ类	Ⅴ类
大清河	Ⅲ类	劣Ⅴ类	Ⅲ类	Ⅳ类	劣Ⅴ类
海河	劣Ⅴ类	劣Ⅴ类	Ⅴ类	劣Ⅴ类	劣Ⅴ类
小清河	劣Ⅴ类	劣Ⅴ类	劣Ⅴ类	劣Ⅴ类	劣Ⅴ类
虾坝河	劣Ⅴ类	劣Ⅴ类	Ⅳ类	劣Ⅴ类	劣Ⅴ类
老宝象河	Ⅱ类	Ⅳ类	Ⅲ类	Ⅲ类	Ⅳ类
新宝象河	Ⅱ类	Ⅱ类	Ⅲ类	Ⅲ类	Ⅲ类
马料河	Ⅲ类	Ⅲ类	Ⅲ类	Ⅳ类	Ⅳ类
洛龙河	Ⅰ类	Ⅱ类	Ⅱ类	Ⅱ类	Ⅱ类
捞鱼河	Ⅳ类	Ⅲ类	Ⅲ类	Ⅳ类	Ⅳ类
南冲河	Ⅳ类	Ⅲ类	Ⅱ类	Ⅲ类	Ⅳ类
淤泥河	Ⅳ类	Ⅳ类	Ⅱ类	Ⅳ类	Ⅳ类
大河	Ⅳ类	Ⅳ类	Ⅱ类	Ⅴ类	Ⅴ类
柴河	Ⅳ类	Ⅲ类	Ⅱ类	Ⅱ类	Ⅳ类
东大河	Ⅳ类	Ⅳ类	Ⅱ类	Ⅲ类	Ⅳ类
中河（城河）	Ⅴ类	Ⅳ类	Ⅱ类	Ⅴ类	Ⅴ类
茨巷河	Ⅴ类	Ⅳ类	Ⅱ类	Ⅴ类	Ⅴ类

    如果将 TN 指标参照湖库标准纳入考核评价体系，滇池环湖 36 条河湖中绝大部分均为劣Ⅴ类。

5.1.3   滇池流域入湖河流水质时空分布特征

    根据图 5.1-1 所示的 2016 年滇池草海主要入湖河流水质年内变化过程可知，草海年内入湖水质除氨氮和总磷在主汛期（7 月、8 月）相对较差外，其余指标浓度在年内无显著性

差异；从草海环湖入湖水质空间分布差异来看，新运粮河、大观河和老运粮河入湖水质相对
较差；从入湖水质目标可达性（满足其水功能区划水质保护目标Ⅳ类要求）来看，草海各河
流总氮（TN）指标水质超标十分严重［参照《地表水环境质量标准》（GB 3838—2002）中
的湖库标准］，其次是氨氮（大观河和新运粮河在6—8月超标严重），新运粮河和大观河在
主汛期略有超标，草海各入湖河流的化学需氧量和高锰酸盐指数均满足其水功能区划目标
要求。

根据滇池流域入湖河流水功能区划（见7.1.2节）成果，除大清河规划水质目标为Ⅳ
类外，其余河流水质保护目标均为Ⅲ类。根据图5.1-2所示的2016年滇池外海主要入湖
河流水质年内变化过程可知，除高锰酸盐指数满足水功能区目标要求外（海河超标严重），
其余各指标在主要的入湖河流中均存在较为普遍的超标问题，同时季节性差异不明显。从

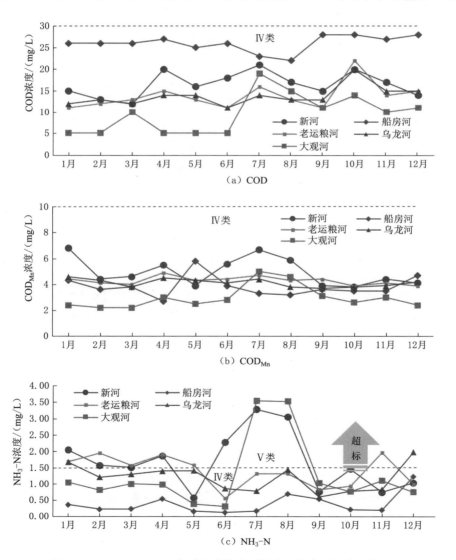

图 5.1-1（一） 2016年滇池草海主要河流入湖水质年内变化过程

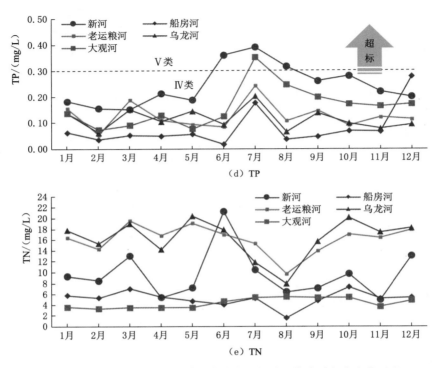

图 5.1-1 （二）　2016 年滇池草海主要河流入湖水质年内变化过程

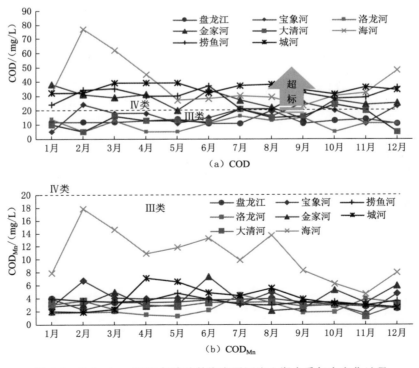

图 5.1-2 （一）　2016 年滇池外海主要河流入湖水质年内变化过程

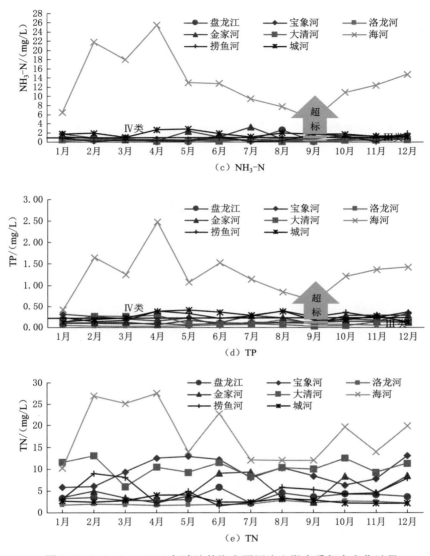

图 5.1-2（二）　2016 年滇池外海主要河流入湖水质年内变化过程

入湖水质状况来看，海河是目前入滇池外海水质最差的河流，其次是大清河，宝象河、马料河入湖水质也较差，采莲河、金家河和古城河入湖的化学需氧量、总氮等指标都比较高。从入湖河流水质空间分布差异来看，滇池外海北部主城区的入湖水质（盘龙江作为牛栏江来水的清水通道除外）相对较差，充当城市排水沟渠的河道水质最差，如海河、广普大沟等；流经城区的河道水质也相对较差，如马料河、古城河等。

5.1.4　滇池流域入湖河流水质年际变化特征

2004 年以来，入滇池河流水质总体较差，呈现严重的有机污染特征，影响水质的主要指标主要包括高锰酸盐指数、氨氮、五日生化需氧量（BOD₅）、总磷、总氮等。6 年来，受流域河湖生态环境用水持续被城镇生活、工业和农业挤占及重复利用影响，滇池入湖河道监测断面水质以劣 Ⅴ 类为主，并呈逐年下降趋势（图 5.1-3），2004 年入湖河流中劣 Ⅴ 类水质占监测断面的 69.23%，2009（2008）年劣 Ⅴ 类监测断面占 86.21%。污染严重的主要是流经城区的断面，位于河流上游的断面水质相对较好。相比于功能区水质目标要求，2004 年有 30.77% 的断面达标，而至 2009（2008）年仅有 13.79% 的断面水质达到功能区水质要求。经过"十五""十一五"期间的河道整治工作，虽然部分入湖河流水质得到明显改善，但是仍有多条河流水质状况不容乐观。

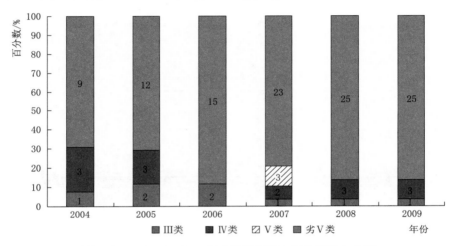

图 5.1-3　2004—2009 年入滇池河流水质类别所占比例

注：条框中的数字表示河流数量。

滇池流域日益严重的水污染问题受到国家和地方政府的高度重视，党和国家领导人在 2007 年、2009 年就滇池治理提出了明确的指示和要求，滇池的治理思路在不断摸索和学习中也发生了重大转变，从"九五""十五"以点源污染控制为主转变为以流域为单元，统筹保护与发展的关系，注重污染治理与生态修复相结合，在"削减存量"的同时"遏制增量"，以环湖截污及交通、外流域调水及节水、入湖河道整治、农业农村面源治理、生态修复与建设、生态清淤等六大工程体系为主导，分步、有序地推进流域水污染治理，流域水污染治理成效逐步显现出来。

在滇池流域入草海的各条河流中，近年来新运粮河、乌龙河有机污染最为严重，水质恶化趋势显著；高锰酸盐指数、生化需氧量（BOD_5）、氨氮以及总磷、总氮浓度均逐年升高，而溶解氧（DO）一直处于较低的水平。经过入湖河道综合整治的新运粮河、乌龙河水质显著改善，新运粮河、乌龙河的化学需氧量、氨氮、总磷、总氮、高锰酸盐指数浓度分别在 2009（2008）年达到极大值，随后几年各指标浓度显著降低，DO 含量迅速上升，水质显著好转（见图 5.1-4）。

滇池流域水污染综合治理"六大工程"逐步实施以来，外海各入湖河流水质在 2009（2008）年达到极大值，随后均出现明显的改善。经过整治的河流大清河、新宝象河、盘龙江、茨巷河、柴河、大河等水质均有明显改善（见图 5.1-5），滇池草海和外海入湖水质（年均浓度）均呈现逐年改善趋势（见图 5.1-6、图 5.1-7），流域草海、外海的各入湖河流水质总体呈现较为明显的改善趋势（分别以新运粮河、盘龙江为代表，见图 5.1-8、图 5.1-9）。

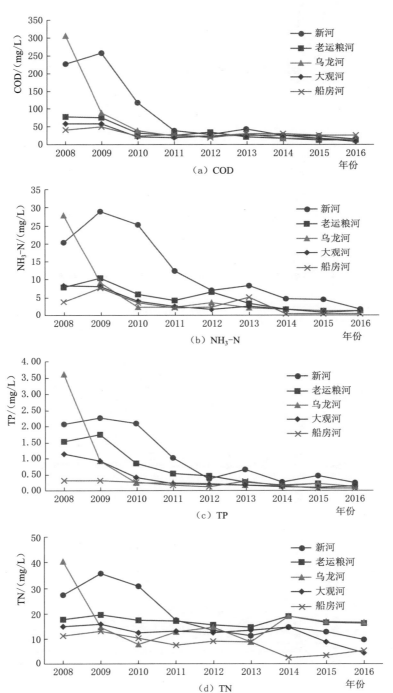

图 5.1-4　近年来滇池草海入湖河流水质年际变化过程

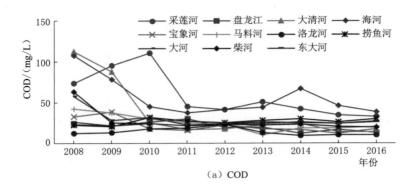

（a）COD

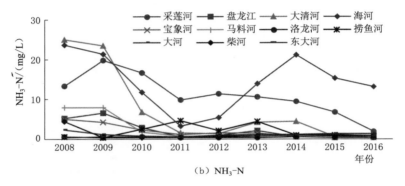

（b）NH_3-N

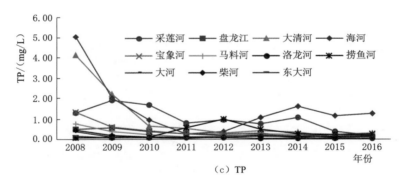

（c）TP

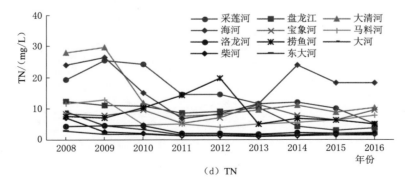

（d）TN

图 5.1-5　近年来滇池外海主要河流入湖水质年际变化过程

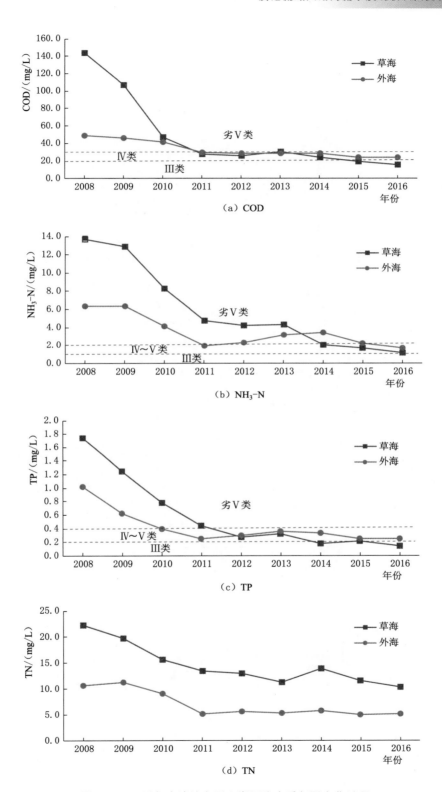

图 5.1-6　近年来滇池主要入湖河流水质年际变化过程

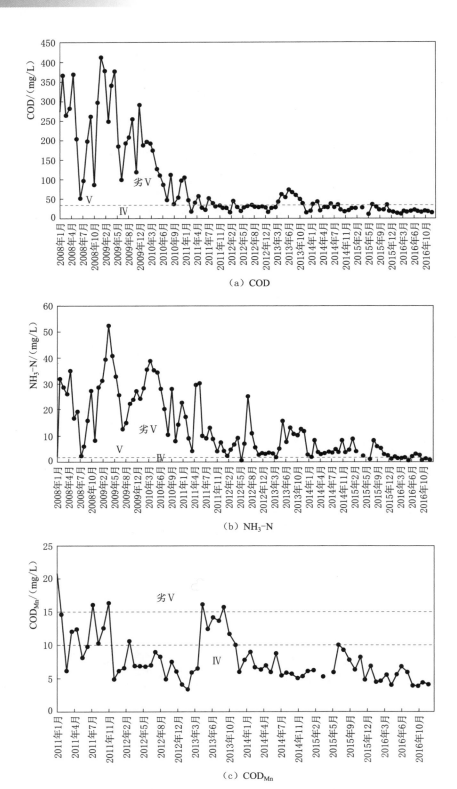

图 5.1-7 (一)　近年来滇池草海代表性河流新运粮河入湖水质年际变化过程

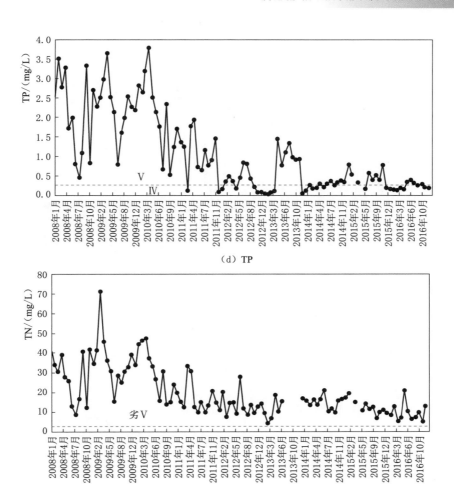

（d）TP

（e）TN

图 5.1-7（二）　近年来滇池草海代表性河流新运粮河入湖水质年际变化过程

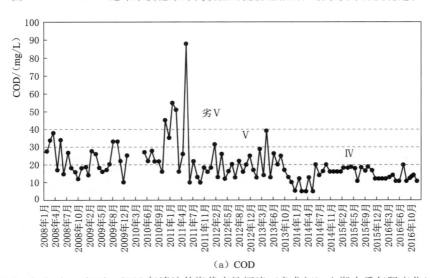

（a）COD

图 5.1-8（一）　2008—2016 年滇池外海代表性河流（盘龙江）入湖水质年际变化过程

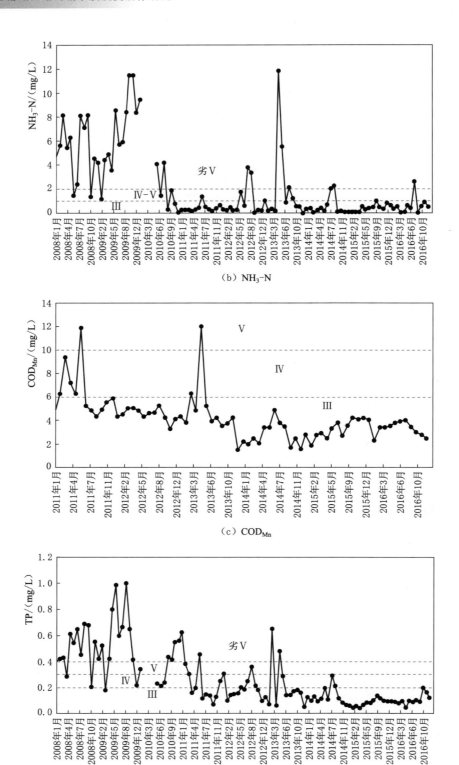

图 5.1－8（二）　2008—2016 年滇池外海代表性河流（盘龙江）入湖水质年际变化过程

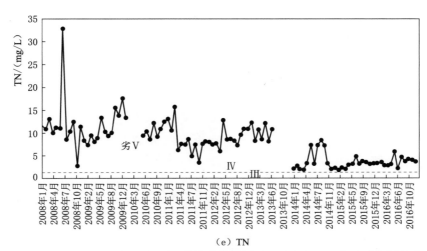

(e) TN

图 5.1 - 8（三）   2008—2016 年滇池外海代表性河流（盘龙江）入湖水质年际变化过程

5.2 滇池流域入湖河流水质变化预测

5.2.1 滇池流域水文与非点源污染负荷模拟技术

5.2.1.1 流域水文与非点源模型原理

滇池流域水文与非点源模拟采用美国环保署（EPA）开发的 HSPF 模型（第 12 代）。HSPF 模型是一套能够模拟点源与非点源污染负荷的功能强大的软件，是一套基于 GIS 技术的整合式平台、内嵌 WDMUtil、Gen-Scn 等辅助工具的强大流域模拟工具，并能实现自然与人工水循环过程的耦合分析和预测。

HSPF12.0 模型内嵌于 BASIN4.0 系统中，BASIN4.0 系统设立了能与 HSPF 模型链接的接口，直接完成模拟区域空间数据输入 HSPF 模型，同时 HSPF 模型应用时需要大量的时间序列数据，而且模拟得到的数据结果需要进行详细的解译。要完成对水文过程的模拟，需要 WDMUtil、GenScn 程序软件分别对模型的输入数据进行编辑和对模型的输出数据进行分析，具体运行模拟的流程见图 5.2 - 1。

5.2.1.2 计算单元划分

对于滇池流域全流域的模型，通过将整

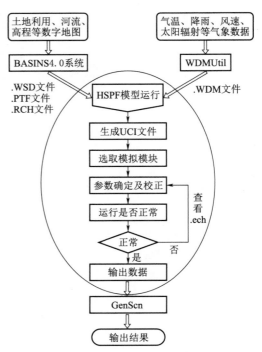

图 5.2 - 1 HSPF 模型运转基本流程

个流域划分成 15 个片区 110 个子流域单元分别进行模拟，各个片区的分布见图 5.2 - 2，包括盘龙江、宝象河、海河、捞鱼河、新运粮河、大清河、柴河、马料河、洛龙河、东大河、白鱼河、南冲、古城河、中河以及滇池沿岸直接入湖片区。

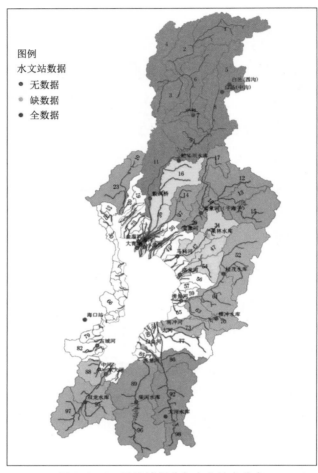

图 5.2 - 2　子流域划分与水文站点分布

注：图中数字表示该河的小流域单元数。

5.2.1.3　HSPF 模型参数率定与模型验证

基于建立的滇池流域数据库，开展了滇池流域 15 个片区的水文和污染物输移过程的模拟。其中，模拟率定期为 1999—2011 年（共 13 年，但草海片区无此数据），验证期为 2013—2015 年。首先，按照年径流总量、月平均径流量、日径流量的顺序依次校准，随后开展高锰酸盐指数、总氮和总磷水质校准。本研究采用 PEST - HSPF 多目标自动校准算法进行 HSPF 水文和点源模型参数校准，采用包括日流量偏差、月流量（浓度）偏差和流量（浓度）保证率偏差的多目标函数，其权重设定为各目标初始偏差的倒数，可以实现比人工、单目标更好的整体模拟精度、变化趋势和一致性。校准过程选择相对偏差、变异性系数和效率系数（E_{ns}）进行模型可靠性判断。

　　从图 5.2-3 所示的外海入湖河流日径流量模拟与观测对比分析结果来看，校准后的滇池流域 HSPF 模型能较为准确地模拟滇池外海的 11 条河流（中河、盘龙江、宝象河、洛龙河、捞鱼河、南冲河、大河、柴河、东大河、古城河）的日径流过程，有效捕捉了基流、洪峰大小与频次。从月径流过程来看（图 5.2-4、图 5.2-5），除了捞鱼河之外，其他河流在精度、一致性、变异性、偏差四个方面都达到模型评价标准的"满意"水平，总量误差都控制在 10% 以内，可决系数（R^2）皆超过 0.75，效率系数（E_{ns}）在 0.55 以上（表 5.2-1）。2013—2015 年验证期的月径流模拟效也证明了滇池流域 HSPF 模型的稳健性。由于充分考虑人工水循环的影响（污水处理厂排放、外排、补水、水库截留等），滇池流域 HSPF 模型也能有效地模拟草海片区的河流水文过程（新运粮河、老运粮河、乌龙河、大观河、西坝河、船房河，图 5.2-6）。

表 5.2-1　　　　　　　　　　滇池流域主要入湖河流月径流模拟效果

河流	相对偏差	变异性系数	效率系数（E_{ns}）
中河	4.30%	0.25	0.94
盘龙江	15.50%	0.36	0.87
宝象河	10.00%	0.53	0.72
洛龙河	19.50%	1.67	0.67
捞鱼河	32.20%	0.64	0.59
南冲河	−22.00%	0.71	0.51
大河	−12.00%	0.67	0.55
柴河	0.30%	0.69	0.53
东大河	−6.10%	0.73	0.46
古城河	9.70%	0.71	0.51
新运粮河	6.50%	0.36	0.72
老运粮河	5.50%	0.33	0.75
乌龙河	4.20%	0.3	0.80
大观河	6.90%	0.41	0.70
西坝河	4.80%	0.36	0.78
船房河	5.10%	0.38	0.74

　　由于滇池流域每月进行一次入湖河流水质监测，因此，本研究采用 HSPF 模型模拟的月平均值与观测值进行对比分析。整体来看，校准后的滇池流域 HSPF 模型基本上能准确模拟滇池外海高锰酸盐指数、总氮和总磷浓度（2013—2015 年）。其中，高锰酸盐指数的相对误差控制在 5% 以内，R^2 皆超过 0.80，E_{ns} 在 0.75 以上，主要是因为本研究采用了月尺度点源排放数据和实测的有机污染物降解系数。相比而言，HSPF 模型模拟的总氮和总磷浓度的相对误差较大（18% 左右），但能有效捕捉季节波动和年际变化。例如，从 2013—2015 年的观测数据来看，盘龙江在牛栏江—滇池补水工程通水前的总氮和总磷浓度比通水后高出近 2 倍，且在补水规模相对较小的雨季阶段其水质浓度有所上升，而校准后的 HSPF 模型能准确模拟这种变化特征。

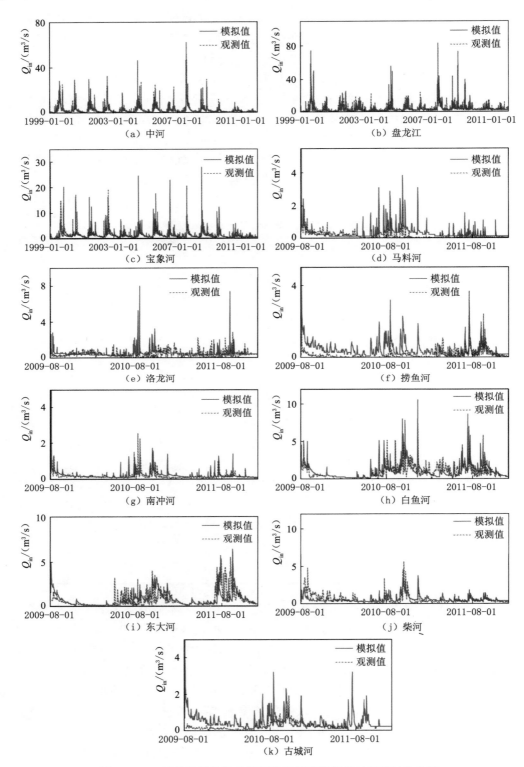

图 5.2-3 滇池流域外海入湖河流日径流量模拟与观测对比分析

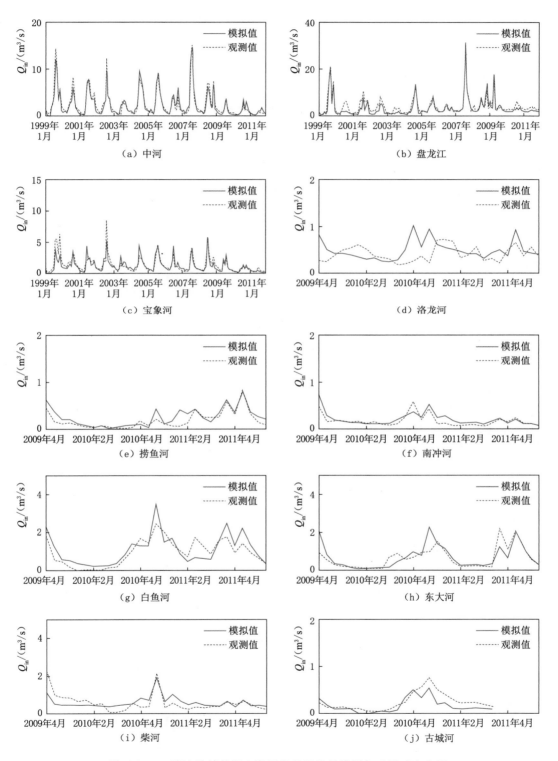

图 5.2 - 4 滇池流域外海入湖河流月径流量模拟与观测对比分析

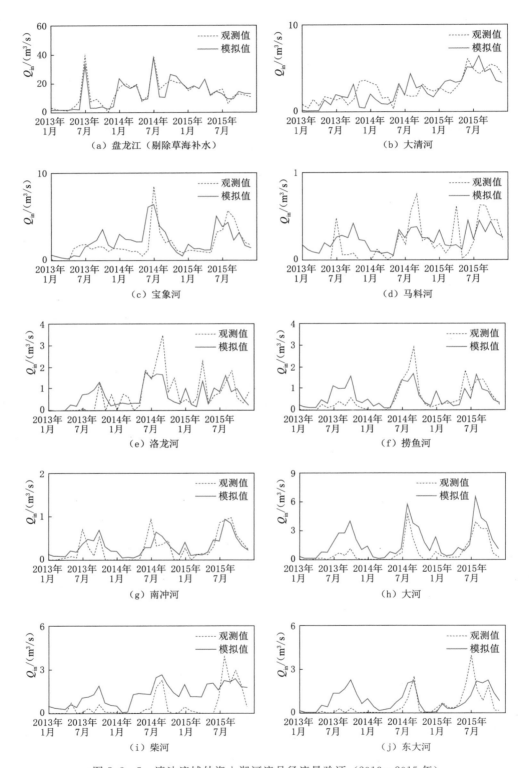

图 5.2-5　滇池流域外海入湖河流月径流量验证（2013—2015 年）

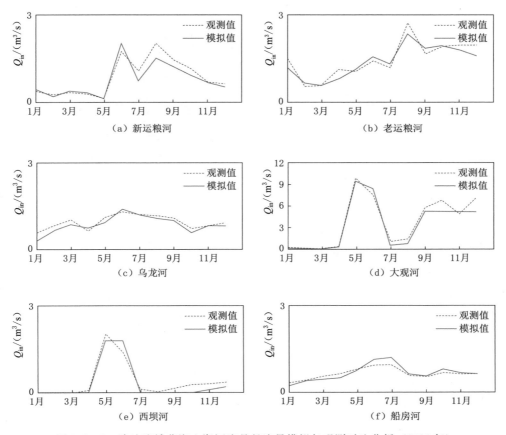

图 5.2-6　滇池流域草海入湖河流月径流量模拟与观测对比分析（2015 年）

与水文过程模拟相似，HSPF 模型模拟的草海水质浓度优于滇池外海入湖河流（图 5.2-7～图 5.2-12），主要因为草海入湖河流更多受控于点源排放，而外海入湖河流的水质浓度取决于点源和非点源排放。

5.2.1.4　未来情景设计

滇池流域是典型的点源和面源复合污染区域，而面源污染主要的驱动因子是降雨因素。虽然滇池流域大部分点源已经得到有效控制，但是由于面源产生的随机性、间歇性和分散性，面源污染仍是滇池流域的重要污染来源，不同降雨频率下入湖污染负荷会有显著的不同。因此未来水平年滇池入湖污染负荷过程设计要考虑不同频率降雨条件。

除了气象条件的差异之外，人工水循环也是造成滇池入湖水量和污染物通量变化的重要因素。人工水循环主要表现为两个方面：一则由于滇池流域未来城市化进程不断加快，用水增长幅度较大，2020 年城镇用水为 6.62 亿 m³，2030 年城镇用水为 7.94 亿 m³，城镇用水增加必然导致排污水平加大。现状滇池截污是通过草海的唯一出湖通道——西园隧洞进行外排实现的，持续增加的排污量会给滇池水外排增加相当大的压力。未来增加的负荷

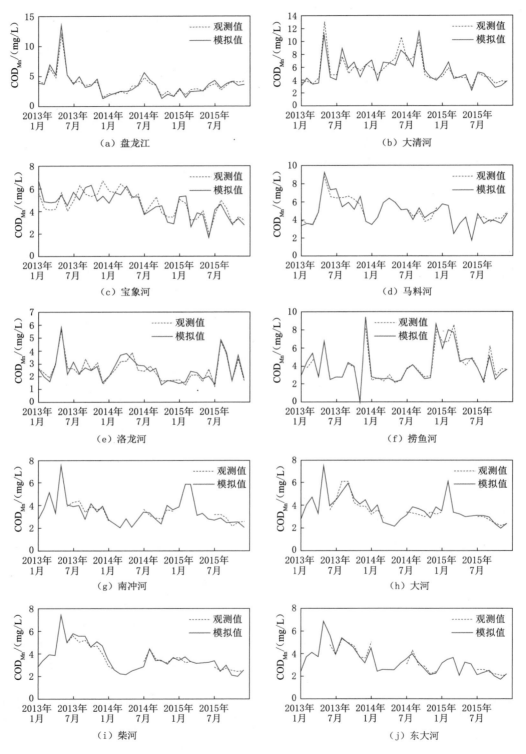

图 5.2-7 滇池流域入湖河流水质模拟与观测对比分析（外海 COD_{Mn}）

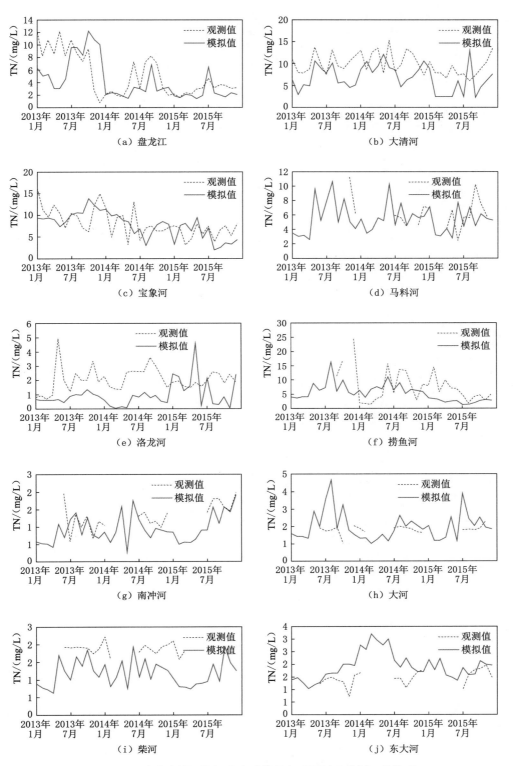

图 5.2-8　滇池流域入湖河流水质模拟与观测对比分析（外海 TN）

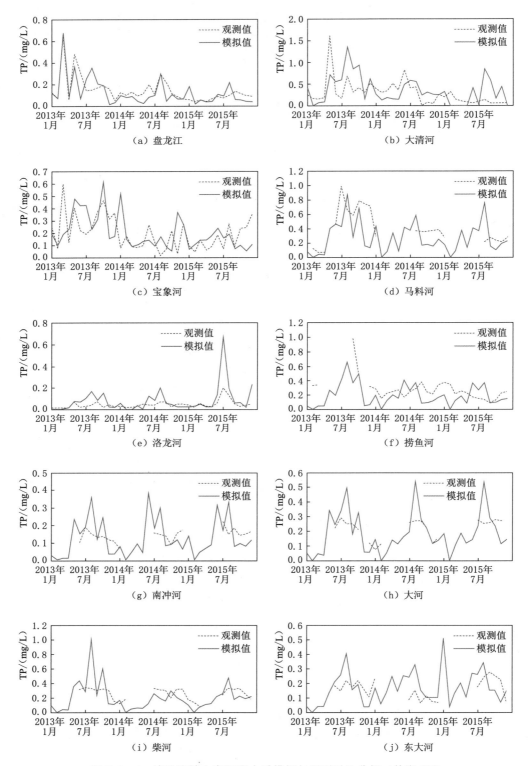

图 5.2-9　滇池流域入湖河流水质模拟与观测对比分析（外海 TP）

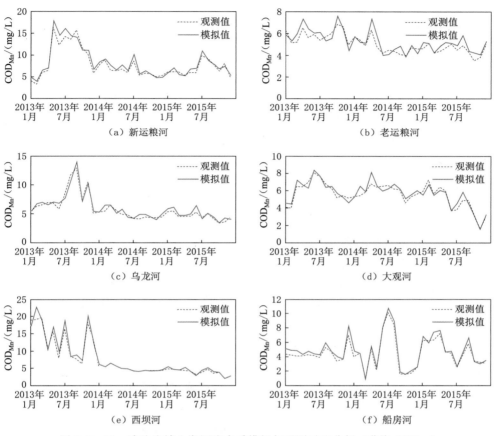

图 5.2-10　滇池流域入湖河流水质模拟与观测对比分析（草海 COD_{Mn}）

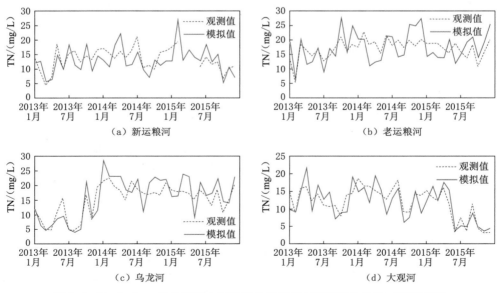

图 5.2-11（一）　滇池流域入湖河流水质模拟与观测对比分析（草海 TN）

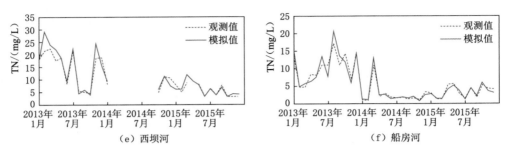

图 5.2-11（二） 滇池流域入湖河流水质模拟与观测对比分析（草海 TN）

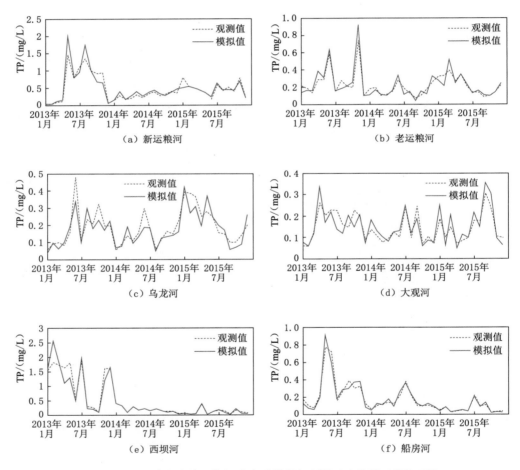

图 5.2-12 滇池流域入湖河流水质模拟与观测对比分析（草海 TP）

量中有多少可能进入滇池？从保障滇池水质能够持续性改善条件下需要外排多少负荷量？
这些都需要研究、核算并准确分析评估。另外，牛栏江—滇池补水工程于 2013 年 12 月顺
利通水，到 2030 年，滇中引水工程将进一步增加滇池补水和生产生活用水，这些皆会引
起滇池入湖污染过程发生新的变化。

因此，本研究综合考虑自然和人工水循环过程，从三个方面进行近期和远期情景设计（表5.2-2）：①未来不同水年的用水变化与排污情况；②不同水文频率下流域水文水质变化过程；③外来引调水可能出现的变化。整个情景设计实际是流域自然水循环过程与人为活动情景过程（排污＋调水）相互叠加产生的新过程。未来情景预测重点参考《滇池流域水污染防治"十三五"规划（2016—2020年）》和《滇中引水工程受退水区水污染防治规划》。具体计算公式如下。

水文过程：

$$Q = Q_s + q_w \qquad (5.2-1)$$

式中：Q_s 为流域水文模拟值；q_w 为入滇污水量。

水质过程：

$$W_q = (Q_s C_s + q_w C_w)/Q \qquad (5.2-2)$$

式中：C_s、C_w 为自然水循环模拟浓度和入湖排污浓度。

具体情景设置见表5.2-2，其中，牛栏江—滇池补水工程和滇中引水工程的月过程分别见表5.2-3和表5.2-4。牛栏江—滇池补水工程来水浓度同2015年，而滇中引水工程来水浓度为石鼓取水点的浓度（$COD_{Mn}=1.98mg/L$，$TN=0.64mg/L$，$TP=0.04mg/L$）。典型水文年日降雨过程（水文频率 P 分别为10%、50%和90%）见图5.2-13（数据来自昆明市水文水资源局）。牛栏江-滇池补水工程和滇中引水工程的月过程分别见表5.2-3和表5.2-4，典型年日降雨过程（水文频率 P 分别为10%、50%和90%）见图5.2-13（数据来自昆明市水文局）。

表5.2-2　　　　　　　　　　　　　不同方案边界设置

工况	水文频率 P	外来引调水		污水处理厂入河补水	西园排水	负荷削减方案
		盘龙江	宝象河			
2020年	10%	按规划值	—	现状排水＋2020年新增生产生活用水×0.8	2015年能力	参考《滇池流域水污染防治"十三五"规划》
	50%	按规划值	—	现状排水＋2020年新增生产生活用水×0.8	2015年能力	
	90%	按规划值	—	现状排水＋2020年新增生产生活用水×0.8	2015年能力	
2030年	10%	按规划值	按规划值	现状排水＋2030年新增生产生活用水补水×0.8（市区、呈贡、晋宁）	2015年能力	在上述规划的基础上，要求污水处理厂的 COD_{Mn} 维持现状，TN排放达到5mg/L，TP达到0.2mg/L
	50%	按规划值	按规划值	现状排水＋2030年新增生产生活用水补水×0.8（市区、呈贡、晋宁）	2015年能力	
	90%	按规划值	按规划值	现状排水＋2030年新增生产生活用水补水×0.8（市区、呈贡、晋宁）	2015年能力	

表 5.2 - 3 　　　　　　　 **2020 年、2030 年牛栏江-滇池补水月过程** 　　　　　　 单位：m^3/s

月份	2020 年			2030 年		
	丰水年 (P=10%)	平水年 (P=50%)	枯水年 (P=90%)	丰水年 (P=10%)	平水年 (P=50%)	枯水年 (P=90%)
1	17.52	13.12	13.20	3.53	12.21	4.90
2	14.94	16.61	16.70	2.76	9.40	10.28
3	16.11	14.77	14.85	6.80	11.22	8.96
4	20.36	17.83	17.93	11.85	10.08	0.00
5	15.34	16.50	16.59	9.78	7.16	0.00
6	23.00	23.00	23.00	0.00	3.08	0.00
7	23.00	23.00	22.72	20.67	0.00	7.94
8	23.00	23.00	14.31	18.75	0.00	0.43
9	23.00	23.00	3.60	21.41	0.00	0.00
10	23.00	23.00	21.55	0.00	0.00	1.17
11	23.00	23.00	0.00	0.00	0.00	0.00
12	18.16	19.02	2.52	0.00	0.00	9.15
平均值	20.04	19.65	13.91	7.96	4.43	3.57

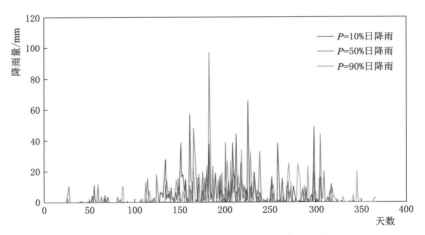

图 5.2 - 13　滇池流域典型水文年日降雨过程

5.2.2　规划水平年滇池流域入湖水量过程模拟预测

5.2.2.1　2020 规划水平年

近期规划水平年（2020 年）滇池外流域补水仍然以牛栏江—滇池补水工程来水为主，经盘龙江清水通道进入滇池外海。排污方面，由于未来滇池流域仍处于城镇化进程快速发展期，生活和工业用水持续增加，相应的排污量也会加大。2015 年滇池流域污水产生量为

表5.2－4　2030年滇中引水工程补水入湖月过程

单位：m³/s

2030年	进入盘龙江			进入宝象河			进入昆明北岸市区			进入呈贡			进入晋宁		
	P=10%	P=50%	P=90%	P=10%	P=50%	P=90%	P=10%	P=50%	P=90%	P=10%	P=50%	P=90%	P=10%	P=50%	P=90%
1月	15.56	18.59	11.46	3.94	4.65	9.32	9.58	11.51	9.08	2.49	2.80	2.49	2.15	2.42	2.15
2月	6.31	7.34	13.33	1.58	1.83	7.94	9.19	13.95	6.81	1.87	2.80	1.87	1.62	2.23	1.62
3月	0.00	0.00	0.00	0.00	0.00	0.00	0.00	0.00	0.00	0.00	0.00	0.00	0.00	0.00	0.00
4月	3.77	2.66	4.09	0.94	0.66	1.02	16.95	16.90	15.38	2.80	2.80	2.80	2.42	2.42	2.42
5月	1.16	0.00	0.00	0.29	0.00	0.00	16.90	16.93	17.01	2.80	2.80	2.80	2.42	2.42	2.42
6月	10.46	7.36	9.54	2.61	1.84	2.39	15.29	16.85	16.42	2.80	2.80	2.80	2.42	2.42	2.42
7月	6.70	15.35	17.89	13.27	4.01	4.47	11.18	14.69	12.39	2.80	2.80	2.80	2.42	2.42	2.42
8月	1.05	19.03	21.31	0.43	4.76	10.89	8.12	13.01	7.65	2.80	2.80	2.80	2.42	2.42	2.42
9月	0.00	19.95	25.13	0.00	5.06	8.40	7.85	14.13	8.30	2.80	2.80	2.80	2.42	2.42	2.42
10月	18.74	17.62	26.13	8.64	4.41	6.81	8.06	14.47	8.69	2.80	2.80	2.80	2.42	2.42	2.42
11月	26.63	21.50	27.23	6.81	5.38	6.98	8.63	14.78	8.87	2.80	2.80	2.80	2.42	2.42	2.42
12月	22.85	18.07	25.99	5.71	5.18	6.50	9.16	16.26	9.05	2.80	2.80	2.80	2.42	2.42	2.42

3.6亿 m^3，据预测，"十三五"期间，2020年滇池流域污水产生量为4.1亿 m^3，其中外海汇水区的城镇污水量为2.6亿 m^3。

从滇池流域总的入湖水量情况看，丰水年（$P=10\%$）情景下，滇池入湖总水量为14.74亿 m^3，其中外海入湖量为13.51亿 m^3，占91.59%；草海入湖量为1.23亿 m^3，占8.34%。平水年（$P=50\%$）情景下，滇池入湖总水量为12.88亿 m^3，其中外海入湖量为11.79亿 m^3，占91.54%；草海入湖量为1.09亿 m^3，占8.46%。枯水年（$P=90\%$）情景下，滇池入湖总水量为9.24亿 m^3，其中外海入湖量为8.26亿 m^3，占89.39%；草海入湖量为0.98亿 m^3，占10.61%。

从入湖径流过程模拟结果（图5.2-14）来看，滇池流域入湖流量过程与降雨过程比较一致。滇池流域入湖流量自5月开始增加，最大流量出现在6月、7月、8月，在三种典型水文年不同水情条件下，6—9月的入湖流量约占年入湖径流总量的50%。

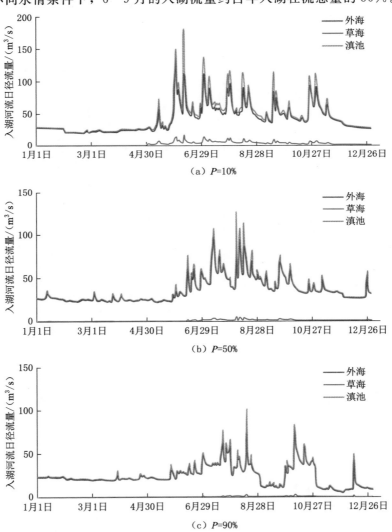

图5.2-14 2020年滇池入湖水量过程

由于牛栏江-滇池补水工程来水由盘龙江入滇池，盘龙江入湖流量最大，$P=10\%$、$P=50\%$ 和 $P=90\%$ 情景下，盘龙江流量分别为 7.09 亿 m³、6.82 亿 m³ 和 4.68 亿 m³，分别占总流量的 48.10%、52.99% 和 50.69%；其次是散流区，$P=10\%$、$P=50\%$ 和 $P=90\%$ 情景下，流量分别为 1.72 亿 m³、1.39 m³ 和 1.18 m³，分别占总流量的 11.66%、10.79% 和 12.79%；流量最小的为西坝河，$P=10\%$、$P=50\%$ 和 $P=90\%$ 情景下进入草海的流量分别为 0.0027 亿 m³、0.0008 亿 m³ 和 0.0005 亿 m³，分别占总流量的 0.09%、0.06% 和 0.07%；其余各区域流量占总流量的 0.53%～6.36%，详细结果见图 5.2-15。

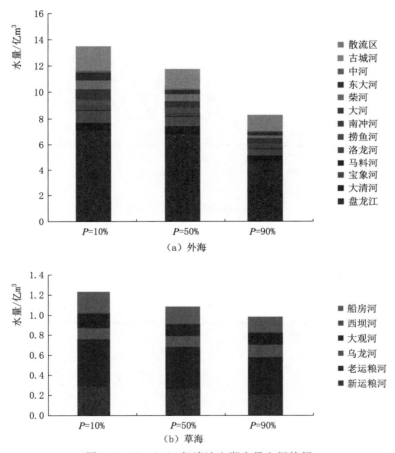

图 5.2-15　2020 年滇池入湖水量空间特征

5.2.2.2　2030 规划水平年

依据《滇池流域城乡供水水资源保障规划（2012—2040 年）》，2030 年滇池流域新增生活和工业用水 1.32 亿 m³，新增的可供水量由滇中引水置换当地水源部分供水量（包括云龙水库和清水海水库），相应的排污量按回归系数计算，排污量大约为 1.056 亿 m³。此外，由于 2030 年牛栏江供水对象发生了变化（大部分水量转供曲靖），远期水平年牛栏江引水进入滇池的水量大幅度下降，由滇中引水替代。滇中引水除了进入盘龙江之外，还有一部分进入宝象河，2030 年入滇池水量会进一步增加。

丰水年情景（$P=10\%$）下，滇池入湖总水量为 16.07 亿 m³，其中外海入湖水量为 14.51 亿 m³，占 90.29%；草海入湖水量为 1.56 亿 m³，占 9.71%。平水年情景（$P=50\%$）下，滇池入湖总水量为 13.88 亿 m³，其中外海入湖水量为 12.49 亿 m³，占 89.99%；草海入湖水量为 1.39 亿 m³，占 10.01%。枯水年情景（$P=90\%$）下，滇池入湖总水量为 13.35 亿 m³，其中外海入湖水量为 12.11 亿 m³，占 90.71%；草海入湖水量为 1.24 亿 m³，占 9.29%。在三种典型水文年情景下，6—9 月的流量均约占总流量的 45%。各典型水文年入湖流量过程见图 5.2-16。

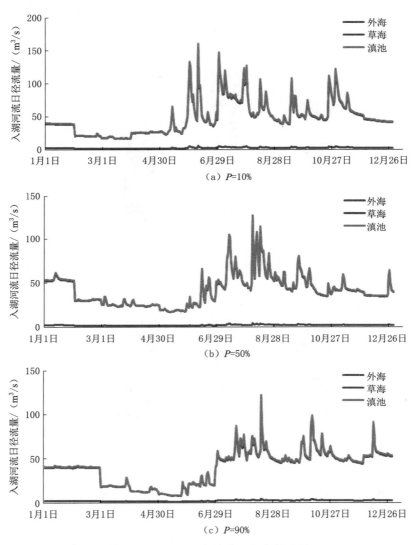

图 5.2-16　2030 年滇池入湖水量过程

与 2020 年类似，盘龙江入湖流量值最大，$P=10\%$、$P=50\%$ 和 $P=90\%$ 情景下，盘龙江入湖径流量分别为 6.29 亿 m³、5.91 亿 m³ 和 6.22 亿 m³，分别占总径流量的 52.43%、42.58% 和 46.56%；其次是散流区（即难以并入入湖河流流域的滇池环湖区域)，$P=10\%$、$P=50\%$ 和 $P=90\%$ 情景下，径流量分别为 1.95 亿 m^3、1.62 m^3 和 1.41m^3，分别占总径流量的 16.26%、11.68% 和 10.59%；流量最小的为西坝河，$P=10\%$、$P=50\%$ 和 $P=90\%$ 情景下进入草海的径流量分别为 0.015 亿 m^3、0.010 亿 m^3 和 0.008 亿 m^3，分别占总流量的 0.13%、0.07% 和 0.06%。其余各区域径流量占总径流量的 0.40%～6.63%。2030 年滇池入湖径流量空间分布详见图 5.2-17 所示。

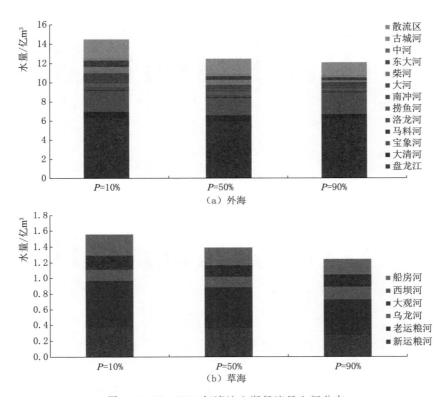

图 5.2-17　2030 年滇池入湖径流量空间分布

5.2.3　规划水平年滇池流域入湖水质过程模拟预测

5.2.3.1　2020 规划水平年

1. COD_{Mn}

滇池流域入湖河流的 COD_{Mn} 浓度基本符合地表水Ⅳ类标准（≤10mg/L）；其中，$P=10\%$ 和 $P=50\%$ 情景下，草海入湖河流的 COD_{Mn} 浓度高于外海入湖相应浓度；外海入湖河流在 $P=90\%$ 情景下的 COD_{Mn} 浓度高于 $P=10\%$ 和 $P=50\%$ 情景下的相应浓度，与草海入湖 COD_{Mn} 浓度接近。2020 年滇池入湖水体 COD_{Mn} 浓度空间特征见图 5.2-18。

外海入湖河流中，大清河 COD_{Mn} 浓度均较高，$P=10\%$ 和 $P=50\%$ 情景下处于地表水Ⅲ类标准（≤6mg/L），$P=90\%$ 情景下处于地表水Ⅳ类标准；其次是马料河和大河，处于地表水Ⅱ类和Ⅲ类标准；散流区水体 COD_{Mn} 浓度最低，三种情景下，大部分均处于地表水Ⅰ类标准（≤2mg/L）。由于"十三五"阶段进一步削减城镇生活污染负荷，大部分草海入

湖河流的 COD_{Mn} 浓度均处于地表水Ⅱ类和Ⅲ类标准，其中老运粮河水体 COD_{Mn} 浓度稍低于其他水体。

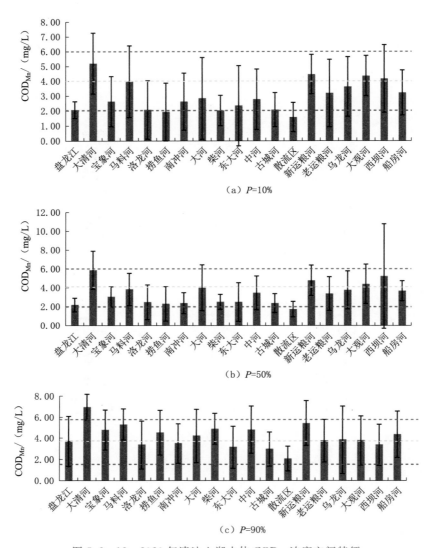

图 5.2 - 18　2020 年滇池入湖水体 COD_{Mn} 浓度空间特征

三种情景下，入湖河流水质 COD_{Mn} 浓度时间变化特征与入湖水量呈负相关关系（见图 5.2 - 19），浓度最低的月份出现在 7 月；$P=10\%$ 和 $P=50\%$ 情景下，7 月大部分水体均可达到地表水Ⅰ类标准，但 $P=90\%$ 情景下，7 月浓度处于地表水Ⅱ类标准。三种情景下的最高浓度均出现在 1 月，大部分水体处于地表水Ⅲ类标准。

2. TN

总体而言，草海入湖水体 TN 浓度高于外海入湖水体 TN 浓度（见图 5.2 - 20）。入湖河流根据 TN 浓度可分为两大类。第一类包括盘龙江、大清河、宝象河、马料河、捞鱼河、散流区、新运粮河、老运粮河、乌龙河、大观河，三种典型水文年水文情景下，水体

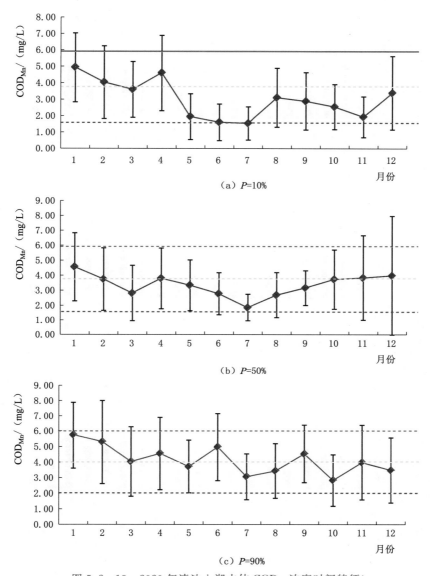

（a）*P*=10%

（b）*P*=50%

（c）*P*=90%

图 5.2-19　2020 年滇池入湖水体 COD_{Mn} 浓度时间特征

TN 浓度均处于地表水（湖库）劣 V 类标准（>2.0mg/L）；尤以宝象河、大观河、大清河、新运粮河水质较差；散流区、盘龙江和捞鱼河在该类别中，水体 TN 浓度相对较低。第二类包括洛龙河、南冲河、大河、柴河、东大河、中河、古城河、西坝河和船房河，三种典型水文年水文情景下，水体 TN 浓度基本处于地表水（湖库）V 类（≤2.0mg/L）和 IV 类（≤1.5mg/L）标准，其中，中河、大河和西坝河水体 TN 浓度相对较高，船房河、柴河水体 TN 浓度相对较低。

　　不同入湖水体 TN 浓度的时间变化特征不尽一致，但总体而言，三种情景下，入湖水体 TN 浓度的时间变化特征与入湖水量呈正相关关系，水体 TN 浓度较高的时间为 6 月及 10—12 月，见图 5.2-21。

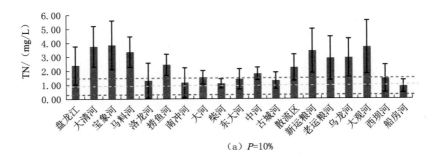

（a）*P*=10%

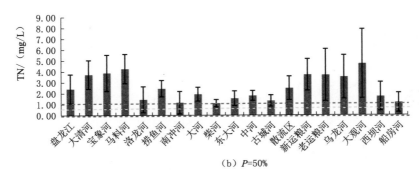

（b）*P*=50%

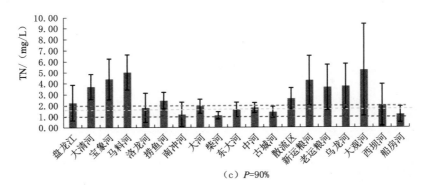

（c）*P*=90%

图 5.2-20　2020 年滇池入湖水体 TN 浓度空间特征

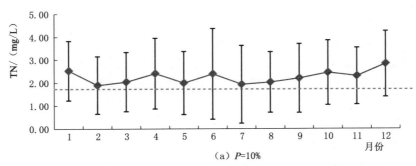

（a）*P*=10%

图 5.2-21（一）　2020 年滇池入湖水体 TN 浓度时间特征

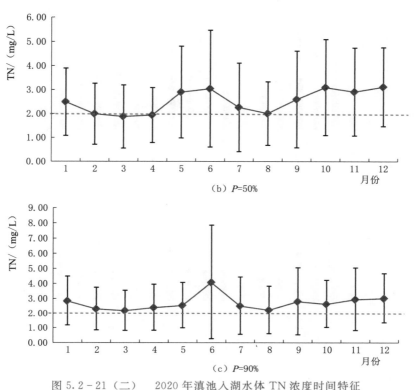

（b）P=50%

（c）P=90%

图 5.2 - 21（二）　2020 年滇池入湖水体 TN 浓度时间特征

3. TP

外海和草海入湖水体 TP 平均浓度接近，在三种情景下均能处于地表水Ⅳ类标准（≤0.30mg/L），见图 5.2 - 22。其中，TP 浓度最低的是盘龙江和船房河，三种不同情景下均处于地表水Ⅱ类标准（≤0.10mg/L）；其次是宝象河、洛龙河、南冲河、捞鱼河、大河、柴河、东大河、古城河、散流区、老运粮河、乌龙河、西坝河，三种不同情景下均处于地表水Ⅲ类标准（≤0.20mg/L）；TP 浓度较高的是大清河、马料河、中河、新运粮河、大观河，三种不同情景下，大部分达地表水Ⅳ类标准。三种不同情景下，入湖水体 TP 浓度的时间变化规律基本一致，较高浓度均出现在 6—8 月，浓度较低时间出现在 2 月，见图 5.2 - 23。

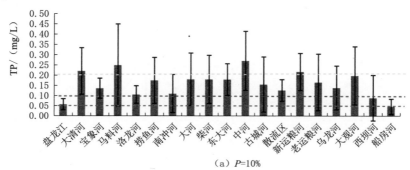

（a）P=10%

图 5.2 - 22（一）　2020 年滇池入湖水体 TP 浓度空间特征

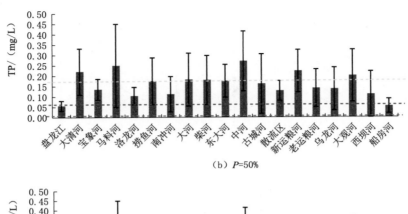

（b）P=50%

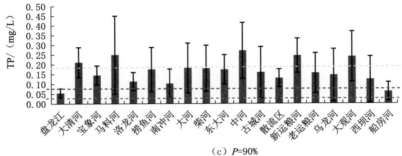

（c）P=90%

图 5.2-22（二） 2020 年滇池入湖水体 TP 浓度空间特征

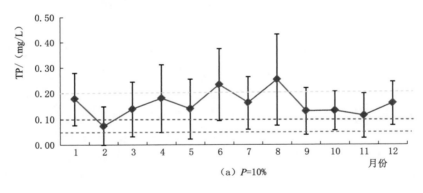

（a）P=10%

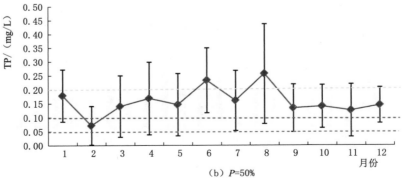

（b）P=50%

图 5.2-23（一） 2020 年滇池入湖水体 TP 浓度时间特征

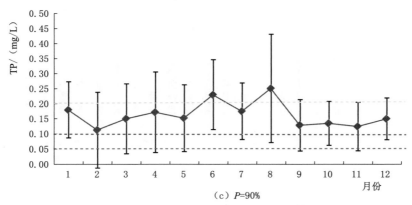

（c）$P=90\%$

图 5.2 - 23（二）　2020 年滇池入湖水体 TP 浓度时间特征

5.2.3.2　2030 规划水平年

1. 高锰酸盐指数 COD_{Mn}

2030 年入湖水体的 COD_{Mn} 浓度基本符合地表水Ⅳ类标准（≤10mg/L），见图 5.2 - 24。其中，$P=10\%$、$P=50\%$ 和 $P=90\%$ 情景下，草海入湖水质的 COD_{Mn} 浓度高于外海入湖水质；外海入湖水体在 $P=90\%$ 情景下的 COD_{Mn} 浓度高于 $P=10\%$ 和 $P=50\%$ 情景，与草海入湖 COD_{Mn} 水质浓度接近。相较 2020 年，不同降雨频率下，草海与外海的水质浓度都不同程度下降，外海在 $P=10\%$、$P=50\%$ 和 $P=90\%$ 情景下分别下降 24.99%、23%、25.7%，草海分别下降 16.6%、23.5%、21.87%。外海入湖河流中，污染负荷最重的大清河 COD_{Mn} 浓度≤6mg/L，达到地表水Ⅲ类标准。入湖污染负荷下降主要原因是 2030 年流域非点源负荷进一步的削减措施对入湖水质变化过程抑制起重要作用。

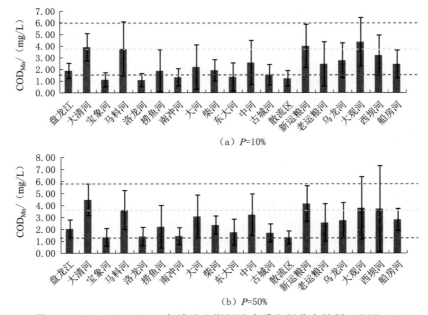

（a）$P=10\%$

（b）$P=50\%$

图 5.2 - 24（一）　2030 年滇池入湖河流水质空间分布特征（COD_{Mn}）

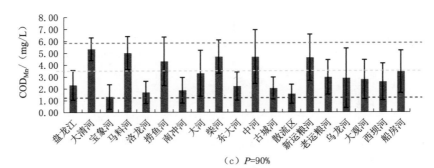

（c）P=90%

图 5.2-24（二）　2030 年滇池入湖河流水质空间分布特征（CODₘₙ）

三种情景下，2030 年入湖水体 COD_{Mn} 浓度时间变化特征与入湖水量呈负相关关系，与 2020 年整体水平一致，但数量级进一步降低，见图 5.2-25。浓度最低的时间出现在 7 月；$P=10\%$ 和 $P=50\%$ 情景下，7 月大部分水体均可达到地表水 I 类标准，但 $P=90\%$ 情景下，7 月浓度处于地表水 II 类标准。三种情景下的最高浓度均出现在 1 月，大部分水体处于地表水 III 类标准。

2. TN

2030 年滇池环湖各河流入湖的 TN 浓度与 2020 空间分布基本一致，即草海入湖水体 TN 浓度高于外海入湖水体 TN，但整体趋势 2030 年较 2020 年有不同程度下降（见图 5.2-26），外海

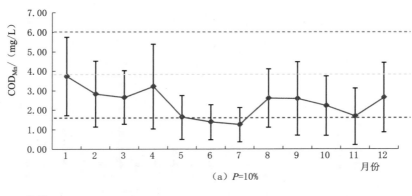

（a）P=10%

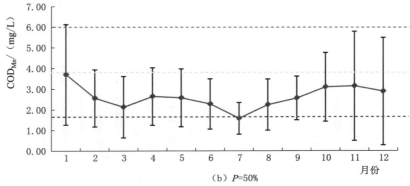

（b）P=50%

图 5.2-25（一）　2030 年滇池入湖河流 COD_{Mm} 浓度年内分布特征（CODₘₙ）

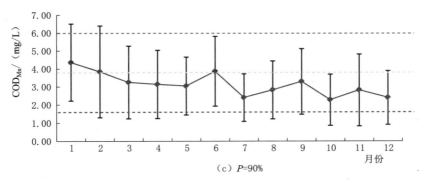

（c）*P*=90%

图 5.2-25（二）　2030 年滇池入湖河流 COD$_{Mm}$ 浓度年内分布特征（COD$_{Mn}$）

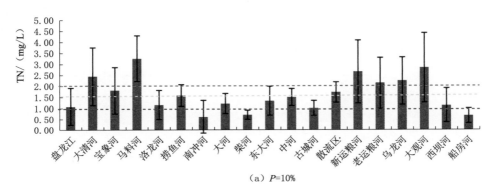

（a）*P*=10%

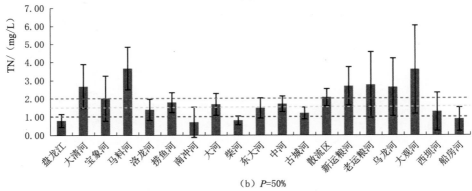

（b）*P*=50%

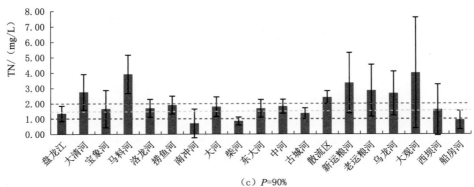

（c）*P*=90%

图 5.2-26　2030 年滇池入湖河流水质空间分布特征（TN）

在不同设计水情（$P=10\%$、$P=50\%$ 和 $P=90\%$）下分别下降 29.2%、25.2%、23.75%，草海在不同情景下分别下降 22.9%、25.1%、23.35%。虽然个别入湖河流的 TN 浓度仍处于地表水（湖库）劣Ⅴ类标准（>2.0mg/L），但入湖负荷的下降将减轻污染负荷对滇池水体的影响。

从不同规划水平年滇池环湖各入湖河流水质年内变化过程来看，2030 年的 TN 指标浓度年内变化过程与 2020 年基本一致。总体而言，三种情景下入湖水体 TN 浓度时间变化特征与入湖水量呈正相关关系，水体 TN 浓度较高的时间出现在 6 月及 10—12 月（见图 5.2-27）。

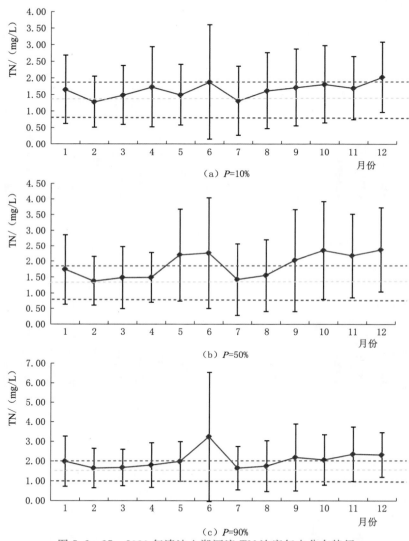

图 5.2-27　2030 年滇池入湖河流 TN 浓度年内分布特征

3. TP

受入湖非点源进一步削减影响，2030 年滇池外海和草海入湖的 TP 指标浓度较 2020 年进一步下降（见图 5.2-28）。外海在不同设计水情（$P=10\%$、$P=50\%$ 和 $P=90\%$）下分别下降 37.5%、35.2%、25.0%，草海在不同设计情景下分别下降了 21.4%、21.4%、25%。在三种设计水情下均能维持在地表水Ⅳ类标准（≤0.30mg/L），个别河段如乌龙河达从Ⅳ类标准提升到地表水Ⅱ类标准（≤0.10mg/L）。

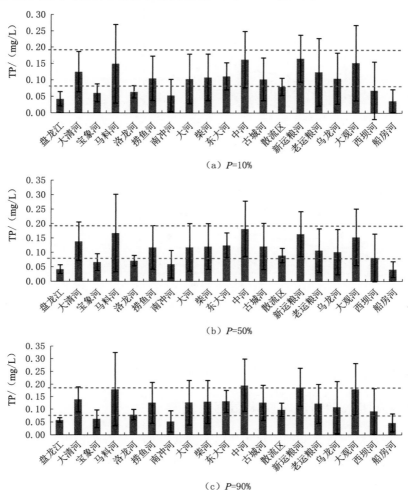

图 5.2－28　2030 年滇池入湖河流水质空间分布特征（TP）

从不同规划水平年滇池环湖各入湖河流水质年内变化过程来看，2030 年的 TP 指标浓度年内变化过程与 2020 年基本一致。三种设计水情条件下，大部分入湖河流水质达到地表水Ⅳ类标准，其中较高浓度均出现在 6—8 月，浓度较低时间出现在 2 月（见图 5.2－29）。

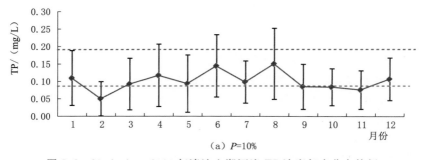

图 5.2－29（一）　2030 年滇池入湖河流 TP 浓度年内分布特征

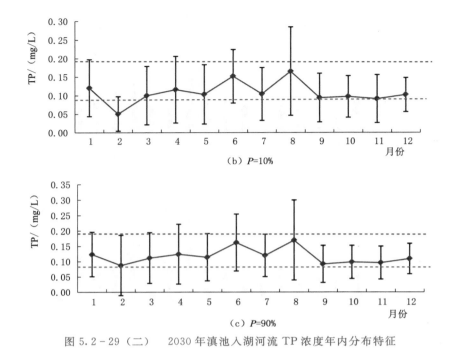

图 5.2-29（二）   2030 年滇池入湖河流 TP 浓度年内分布特征

5.3   滇池流域入湖河流水质沿程变化特征研究

5.3.1   滇池流域入湖河流水文水质野外监测

为了摸清滇池流域主要入湖河流水质沿程变化特征，研究期间开展了主要入湖河流水文、水质野外调查与监测。由于时间和人力资源有限，仅涉及宝象河、盘龙江、柴河等 11 条入湖河流，代表着城郊混合型、城市型和农业型 3 类小流域。其中，宝象河沿程有 3 个点位，其他河流沿程只有 2 个点位。因此，在后续分析当中，将重点阐述宝象河流域沿程规律，并基于 11 条入湖河流分析水体污染物综合降解系数的决定因素及其响应关系。

1. 水文水质野外调查与监测方案

宝象河属昆明古六河之一，源于官渡区东南部老爷山，流经大板桥镇、阿拉乡、昆明市经济开发区、小板桥镇，在宝丰村汇入滇池（图 5.3-1），干流全长 36.2km，高程落差 105m。宝象河流域位于滇池的东北部，北纬 $24°58'\sim25°03'$，东经 $102°41'\sim102°56'$，流域面积 302km²，约占滇池流域的 10.3%；流域年均降雨量 953mm，集中在 5—10 月，其降雨量占到多年（2005—2010 年）平均值的 88% 以上，年平均气温为 14.7℃。从土地利用方式来看，宝象河流域属于典型的农业-城市混合型流域（图 5.3-1），以林地、耕地和建设用地为主，分别占到流域面积的 59.4%、18.1% 和 16.3%。此外，宝象河水系也较为复杂，流域上游的宝象河水库自 2003 年以来不再下泄水量，在干流中游（图 5.3-1 中 S2处）则有 2 条支流（东、西鸳鸯沟）用于流域外的农业灌溉，而在干流下游（图 5.3-1 中 S3 处）则由洋浦分洪闸控制形成新、老宝象河 2 条支流，但最终都汇入滇池。

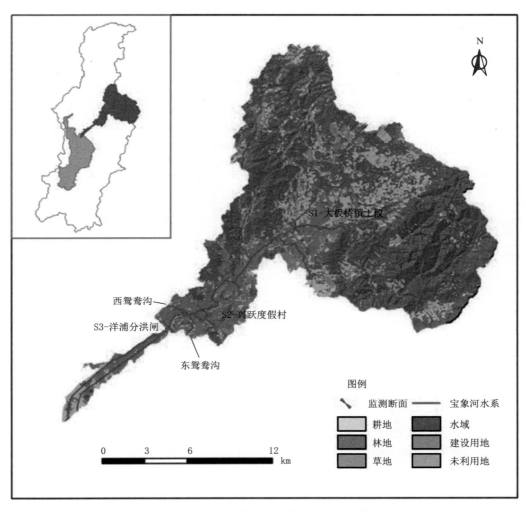

图 5.3-1　宝象河流域区位及暴雨径流监测断面分布

　　本次监测将大雨以上（12 小时内降雨量 15.0～29.9mm 或 24 小时内降雨量 25.0～49.9mm 的降雨）的降雨事件列入有效降雨监测的范围，对宝象河沿程 3 个断面进行了雨季初期 3 场暴雨径流监测，采样时间分别为 6 月 30—31 日、7 月 20—21 日、7 月 25—26日，连续采样历时分别 28h、32h 和 28h（见表 5.3-1）。

表 5.3-1　　　　　　　　宝象河暴雨径流监测时 3 场降雨过程特征

降雨时段	降雨开始时间	降雨事件历时/min	降雨量/mm	平均降雨强度/(mm/h)	最大降雨强度/(mm/h)	与前次降雨间隔/d	监测点位
6 月 30—31 日	4：15 am	1065	49.0	2.761	12.4	7	S1～S3
7 月 20—21 日	12：00 am	1200	24.9	1.245	5.0	20	S3
7 月 25—26 日	11：30 am	480	16.9	1.878	8.0	4	S3

为了反映河流沿程人口、土地利用和污染源结构的特征，在宝象河设置了 3 个断面（图 5.3－1），即大板桥镇上段（S1）、兴跃度假村（S2）、洋浦分洪闸上游（S3），分别处于不同下垫面和污染排放特征的集水区（见表 5.3－2）。其中，S1 断面对应的集水区以林地和耕地为主，人口密度较小（184 人/km²），主要污染源为种植业农业面源和规模化畜禽养殖点源；S2 对应的集水区包括 S1 集水区及 S1 至 S2 之间的区域，相应的集水区建设用地所占比例增加到 13.1％，人口密度达到 317 人/km²，城镇生活点源贡献则得以显现（TN 和 TP 所占比例分别为 32.6％和 36.8％）。S3 对应的集水区城市化特征再次加强，人口密度、建设用地占总面积比例、生活污水负荷占总负荷比例都高于 S1 和 S2 所对应的集水区。

表 5.3－2　　　　　　　　　　S3 不同降雨 EMC 及 EMC$_n$对比　　　　　　　　　单位：mg/L

降雨场次	冲刷径流量 V_n/(m³)	V_n/V	TSS		TN		TP		COD$_{Mn}$	
			M_n/M	EMC$_n$	M_n/M	EMC$_n$	M_n/M	EMC$_n$	M_n/M	EMC$_n$
1	237	48.3％	96.1％	1598	58.9％	9.85	79.8％	0.89	73.1％	13.05
2	27	31.9％	46.6％	76	42.3％	9.38	42.1％	0.43	57.8％	8.77
3	16	14.1％	88.5％	1460	20.9％	7.70	55.8％	1.97	17.3％	8.04

监测指标包括降雨量、断面地形、水位、流速及主要污染物，包括总悬浮颗粒物（TSS）、氨氮（NH_4^+-N）、硝氮（NO_3^--N）、总氮（TN）、总磷（TP）、高锰酸盐指数（COD$_{Mn}$）。其中，降雨量小时数据采用美国 HOBO® 的自动雨量计（RG3－M）测定，断面地形采用美国 YSI® 的多普勒声学断面测流系统 RiverCat 测定，瞬时断面水位观测采用美国 HOBO® 的水位水温自动记录仪（U20－001－01，测量精度为 ±0.5cm），瞬时流速观测采用美国 Global Water® 的 FP201 便携式流速仪，水样采样、收集、保存和成分分析则参考《水和废水监测分析方法》，其中，TSS 通过 103～105℃烘干称重测量，TN 采用过硫酸钾氧化紫外分光光度法，NH_4^+-N、NO_3^--N 采用气相分子吸收光谱法，TP 采用离子色谱法，COD$_{Mn}$采用酸性法。

为了实现暴雨径流的流量、浓度、负荷等过程线的质量控制，整个监测过程严格按照如下操作规则进行：①每个监测断面由 3 名人员独立负责水位、流速及水样的同步监测；②在大雨或暴雨发生前，就多次进行监测，直到大雨或暴雨发生后断面水位出现上涨，则选择此前最近一次监测作为断面基流；③按水位每上涨 5～10cm 进行水位、流速及水样监测，直到水位回落到基流水平；④为了能反映不同径流和水质变化波动特征，在所有水样中选择 7～8 个用于水质分析；⑤在监测和分析的质量控制方面，要求每次现场监测需在断面不同位置重复 3 次平均，水样采样需 3 次混合且确保采样瓶采满，同时，在水样采样中选择 1 个水样分装 2 瓶，作为密码样来检验实验分析质量。

2. 计算方法

暴雨发生时自水位开始上涨到最后回落至基准水位为一次降雨事件，为评价单场暴雨所产生的河道径流对滇池的影响，计算单场降雨中通过河道断面的径流量 V 及污染物负荷通量 M，两者的比值即为降雨场次平均浓度 EMC（Event Mean Concentration）。为了对比不同断面及同一断面的暴雨径流过程特征，有必要消除基流及其负荷的影响，因此，本研究提出了消除基流影响的降雨净冲刷量 V_n 及负荷净冲刷量 M_n，两者的比值即定义为净冲刷径流平均浓度 EMC_n。

（1）EMC。在任意一场暴雨中，污染物浓度随时间变化很大，因而需要一个指标对降雨径流过程中的水质进行整体评价，EMC（mg/L）的计算公式为

$$EMC = \frac{M}{V} = \frac{\int_0^T C_t Q_t dt}{\int_0^T Q_t dt} \cong \frac{\sum_{i=1}^n C_i Q_i}{\sum_{i=1}^n Q_i} \qquad (5.3-1)$$

式中：M 为整个降雨过程中总污染物含量，g；V 为相对应的总径流量，L；t 为径流时间，min；C_t 为随时间变化的污染物含量，mg/L；Q_t 为随时间变化的径流流量，L/min；T 为降雨事件历时，min；n 指 t 时间段内径流取样次数；Q_i 指第 i 次取样时的流量，L/min；C_i 第 i 次取样时的污染物含量，mg/L。

（2）EMC_n。由于各断面基准流速及污染物基准负荷受集水区社会、经济特征影响，同一断面不同时间的基准数值也会有波动，核算的河道总流量 V 和总负荷通量 M 并不能反映降雨冲刷的负荷量区别，在进行不同降雨事件污染特征对比时，将核算的河道总流量及总负荷通量减去基准量 V_0 及 M_0，得到 V_n 和 M_n，EMC_n 为两者比值：

$$EMC_n = \frac{M_n}{V_n} = \frac{M - C_0 Q_0 T}{V - Q_0 T} \qquad (5.3-2)$$

式中：Q_0 为第 1 次监测的基准流量，L/min；C_0 为第一次监测的污染物含量，mg/L。

（3）$M(V)$ 曲线及 FF_{40}。暴雨径流的变化特征可通过径流过程线及污染物浓度过程线表征，但由于上述两者受排水系统、降雨条件、集水区特点等多种因素影响，因而即便是在同一个区域，不同降雨的两个过程线相差也会很大，较难进行不同降雨事件的对比。Geiger 提出了 $M(V)$ 曲线对比不同降雨事件，即基于累积径流量及污染物累积负荷量绘制的无量纲曲线。污染物累积负荷比例 $L(\%)$ 和暴雨径流累积比例 $F(\%)$ 为

$$L = \frac{m(t)}{M} = \frac{\int_0^t C_t Q_t dt}{M}, F = \frac{v(t)}{V} = \frac{\int_0^t Q_t dt}{V} \qquad (5.3-3)$$

式中：$m(t)$ 为 0 至 t 时刻污染物累积负荷，kg；M 为次降雨污染物负荷；$v(t)$ 为至 t 时刻累积径流量，m³；V 为次降雨径流量，m³。

以 F 值作为横坐标值，L 值作为纵坐标值作图即可得 $M(V)$ 曲线。当曲线位于 45°对角线上方时则表现发生了初始冲刷，曲线与对角线垂向最远距离越大，初始冲刷效应越强，根据宝象河 3 个断面 $M(V)$ 曲线特点（见图 5.3-8 和图 5.3-9），通过比较 $L=40\%$ 所对应的 F 值（FF_{40}）来判断初始冲刷效应。对于初始冲刷效应强的区域，集中控制其暴雨前期径流即可有效控制暴雨径流入湖负荷量。

5.3.2　入湖河流水文水质模拟技术

运用 HSPF 模型中的 RCHRES 模块来模拟单一河道或者湖泊中的水流过程，通常主要模拟对象为河道，河道中的水流遵循以下两个基本假定：①水体流动的单向性（unidirectional flow），即假定水体流动是单向性的（水流从河湖的入口处进入，从出口处流

出），在这种假定条件下，运用线性波的原理（linear wave）模拟水体的运动；②水体的完全混合性（completely mixed），即假定水体是完全混合的，水体在入口和出口两个端点之间的区域是均匀分布的，形成一个整体，不考虑河段间水体的差异性。

在这两个假定条件下，RCHRES模块形成如图5.3-2所示的功能体系，用于模拟河湖中水体的水量水质演变过程。

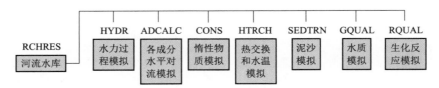

图 5.3-2 RCHRES 模块的功能体系

HYDR模块主要用于河湖水动力行为模拟，目的是为了模拟发生在河流或者水库（混合）中的水动力变化过程，也即河道中水文流量的模拟。通常，河道中水体来源主要是降雨以及上游来水，水量损失主要是蒸发，出流则可以有多种方式，如直接流向下游、水库调节下泄、灌溉用水、发电用水、抽调水等行为过程。在HSPF模型结构中，只有一个水流入口（INFLO），水量出口（OFLO）可以有若干个，最多可以达到5个，见图5.3-3。入流的水量在河道中经过各种运算之后，分配到各个出口，可以得到各个出口的水量状况。对于一般不考虑人类活动影响的天然单一河道，设置为一个入口和一个出口。

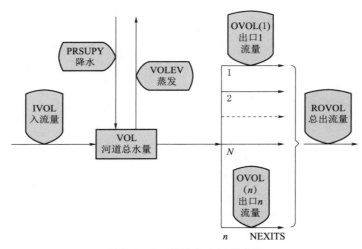

图 5.3-3 径流出入口示意图

水流在河道中的演算通常可以分为水力学和水文学两类方法，其中，水力学方法用明渠不稳定流偏微方程的方法；水文学方法用的则是概念或者系统方法。而HSPF模型中结合这两大类方法，通过构建水平衡方程和水动力方程联合计算水流在河道中的演变过程，以获得河道中的蓄水总量和出口断面流量。

HSPF模型中水质模拟采用AGCHEM模块，AGCHEM模块包括NTIR、PHOS和PEST等，对氮、磷和杀虫剂进行完整的模拟。

对氮、磷、有机污染物等污染物的模拟，是将土壤层划分为四层进行模拟的，包括地表、上土壤层、下土壤层和地下层。因此，在对氮、磷、有机污染物等污染物的模拟前，首先需要运行 MSTLAY 模块，MSTLAY 模块是将土壤层进行分层处理，并计算出各层土壤的泥沙量和水量，为后续的水质计算打下基础。经过 MSTLAY 的运行后，就可以进行氮、磷、有机污染物等污染物的模拟。其中，对 N 的模拟，可以启用 HSPF 中的专用模块 NITR，主要处理 N 的三种形态——硝酸盐（NO_3）、氨（NH_4）和有机氮（ORGN）。模拟过程包括 N 在土壤水体中的迁移转化与反应变化。对于地表的迁移过程，氨与部分有机氮与泥沙颗粒关系密切，随泥沙颗粒进行迁移转化，对于土壤中的氨、硝酸盐和可溶性的有机氮，随径流进行迁移变化；各类 N 的化学反应按土壤分层分别进行。对于氮的模拟过程，最后校准的对象为可溶解性的无机氮，为了保证氮总量的平衡，重点考虑两个方面：①氮的来源，主要包括大气沉降、人类施放以及有机氮的矿化等；②氮的损失，主要指无机氮的损失，主要包括植被吸收、挥发、反硝化及无机氮的固定等。对于 N 源的输入可以通过两种方式进行：①通过 Special Action 模块直接输入各种类别的 N 源量；②以大气沉降的形式作为氮输入，包括硝酸盐、氨和有机氮。氮的迁移转化示意图见图 5.3 - 4。

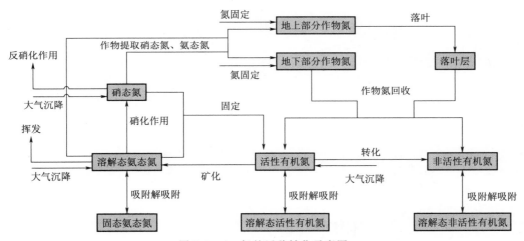

图 5.3 - 4　氮的迁移转化示意图

P 的模拟与 N 的模拟基本相似，由于 P 比较容易附着在泥沙和土壤中，因此，模拟好坡面产流过程中的 P 显得比较重要。P 的模拟主要包括有机磷、吸附磷酸酯和磷酸盐。同样，对于 P 源的输入也可以通过 Special Action 模块直接输入各种类别的 P 源量。

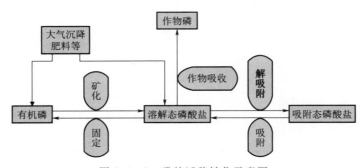

图 5.3 - 5　磷的迁移转化示意图

5.3.3　主要入湖河流水质空间分布规律

5.3.3.1　场次降雨流量和污染物浓度过程线

图 5.3-6 为第 1 次降雨中 3 个河道断面的流量过程线及污染物浓度过程线，该次降雨有两次峰值。从 3 个断面的流量过程线看，S1 和 S2 的径流量对降雨变化比 S3 更敏感，两个断面对应集水区位于较上游部分，坡度较大，且两个断面均是集水区唯一径流出口，因而出现强降雨时，产水和汇水过程较快。由于 S2 下游存在东、西鸳鸯沟的分流，S3 处流量反而低于 S2，其流量波动也较小。从污染物浓度过程线来看，S2 及 S3 的污染物浓度具有典型的城市型径流变化特征，降雨初期将高浓度 TSS 与 TP 冲刷入河道后，后期河道径流中 TSS 与 TP 浓度便一直保持较低水平，而 S1 处径流 TSS 则在整场降雨中随

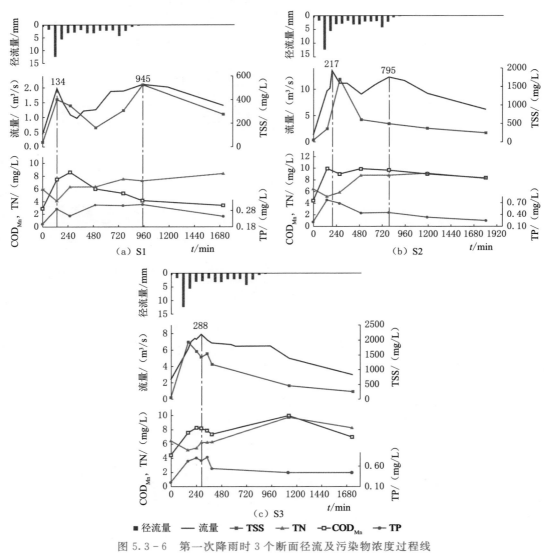

图 5.3-6　第一次降雨时 3 个断面径流及污染物浓度过程线

降雨量的增加而升高。对比发现 3 个断面的径流 TN 浓度变化与流量成反比，说明宝象河流域 TN 负荷可能主要以溶解态冲刷进入河道。

图 5.3-7 为 S3 的 3 次降雨流量及负荷浓度过程线，第 1 次降雨为长时间高强度降雨，第 2 次降雨为长时间低强度降雨，第 3 次降雨为短促强降雨，该次降雨由于太过急促，只捕捉到径流骤升的过程。能明显看出降雨强度对河道径流峰值影响很大，对径流中TSS 最大浓度也起着决定性的作用。

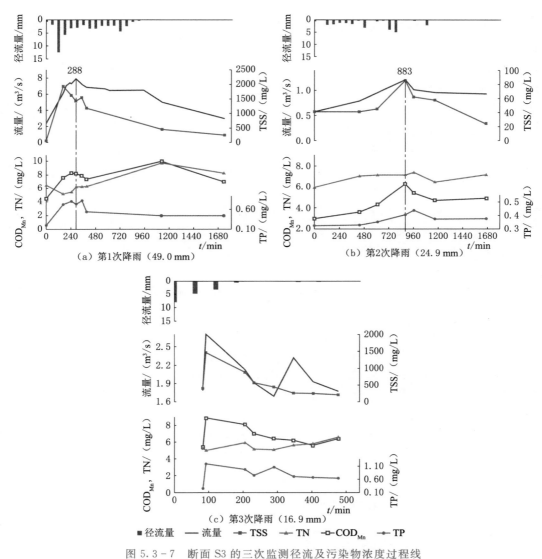

图 5.3-7　断面 S3 的三次监测径流及污染物浓度过程线

5.3.3.2　同一点位不同暴雨的初始冲刷效应

1. 不同暴雨事件间 M_n/M 和 EMC_n 对比分析

由于宝象河水位在雨季波动较大，在对断面 S3 进行不同场次降雨冲刷效应对比时，首先计算降雨净冲刷量对河道径流量的贡献率 V_n/V，再计算冲刷负荷对河道负荷的贡献率 M_n/M，通过对比 EMC_n 可知在该次降雨中冲刷径流的污染程度。结果表明（见表 5.3-2），3 场降雨的 V_n 和 V_n/V 皆依次降低。对比 M_n/M 发现 4 种污染物能分为两类，一类是 TSS 与 TP，其负荷贡献率与降雨强度的变化趋势一致，具有典型的城市型颗粒态负荷冲刷特点；另一类为 TN 与 COD_{Mn}，两者的负荷贡献率与降雨量的变化趋势一致，更多地表现出溶解态污染物的特征，这与之前滇池流域内其他研究结果一致。对比污染物的 EMC_n 可发现，TSS 与 TP 的 EMC_n 变化特征与降雨强度相关较大，第 1 次监测的降雨强度虽然高于第 3 次，但在 EMC_n 上第 1 次降雨的 TSS、TP 浓度并没有明显高于第 3 次，主要是因为第 1 次降雨历时较长，后期冲刷径流负荷含量低，因而整体上 EMC_n 并没有比第 3 次高很多。值得注意的是，3 次降雨事件中仅第 1 次产生了大量的冲刷径流，后两次降雨的冲刷径流量对河道总流量的贡献率最高仅 31.9%。以受降雨量影响较大的 TN 为例，计算得 3 次降雨产生的 TN 冲刷负荷量 M_n 分别为 2332kg、254kg、124kg，可见后两次降雨冲刷的 TN 负荷远不如第 1 次降雨，原因有以下两个：

（1）由于第 1 场降雨将雨季前积累的大量地表沉积负荷冲刷掉，相对来说雨季中期地表沉积的负荷量就不多。黄俊、张宇等分别对滇池地区的研究均表明，在整个雨季，早期降雨径流中的 TN 浓度明显高于后期降雨。杨逢乐等对昆明典型合流制排水系统小区进行多场监测发现，各污染物的 EMC 在雨季前期最高，中期最低，后期稍微升高。

（2）第 2 场降雨强度不足，第 3 场降雨雨量不足（表 5.3-1），产生的径流不能将集水区内的负荷冲刷至河道。黄满湘等的研究表明在农业区域，降雨强度较低时产生的径流量远低于高强度降雨。

结合上述结果可知，对于宝象河流域，早期强降雨冲刷的负荷量很大，需进行有效控制。

2. 不同暴雨事件间 $M(V)$ 曲线对比分析

S3 的 3 次降雨 TSS 的 FF_{40} 分别为 71%、40% 及 91%（见图 5.3-8）。其中，第 2 次监测 TSS 后期冲刷效果明显，是因为该场监测前期降雨强度低，最强降雨发生在中期，而其他两次监测在早期降雨强度都较高，可以判断在达到一定降雨强度以后 TSS 和 TP 才会有明显的初始冲刷效果。第 3 次监测降雨量只有 16.9mm，最大降雨强度为 8mm/h，都低于第 1 次监测的 49mm 降雨量及 12.4mm/h 最大降雨强度，但污染物的初始冲刷效果却比第 1 次更强，可能的原因是第 3 次降雨与前一场降雨的间隔只有 4 天，而地面累积负荷量不多，造成该降雨事件径流量不大但负荷集中在前期的特征。

5.3.3.3　不同点位同场暴雨的初始冲刷效应

1. 沿程断面 EMC 和 EMC_n 的对比分析

表 5.3-3 为沿程 3 个断面的 EMC 和 EMC_n，结果表明 3 个断面 4 种污染物的 EMC_n 均高于 EMC。相比而言，EMC_n 更为真实反映且能放大沿程断面间暴雨初始冲刷效应的差异，尤其是 S3，EMC 的结果表明 S2 的 COD_{Mn} 高于 S3，但按照土地利用和污染源结构特征，S3 的暴雨冲刷效应应该高于 S2，——这样的特征 EMC_n 有效地进行了刻画。此外，以 S3 点位为例，EMC_n 与国标湖泊 Ⅴ 类水标准对比，TN 的 EMC_n 超标近 4 倍（标准为

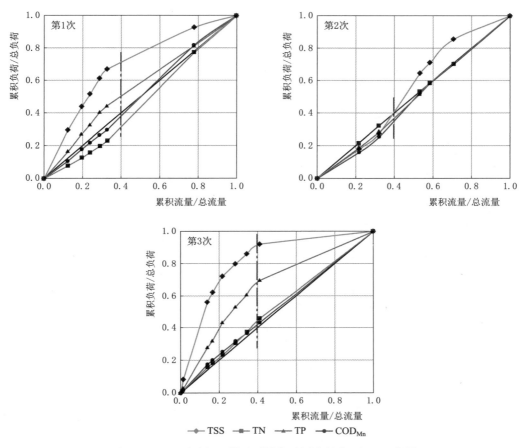

图 5.3 - 8　宝象河 S3 断面不同降雨河道径流 M（V）曲线

2mg/L），TP 超标 3.5 倍（标准为 0.2mg/L），COD_{Mn} 浓度为 13.05mg/L，略低于 Ⅴ 类水标准（15mg/L）。暴雨期间河道径流直接汇入，对滇池造成明显负荷冲击。

从各污染物的 EMC_n 对比看，各污染物的 EMC_n 自上游断面到下游断面均有显著升高，说明随着城市化程度的升高，地面及排水管道积累的可冲刷负荷逐渐增多。其中，TSS 与 TP 的变化最为明显，S2 处的 TSS 与 TP 冲刷径流平均浓度 EMC_n 分别为 608mg/L 及 0.46mg/L，在 S3 处两种污染物的 EMC_n 都升高了 1 倍左右。这个结果与 Q_{in} 等的研究一致，即发现径流中 TSS 的 EMC 与居民区、工业区及道路的占地比例成正相关。

表 5.3 - 3　　　　　第 1 次降雨时沿程 3 个断面 EMC 及 EMC_n 对比　　　　单位：mg/L

断面	TSS		TN		TP		COD_{Mn}	
	EMC	EMC_n	EMC	EMC_n	EMC	EMC_n	EMC	EMC_n
S1	321	438	7.31	7.84	0.28	0.32	4.84	5.65
S2	517	608	8.14	8.48	0.42	0.46	9.16	10.09
S3	804	1598	8.09	9.85	0.54	0.89	8.63	13.05

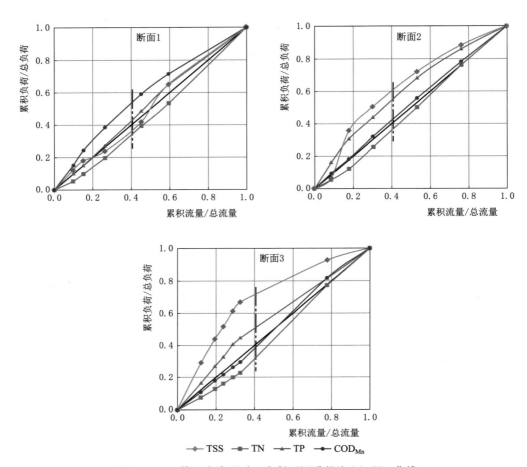

图 5.3-9　第 1 次降雨时 3 个断面河道径流 $M（V）$ 曲线

2. 沿程断面间 $M（V）$ 曲线对比分析

以第 1 次降雨事件的 3 个断面 $M（V）$ 曲线来看（见图 5.3-9），其 TSS 的 FF_{40} 分别为 37%、60%、72%（图 5.3-9 中虚线处），TSS 初始冲刷强度自上游到下游越来越明显。Lee 等和 Bang 等也发现随着集水区不透水地面比例的增加，该区域的初始冲刷强度越强。COD_{Mn} 的初始冲刷效果仅 S1 较明显，3 个断面的 TN 初始冲刷强度都较低，与 TN 大多以溶解态进入径流有关。S2 和 S3 的 TSS 及 TP 初始冲刷效果较明显，因而在进行雨季面源控制时，通过河道径流截留对 TP 的控制效果会优于 TN，如 S3，截留前 40% 径流能截留 50% 的 TP 负荷及 32% 的 TN 负荷。

5.3.3.4　冲刷过程中污染物相关性分析

1. TSS、TP、COD_{Mn} 相关性

结果表明，5 次降雨事件 TSS 和 TP、TSS 和 COD_{Mn} 之间的相关性较强（见图 5.3-10），其 Pearson 相关系数分别为 0.58～0.92 和 0.36～0.88。无独有偶，Qin 等也发现所研究区域 TSS 和 TP 在不同降雨量下都表现为较强相关性；张宇、杨逢乐、韩冰等认为大部分

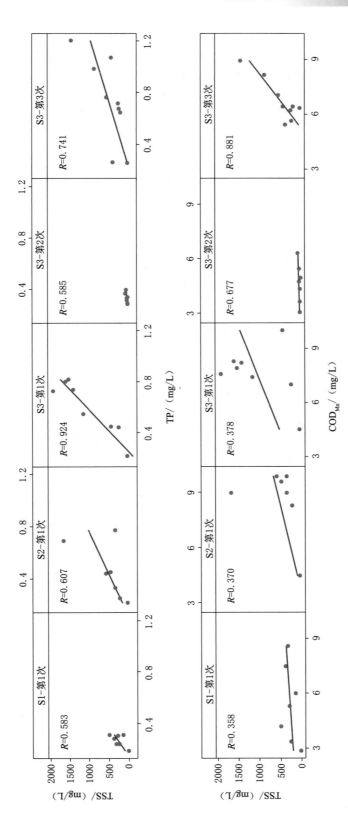

图 5.3 − 10　宝象河暴雨径流 TSS、TP、COD$_{Mn}$ 的相关性分析

TP 是以颗粒态形式进入河道，且浓度变化趋势与 TSS 接近。因此，宝象河沿程 TP 很大部分附着在颗粒物中被冲刷进入河道，如果采用旁路系统截留、初级沉淀处理，应该能有效降低 TP 负荷。而 TSS 和 COD_{Mn} 的相关性则不同，在 S2 第 2 次监测中，TSS 浓度基本不变，但 COD_{Mn} 浓度变化却很大，说明可能 COD_{Mn} 只是与 TSS 来自同一污染源，在降雨过程中共同冲刷进入河道。

2. 不同形态 N 的相关性

3 次降雨 5 组数据 TN、NH_4^+-N、NO_3^--N 的相关性及 TN 形态组成见表 5.3-4。根据宝象河流域典型地块流失特征，可以确定的是 NO_3^--N 主要来自种植业面源，而 NH_4^+-N 及有机氮则来自城市面源（道路、屋顶、生活污水及其沉积物）及有机肥，因而 NO_3^--N 占 TN 的比例变化能表征农业面源在降雨事件中对 TN 负荷的贡献。结果表明，在第 1 次降雨中，TN 和 NO_3^--N 相关性很强，且在该次降雨中 NO_3^--N 负荷量占 TN 量的 37.0%～62.0%，其中 S1 的 NO_3^--N 比例最高。因此，控制上游 TN 控制应将重点放在农业面源污染削减上，下游的 NO_3^--N 所占比例降低，主要是因为城镇生活源负荷的比例显著提高（表 5.3-2）。在第 2、第 3 次降雨中，TN 和 NH_4^+-N 的 Pearson 相关系数为 0.51～0.84，NH_4^+-N 占 TN 负荷量增加到 65.2%～71.2%，NO_3^--N 比例相对第 1 次降雨大幅减少，农业面源的贡献明显减少，这两次降雨相对第 1 次降雨主要污染类型从城市农业混合型 TN 污染转变为城市型 TN 污染，主要原因应该是后两次降雨强度不足以将上游农业负荷冲刷至下游。

表 5.3-4　　　　　　　　　暴雨径流 N 的形态及其相关性分析

降雨场次	监测断面	污染物浓度		TN 形态（冲刷通量比重）		
		TN vs NH_4^+-N	TN vs NO_3^--N	NH_4^+-N/TN	NO_3^--N/TN	有机氮/TN
1	S1	−0.571	0.875	13.5%	62.0%	24.5%
	S2	−0.836	0.839	15.5%	44.6%	39.9%
	S3	−0.814	0.553	11.5%	37.0%	51.5%
2	S3	0.839	−0.198	65.2%	11.1%	23.6%
3	S3	0.509	−0.159	71.2%	15.6%	13.2%

注　1. TN vs NH_4^+-N 表示监测过程中径流中 TN 与 NH_4^+-N 的 Pearson 相关系数。
　　2. TN vs NO_3^--N 表示监测过程中径流中 TN 与 NO_3^--N 的 Pearson 相关系数。

5.3.3.5　主要入湖河流水体污染物综合降解系数规律

入湖河流水体污染物综合降解系数的影响因素众多，主要包括流速、流量、水温、pH、河道地形、污染物本身的属性及浓度梯度、水体中微生物性质等。自 20 世纪 80 年代初期，我国开展大量河流综合降解系数测算研究，形成了实验室模拟法、现场模拟法、经验公式估算法、类比分析法等多种综合降解系数确定方法，但主要针对同一水文条件、同一河段和河道条件下的污染物综合降解系数测定。然而，河流水文过程具有明显的动态特征，同时污染源也具有时间变化规律，不同河段之间的地形地貌、气象条件差异较大，这些水文、地形地貌、气象、污染源的差异性直接造成污染物综合降解系数的变化。

随着认识的深入、测定方法和计算技术条件的发展，有必要开展不同河段不同时期不同水文条件下的污染物综合降解系数研究，识别河流综合降解系数的主控因素，建立不同水文、地形地貌、气象等条件下综合降解系数差异化测算方法，为进一步准确模拟滇池流域主要入湖河流水文水质沿程变化过程。

本研究选择滇池 11 条主要入湖河流开展监测，监测指标包括化学需氧量、氨氮、溶解氧、pH、水温、流速和水位。①采样点选择，为了有效刻画 COD 和氨氮沿程降解规律，本方案在每个河流设置 2～4 个采样点，采样点位置要选择在河段上有水工建筑物（以方便采样）、规则且尽量避免沿岸排污口的河段。②采样点距离设置，采样点间的距离主要依据河流的流速确定。一般情况下，采样时间要确保采样距离内河流污染物（化学需氧量、氨氮和总磷）浓度变化明显（浓度下降 50% 以上）。

$$X = UT$$

式中：X 为采样距离，km；U 为河流平均流速，m/s；T 为污染物浓度下降 50% 以上的时间，d。

本研究每月监测两次（每月选择晴天 1 次，阴天 1 次，雨天除外），每次每个采样点采集 2 个水样，一个用于分析，一个用于质量控制。所有样品均在河流中心水面以下 50cm 处采集，采样器采集 1L 水样，分装成两瓶，每瓶 500mL；样品采集完成后向其中分别加入 1～2mL 浓硫酸，使样品 pH 值保持在 1～2 之间，以抑制生物的氧化还原作用。样品可以在常温下尽快运回实验室，在 4℃ 的环境中保存，在 24 小时内分析。①现场分析。样品现场测定指标主要包括河流流速、流量、温度、pH、溶解氧和水位。②实验室分析。实验室在对样品进行分析时，要保证样品采集后在 24h 内进行，分析前将样品静置 30 分钟以上，取其上清液测定 COD、氨氮和 TP 的浓度。③测定方法。化学需氧量、氨氮和总磷的测定方法执行国家环保局《水和废水监测分析方法》（第四版）。

为提高监测结果的准确度与可靠度，本研究提出以下质量控制要求：①参与测试的实验室要在省控断面采水样 1 次，平行测定 6 次，使 RSD≤5%，平行测定加标回收率应在 95%～100%；②在每批测试中取 20% 的样品测定平行双样；③在每批测试中加测一个质控样，使相对误差≤5%；④每批样品中随机取一个交由第三方机构测定。

根据一维水质模型解析公式，得到不同温度、pH 和流速下的化学需氧量、氨氮和总磷综合降解系数。结果表明，流速是滇池流域主要入湖河流水体污染物综合降解系数的决定性因素。其中，化学需氧量和总磷综合降解系数与河流流速呈现线性增长关系，氨氮综合降解系数与河流流速呈现对数增长关系。因此，在河流水文水动力过程模拟中，需要考虑河流流速对水体污染物综合降解系数的影响。

以往的研究更多认为，水温是河流水体污染物综合降解系数的重要影响因素，主要通过影响水化学反应和分子扩散过程来决定水体污染物降解速率，然而，滇池流域入湖河流的水温相比其他研究区域较为稳定，2005—2015 年水温保持在 (18±2.4)℃，因此较低的水温时空变异性决定了其对水体污染物降解速率的影响不具备差异性。滇池流域的气候属于高原季风气候区，该区域受到西南季风和东南季风的相互影响，滇池流域内的降水集中在 5—10 月，相应的河流流速也表现出季节性，存在显著的时空差异。因此，水体污染物降解速率对河流流速的敏感性表现出较高水平。滇池流域主要入湖河流水体污染物综合降解系数与流速的关系见图 5.3 - 11。

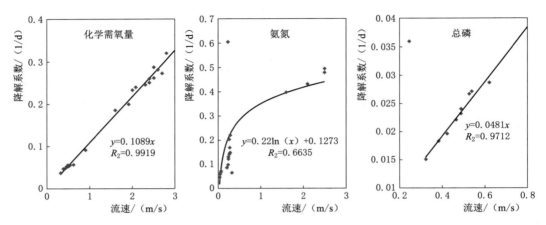

图 5.3 - 11 滇池流域主要入湖河流水体污染物综合降解系数与流速的关系

5.3.4 主要入湖河流水质沿程变化特征

在滇池流域入湖河流水文水质模拟过程中，重点考虑上述主要入湖河流水体污染物综合降解系数与流速的关系，以及河流流域自然和人工水循环的影响。由于时间和人力资源有限，本研究选择了盘龙江、宝象河、大河和柴河为例，阐述基于模拟的主要入湖河流水文水质沿程变化特征。

1. 总氮、氨氮和总磷沿程变化

校准后的 HSPF 模型模拟结果表明，2015 年，盘龙江、宝象河、大河和柴河 TN 浓度从上游向下游逐渐增加，这种增加趋势宝象河最为显著，其次为大河。从河道沿程变化来看，盘龙江上游 4 个样点 TN 浓度值都小于Ⅴ类（湖库标准）水质浓度限值（2mg/L），下游 8 个样点 TN 平均浓度都超过Ⅴ类水质浓度限值。宝象河 13 个采样点水体的 TN 浓度从上游到下游变化趋势相对较快，大河 TN 浓度从中游往后超过Ⅴ类水质浓度限值，而柴河水质保持在 1.8mg/L 以下。其中，大河 TN 浓度最大值出现在第 8 个样点，柴河 9 个采样点 TN 浓度变化整体上与大河类似。4 条河流水体 TN 的入湖平均浓度以城郊型河流（宝象河）的贡献最大，其次为盘龙江。

与 TN 不同的是，4 条典型河流 TP 浓度从上游向下游表现为先逐渐升高再缓慢降低（见图 5.3 - 12）。从河道沿程变化来看，宝象河 TP 浓度在大板桥之前低于Ⅲ类水质浓度限值（0.2mg/L），随后增至为劣Ⅴ类，宝象河水文站之后逐渐下降到Ⅲ类水平左右。大河 TP 浓度沿程变化趋势类似。盘龙江 TP 浓度沿程变化趋势与其 TN 相同，松华坝水库出水口至敷润桥从Ⅰ类增加到Ⅲ类水质，随后在城区段到入湖口缓慢下降到Ⅱ类水质左右。与上述河流不同的是，柴河 TP 浓度沿程逐渐升高，从Ⅱ类水质变为Ⅲ类。相比而言，4 条河流水体 TP 的入湖平均浓度以城郊型河流（宝象河）和农田型河流（大河）的沿程变化最大。

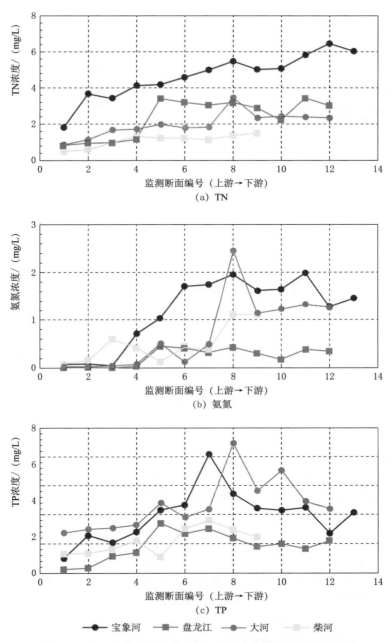

图 5.3 - 12　滇池入湖河流总氮、氨氮和总磷浓度沿程变化

4 条河流氨氮浓度沿程变化与 TP 较为相似，但中游以下的氨氮浓度下降趋势不显著。具体来看，宝象河氨氮浓度从宝象河水库出口的Ⅰ类水质快速增至Ⅲ类甚至Ⅴ类，随后下游段维持在Ⅳ～Ⅴ类水质水平。大河氨氮浓度在进入晋城镇中心迅速恶化为劣Ⅴ类，随后维持在Ⅳ类水质。盘龙江氨氮浓度自敷润桥至入湖口缓慢下降，维持在Ⅱ类水质。柴河进入上蒜镇中心后，其氨氮浓度迅速增至Ⅳ类水质。

2. 总氮、氨氮和总磷沿程变化原因

总体来说，盘龙江流经地区多为城镇居民区，城镇生活污水和工业废水得到有效收集和集中处理。同时，牛栏江—滇池补水工程增加了盘龙江流量，增加了河道的稀释和自净能力。截至 2018 年，除了 TN 之外，氨氮和总磷浓度相对较低。宝象河和大河流经地区多为城镇居民区和集约化农业区，生活污水、化肥流失以及规模化禽畜粪便排放造成河流氮、磷等营养盐浓度较高。柴河流域城镇化水平较低，农田集中分布在流域中游且集约化程度低于滇池流域东部区域，各项水体污染物浓度相对较低。

具体来说，盘龙江上游 TN、TP 浓度分别低于 Ⅴ 类和 Ⅱ 类水质标准限值，主要因为上游河段作为昆明市主要饮用水水源保护区，实行封闭式管理，污染较轻；而其下游 TN 为劣 Ⅴ 类，一方面因为缺乏 TN 控制，另一方面牛栏江—滇池引水工程来水 TN 浓度也偏高。

作为城郊型河流代表，宝象河是滇池东部城乡接合部入湖河流，沿途接纳城市点源与农业面源污染，因此城市污染与农业污染对其均有影响。结合宝象河流域内降雨、数字地形和土壤数据，较为丰富的夏季降雨、较高比例的丘陵地区且大面积无植被覆盖的红黄壤山坡，容易形成明显的地表径流和山坡水土流失，进而使大量易溶解性磷随径流进入宝象河。相比而言，宝象河下游（尤其是云大知城以下）的城镇生活污水收集系统较为完善，氨氮和 TP 浓度呈现下降趋势。

大河属于农田汇水型河流，TN 和 TP 浓度沿程变化基本符合农田河流营养盐从上游到下游不断累积的特征。自晋城镇中心以下河段，氨氮、TN 和 TP 浓度急剧增加，这主要因为周围村镇生活污染和设施农业排放所致。

柴河属于村镇型河流，TN 和 TP 浓度从上游到下游呈先增后减的趋势。其中，TP 浓度最大值出现在上蒜镇，主要原因是其位于磷矿开采和磷化工核心区；柴河下游 TP 农村出现下降，很可能是以悬浮态总磷和磷酸盐为主的水体自净作用的结果。

另外，河流氨氮主要来源于城市生活污水和工业废水以及由水土流失和农田施肥造成的氮素流失，但不同类型河流的变化趋势各异。农田型河流（大河）和城郊型河流（宝象河）的氨氮浓度相对较高，说明丰水期氨氮浓度主要受农业面源污染影响，夏季强降雨引起的地表径流将农业生态系统中未被利用的氮素及其他污染物带入河流造成氨氮污染。城市纳污型河流（盘龙江）的污染主要来自生活污水和工厂的点源排放，排放量常年基本保持稳定；城市纳污型河流虽受人类活动影响较大，但污染程度较小，这与盘龙江污染治理措施的加强和水力调度的实施有一定关系。农业汇水区的大河和柴河虽受人为活动干扰小，但该区域具有传统农作物与养殖区广布的地理特征，且夏季降雨相对集中造成农业区暴雨径流水所占比重增加，导致河流面源污染的影响程度大于城市、工业聚集等点源污染程度。

5.4　小结

滇池流域主要有工业点源、城镇生活点源、城市非点源和农业农村非点源几种污染源类型，经过四个"五年计划"的持续努力，目前流域内的工业点源和生活点源都得到了有

效控制，流域非点源也得到了较大程度的治理。截至 2014 年年底，滇池流域环湖入湖的化学需氧量、氨氮、总磷、总氮负荷量分别为 39761t、5292t、620t、7367t。从入湖污染负荷空间分布特征来看，进入外海的各指标负荷量约占滇池入湖总量的 80%；从外海入湖负荷的空间分布规律来看，经北岸入湖的污染负荷约占总负荷量的 80%；从外海入湖负荷的时间分布特征来看，雨季入湖污染负荷量占入湖总量的比例 80% 左右。

在滇池流域"六大工程"治污体系的协同作用下，纳入监测范围内的 36 条河流在 2008—2009 年达到极大值，随后均出现明显的改善。从入湖河流水质空间分布状况来看，充当城市排水沟渠和流经城区的河流水质均较差，其中新运粮河、大观河和老运粮河是入草海水质较差的河流，海河是目前入外海水质最差的河流，大清河、宝象河、马料河入湖水质也较差。2014—2015 年期间，进入草海的主要水质指标年均浓度分别为 COD 29mg/L、NH_3-N 4.72mg/L、COD_{Mn} 6.94mg/L、TP 0.44mg/L、TN 13.24mg/L，分属Ⅳ类、劣Ⅴ类、Ⅳ类、劣Ⅴ类、劣Ⅴ类，超Ⅳ类水质指标主要有总氮、总磷和氨氮；进入外海的各指标年均浓度分别为 COD 26mg/L、NH_3-N 3.45mg/L、COD_{Mn} 5.14mg/L、TP 0.36mg/L、TN 6.30mg/L，分属Ⅳ类、劣Ⅴ类、Ⅲ类、Ⅴ类、劣Ⅴ类，超Ⅲ类目标的水质指标主要有总氮、氨氮、总磷和化学需氧量。

从暴雨径流河道沿程观测来看，宝象河的 TSS、TN、TP 和 COD_{Mn} 的 EMC_n 和 M (V) 沿程自上而下逐渐增加，即随着不透水地面和人口规模增加而提高，尤其是 TSS 和 TP 的沿程差异性更为明显；从不同降雨条件来看，TSS、TP 负荷贡献率及其 M (V) 与降雨强度的变化趋势一致，具有典型的颗粒态负荷冲刷特点，而 TN 和 COD_{Mn} 负荷贡献率则与降雨量的变化趋势一致，更多地表现为溶解态负荷冲刷特征。5 次降雨事件结果表明，宝象河的 TSS 和 TP、TSS 和 COD_{Mn} 浓度之间的相关性高，但与 TN 浓度相关性较差。从 N 的形态来看，随着降雨事件次数增加，宝象河 NO_3^--N 所占比例逐渐降低，但 NH_4^+-N 所占比例则逐渐提高，暴雨径流初始冲刷效应也从城市农业混合型向城市单一型转变。

滇池流域 11 条入湖河流沿程观测结果发现，流速是主要入湖河流水体污染物综合降解系数的决定性因素。其中，COD 和 TP 综合降解系数与河流流速呈现线性增长关系，氨氮综合降解系数与河流流速呈现对数增长关系。因此，在对河流水文与水动力过程模拟中，需要考虑河流流速对水体污染物综合降解系数的影响。

由 4 条典型入湖河流的水文与水质模拟结果可知，滇池 4 类典型入湖河流 TN、氨氮和 TP 浓度大体上表现为自上游向下游逐渐增加的趋势，TN、TP 平均浓度大小顺序为：城乡结合型河流（宝象河）>农田型河流（大河）>村镇型河流（柴河）≈城市纳污型河流（盘龙江），其成因存在较大差异。盘龙江流经地区多为城镇居民区，城镇生活污水和工业废水得到有效收集和集中处理，同时，牛栏江—滇池补水工程增加了盘龙江流量，增强了稀释和自净能力，截至目前，除了 TN 之外，氨氮和 TP 浓度相对较低。宝象河和大河流经地区多为城镇居民区和集约化农业区，生活污水、化肥流失以及规模化禽畜粪便排放造成河流氮、磷等营养盐浓度较高。柴河流域城镇化水平较低，农田集中分布在流域中游且集约化程度低于滇池流域东部区域，各项水体污染物浓度相对较低。

第6章　牛栏江—滇池补水多通道入湖影响研究

结合大型浅水湖泊的湖流特点，归纳总结滇池作为大型高原浅水型湖泊的水流特点，分析滇池湖流特性与环流结构特征，并结合牛栏江—滇池补水工程入湖水量分配和滇池外海排水格局的变化，研究牛栏江—滇池补水工程多口入湖的可能性和多口入湖对湖泊水动力条件与水质的影响，为滇池流域入湖河流环境流量保障和多水源配置方案的科学制定提供依据。

6.1　滇池水动力条件与水质变化模拟

6.1.1　滇池水动力条件模拟

滇池三面环山，湖泊水面开阔，总水面面积为 $309 km^2$。滇池湖流速度缓慢，且易受湖面风场变化影响，湖区流场监测异常困难，很难详细了解滇池水体湖泊水流在时间和空间上的动态变化，因而数值模拟一直是滇池水动力特性和入湖污染物迁移扩散特性研究的重要技术手段。污染物在湖体内的时空分布规律及其输移扩散特征，很大程度上取决于湖泊水流的运动规律。滇池属典型的大型宽浅型湖泊，水流运动主要受湖面风场影响，以风生湖流为主，因此湖区风场模拟至关重要，故水动力模型中还应包括滇池湖面风场模拟模型。

6.1.1.1　滇池湖面三维风场模型

1. 气流模型简介

为了表现地形的作用，采用地形追随坐标：

$$\overline{Z} = H(Z - Z_g)/(H - Z_g) \qquad (6.1-1)$$

式中：H 为模型顶部高度；Z_g 为地面的相对高度。

假定模型大气干燥、不可压缩、满足静力平衡，忽略大气的辐射和凝结则在此坐标系下，三维大气的动力过程可用下面的方程组描述：

$$\frac{\mathrm{d}u}{\mathrm{d}t}=-\theta\frac{\partial\pi}{\partial x}+g\frac{\overline{z}-H}{H}\frac{\partial Z_g}{\partial x}+fv+F_u$$

$$\frac{\mathrm{d}v}{\mathrm{d}t}=-\theta\frac{\partial\pi}{\partial y}+g\frac{\overline{z}-H}{H}\frac{\partial Z_g}{\partial y}-fu+F_v \qquad (6.1-2)$$

$$\frac{\partial u}{\partial x}+\frac{\partial v}{\partial y}+\frac{\partial\overline{\omega}}{\partial\overline{z}}-\frac{u}{H-Z_g}\frac{\partial Z_g}{\partial x}-\frac{v}{H-Z_g}\frac{\partial Z_g}{\partial y}=0$$

$$\frac{\mathrm{d}\theta}{\mathrm{d}t}=F_\theta$$

$$\frac{\partial\pi}{\partial\overline{z}}=-\frac{H-Z_g}{H}\frac{g}{\theta}$$

式中：u，v，ω 分别为 x，y，z 方向的风速；$\overline{\omega}$ 为 $(x,y,\overline{z})$ 坐标系中 $\overline{z}$ 方向的风速；f 为柯氏力系数；θ 为位温。

$\pi=C_P\left(\frac{P}{P_0}\right)^{\frac{R}{C_P}}$ 表示气压的 Exner 函数，$P_0=1000\mathrm{hPa}$。

个别微商：

$$\frac{\mathrm{d}}{\mathrm{d}t}=\frac{\partial}{\partial t}+u\frac{\partial}{\partial x}+v\frac{\partial}{\partial y}+\overline{\omega}\frac{\partial}{\partial\overline{z}}$$

$$\overline{\omega}=\omega\frac{H}{H-Z_g}+\frac{\overline{z}-H}{H-Z_g}u\frac{\partial Z_g}{\partial x}+\frac{\overline{z}-H}{H-Z_g}v\frac{\partial Z_g}{\partial y}$$

式中：F_u，F_v，F_θ 分别为 u，v，θ 的湍流扩散项，可用下式表示：

$$F_\varphi=K_H\left(\frac{\partial^2\varphi}{\partial x^2}+\frac{\partial^2\varphi}{\partial y^2}\right)+\left(\frac{H}{H-Z_g}\right)^2\frac{\partial}{\partial\overline{z}}\left(K_V\frac{\partial\varphi}{\partial\overline{z}}\right)$$

式中：φ 为 u，v，θ 中的任一项；K_H，K_V 分别为水平和垂直扩散系数。

采用显式有限差分方法对方程进行求解。

2. 风场模拟

根据气流模型的要求及滇池湖区周围地形特征，选择包括滇池湖区及其周围复杂地形特征在内的 42km×42km 作为风场模拟的平面区域，网格尺度为 1km×1km。垂向高度取3km，采取不等距网格，分 16 层，地面附近网格较密，其中离地面 5m、10m、60m 处均布有网格层。湖流模型计算中所需的风速、风向取离湖面 10m 处的风速风向值作为边界条件。

取西南风 4.2m/s 作为风场模拟的来流风速，初始地表温度取为：$T_s=20℃$，数值模拟离湖面 10m 高处的风场见图 6.1-1。从风场的水平矢量图看出，湖区西部靠近西山500m 左右的范围内风速不同程度地降低，风向也有一定程度的变化，尤其在西山脚下，风向变为偏南风，这与实测风情资料是符合的。与人工构造的非均匀风场比较，两者基本一致，只是后者湖面风向不变的假定有一定的误差。

6.1.1.2　滇池平面二维水动力学模型

1. 基本方程

大量的宽浅型湖泊水流运动机理观测研究表明，风是大型湖泊水流运动的主要驱动力，其次是环湖河道进出水量形成的吞吐流，湖流运动形成以风生湖流为主、吞吐流为辅

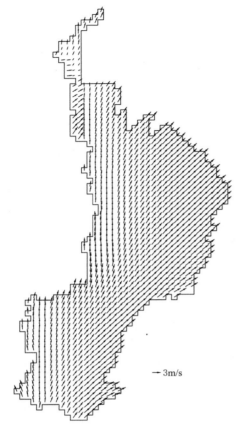

$\longrightarrow$ 3m/s

图 6.1－1　常年主导风向下滇池
湖面风场分布模拟

的混合流动特性。描述浅水型湖泊水深平均平面二维水流运动基本方程为

$$\frac{\partial h}{\partial t}+\frac{\partial (uh)}{\partial x}+\frac{\partial (vh)}{\partial y}=q$$

$$\frac{\partial (uh)}{\partial t}+\frac{\partial (u^2 h)}{\partial x}+\frac{\partial (uvh)}{\partial y}+gh\frac{\partial z}{\partial x}-fv=\frac{\tau_{wx}}{\rho}-\frac{\tau_{bx}}{\rho}$$

$$\frac{\partial (vh)}{\partial t}+\frac{\partial (uvh)}{\partial x}+\frac{\partial (v^2 h)}{\partial y}+gh\frac{\partial z}{\partial y}+fu=\frac{\tau_{wy}}{\rho}-\frac{\tau_{by}}{\rho}$$

$$(6.1-3)$$

式中：h 为水深；q 为单位面积上进出湖泊的流量（即环湖河道进出流量），以入湖为"＋"，出湖为"－"；u、v 分别为沿 x、y 方向的流速分量；Z 为滇池水位；g 为重力加速度；ρ 为水密度；f 为柯氏力系数，根据滇池所处经纬度，计算得到滇池柯氏力系数 $f=6.1\times 10^{-5}$ 1/s；τ_{bx}、τ_{by} 为湖底摩擦力分量；τ_{wx}、τ_{wy} 为湖面风应力分量。

其中，柯氏系数 $f=2\omega\sin\varphi$

式中：ω 为地球自转角速度；φ 为湖泊所处纬度。

湖面风应力分量：

$$\tau_{x(s)}=C_D w w_x$$

$$\tau_{y(s)}=C_D w w_y$$

其中　　　　　　$C_D=\gamma_a^2 \rho_a$

式中：γ_a 为风应力系数；ρ_a 为空气密度；w 为离湖面 10m 处风速；w_x、w_y 为 x、y 方向的风速分量。

湖底切应力分量：

$$\tau_{x(b)}=c_b \rho u \sqrt{u^2+v^2}$$

$$\tau_{y(b)}=c_b \rho v \sqrt{u^2+v^2}$$

其中

$$c_b=\frac{1}{n}\cdot h^{\frac{1}{6}}$$

式中：n 为糙率系数。

2. 数值概化

(1) 湖泊物理特征的数值概化。在 1：50000 的滇池水下地形图上，用 500m×500m 的正方形网格将滇池概化为 1170 个网格单元，概化后湖泊形状和网格布置见图 6.1－2。

(2) 环湖河道概化。滇池环湖进出湖河道有几十条，根据进出河道空间分布情况，在数值模拟计算中将相近河流进行合并处理，最后将环湖河道概化成 17 条，现状情况下入湖河道 15 条，出湖河道 2 条，分别是位于草海的西园隧洞，以及位于外海西南部的海口河，见图 6.1－2。

(3) 湖流方程数值离散。采用显式有限差分法对湖泊水动力方程［式 6.1－3］进行数值求解。为了使计算结果更能真实地反映水流洄流现象，运动方程中的非线性项不可忽略，即在运动方程中需考虑 $u \cdot M$、$v \cdot M$、$u \cdot N$、$v \cdot N$ 等项，但这些项的引入，易引起计算的不稳定。为了提高模型的稳定性，在计算方法上吸取了差分法格式和有限体积法格式各自的优点，在网格的形心处计算水深，在网格的周边通道上计算单宽流量，时间和空间的网格点均采用错开布置，对方程中的非线性项均采用迎风差分格式，从而可提高模型计算的稳定性。

3. 参数率定与模型校验

二维水流数学模型中需要率定的参数包括湖底糙率和湖面风应力系数。至今滇池尚没有较为完整的水流流态监测资料，给模型参数率定带来了困难。但历年来有关滇池湖流模拟研究成果很多，对滇池湖流形态和流速量级已形成一些总体的经验性共识，可供本模型参数率定与验证提供基础。

结合资料情况，选取 2015 年作为课题研究的基准年，因而也是数学模型进行验证计算及湖流过程模拟的重要年份。根据对 2000 年与多年平均湖面风场对比分析结果（见表 6.1-1）可知，滇池湖面风场年内风向变化相对稳定，均以西南风向为常年主导

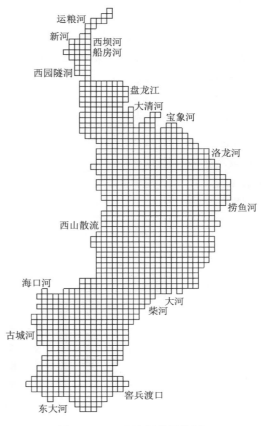

图 6.1-2 滇池概化网格图

风向，且年际间变化不显著，故本次湖面风场采用多年平均风场资料也比较有代表性。

滇池湖区以西南风为主，从湖周 3 个风测站（晋宁、呈贡和昆明）的地理位置分布情况分析，位于滇池南部的晋宁站风场受湖西西山遮挡的影响很小，可以认为是滇池外部过流风场。将此风向和风速作为外边界风场输入三维风场模型，即可计算得到风经过滇池湖区时在西山复杂地形作用下湖面上所形成的风场。从滇池地形遮挡特征分析可知，靠近西山的湖面风场受地形遮挡影响较大，包括外海西北部湖区及草海（内湖）均受到不同程度的影响，而滇池南部及东部湖区几乎不受西山地形遮挡影响。由此可见，数值模拟湖面风场（见图 6.1-1）结果比较合理。

表 6.1-1　　　　　　　　　　**2000 年滇池月平均风速及最多风向表**　　　　　　　　单位：m/s

月份		1	2	3	4	5	6	7	8	9	10	11	12
2000 年	月均风速	2.3	2.6	2.5	2.3	1.6	1.9	1.3	1.1	1.6	1.7	1.6	1.7
	最多风向	WSW	WSW	WSW	WSW	S	SW	S	SW	SE	S	SW	SW
多年平均	月均风速	2.5	3.0	3.3	3.1	2.7	2.3	1.9	1.6	1.7	1.8	1.8	2.0
	最多风向	WSW	SW	WSW	WSW	SW	SW	SW	S	S	SSW	SW	SW

（1）基础资料。滇池湖流数值模型模拟计算所需的基础资料包括湖面风场、滇池逐日水位变化过程、环湖进出湖泊水量、湖面降雨及蒸发、环湖取用水 4 个部分。现状年滇池环湖入湖水量及其年内分布过程采用《滇池流域水体污染物入湖通量的中长期预测研究》专题成果数据，湖面水资源量直接采用委托方提供的资料，湖泊水位及西园隧洞、海口河出湖流量采用实测数据资料。

1）湖面降雨与水面蒸发。滇池流域面积 2920km²，其中湖泊面积为 309km²。流域内多年平均降雨量为 899.1mm，水面蒸发量在 1226.3～1614.4mm 之间，陆面蒸发量为 500～600mm。由于滇池水面面积较大，同时水面面积占流域面积比例超过 10%，水面蒸发损失水量占到水资源总量的 45% 左右，所以在模拟计算水位变化过程中必须考虑湖面本身的降雨和蒸发损失对湖体水位及水量的影响。2015 年滇池湖面降雨、蒸发及湖面净水资源量分别为 1056mm、1013mm、43mm，其年内变化详见图 6.1-3。

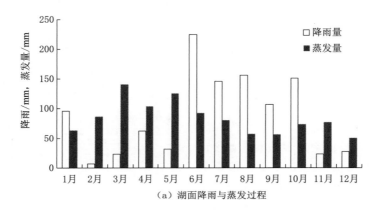

（a）湖面降雨与蒸发过程

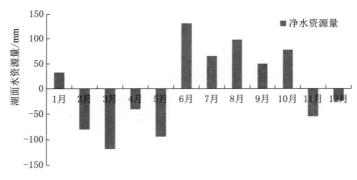

（b）湖面净水资源量

图 6.1-3　2015 年滇池湖面降雨、蒸发及水资源量变化过程

2）滇池逐日水位变化过程。2015 年滇池中滩站、海埂闸逐日水位变化过程见图 6.1-4，滇池外海年内最高水位为 1887.64m，出现日期为 8 月 14 日，年内最低水位为 1887.01m，出现日期为 6 月 18 日，年内水位最大变幅为 0.63m；滇池草海年内最高水位为 1886.68m，出现日期为 10 月 12 日，年内最低水位为 1885.97m，出现日期为 6 月 24 日，年内水位最大变幅为 0.63m。

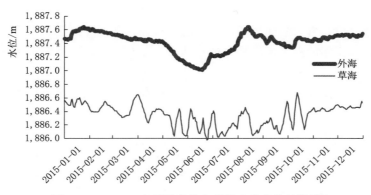

图 6.1-4　2015 年滇池外海和草海水位变化过程线

3）滇池逐月出湖流量及过程。滇池有 2 个出口，海口河是外海的天然出口，西园隧洞是草海排污的人工出口通道。2015 年滇池经草海外排的湖水量约为 4.36 亿 m³，经外海出湖的水量约为 6.11 亿 m³，滇池全年出湖水量约为 10.48 亿 m³，西园隧洞、海口河年内排水流量过程见图 6.1-5。

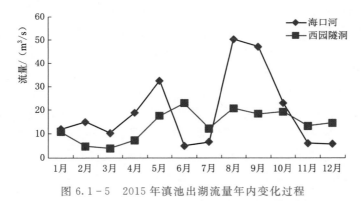

图 6.1-5　2015 年滇池出湖流量年内变化过程

4）环湖河道入湖流量。根据环湖入湖河流水量监测结果，2015 年滇池草、外海各主要入湖河流的入湖水量分别为 9.83 亿 m³、2.37 亿 m³，滇池全年入湖水量约为 12.20 亿 m³。2015 年滇池草、外海逐月入湖水量过程见图 6.1-6。

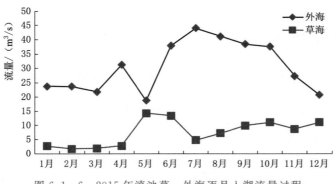

图 6.1-6　2015 年滇池草、外海逐月入湖流量过程

（2）模型参数校验结果。将 2015 年中滩闸和草海水位站 1 月 1 日的水位作为滇池外海和草海的初始水位，再将湖面风场、入湖水量过程、湖面降雨蒸发量等资料输入水动力学模型，进行滇池全年的湖区流场数值模拟计算，并对典型风况下湖流流态、流速大小和湖泊水位变化特征进行分析验证。

总结滇池多年研究成果，结合滇池湖床、水深和湖面概况，水流模型参数值取为：

湖床糙率 $n=0.02\sim0.04$

湖面风应力系数 $p_a^2=1.63\times10^{-6}$

柯氏力系数 $f=6.1\times10^{-5}\,\mathrm{s}^{-1}$

时间步长 $\Delta t=20\mathrm{s}$。

6.1.1.3 滇池湖泊水动力模拟

将 2015 年不同月份风况资料组合相应月份的环湖吞吐流资料、降雨与蒸发及其环湖用水等，输入构建的滇池湖面三维风场模型和湖泊平面二维水动力学流模型进行湖泊水流模拟计算。结果表明，由于风流经滇池湖面时，西山遮挡对局部湖面风场影响较大（南风基本不受西山遮挡的影响），明显改变了湖面局部遮挡区域的风向和风速，进而改变湖流流态。但只要湖区风向大致稳定，滇池所形成的湖流流态就基本一致，这进一步说明滇池湖流流场以风生流为主，吞吐流对整体湖流的影响很小。模拟得到滇池现状年 1 月（WSW 风向）、6 月（SW 风向）、9 月（S 风向）三个代表性月份的湖流流场分别见图 6.1-7～图 6.1-9，无吞吐流的情况见图 6.1-10。

在主导风向西南风（SW）作用下，滇池外海形成一逆时针环流，同时在滇池南端东大河附近及湖西岸白鱼口处各形成一小的顺时针环流，全湖平均流速为 2.11cm/s，外海平均在 2.16cm/s。不同风场条件（西南风、西南偏西风、南风）下外海的环流形态及湖流结构均有一定差异，尤其 S 风向与 SW、WSW 两风向下的流态差异非常显著，且由于季节不同、风速差异，使得在不同月份及相应风场下的湖流流态存在一定差异性。

6.1.2 滇池湖泊水质时空变化特征模拟

滇池属典型的大型浅水湖泊，风是湖泊水流运动的主驱动力。在风生湖流作用下，湖泊水流结构复杂、湖流形态多变，同时受陆域污染物输入影响，湖区水质空间分布差异显著，故数值模拟技术是滇池湖泊水质模拟、水环境容量计算的重要技术手段。由于滇池水深较浅（正常高水位条件下平均水深约为 5.3m），湖区水质在水深方向混合比较均匀，故可采用平面二维水质模型计算滇池的水环境容量。

1. 滇池二维水质模型基本方程

水质模型采用水深平均的平面二维数学模型，模型基本方程为

$$\frac{\partial(hC)}{\partial t}+\frac{\partial(MC)}{\partial x}+\frac{\partial(NC)}{\partial y}=\frac{\partial}{\partial x}\left(E_xh\frac{\partial C}{\partial x}\right)+\frac{\partial}{\partial y}\left(E_yh\frac{\partial C}{\partial y}\right)+S+F(C) \qquad (6.1-4)$$

式中：h 为水深，m；C 分别为 TP、TN、COD_{Mn} 浓度，mg/L；M 为横向单宽流量，m^2/s；N 为纵向单宽流量，m^2/s；E_x 为横向扩散系数，m^2/s；E_y 为纵向扩散系数，m^2/s；S 为源（汇）项，$\mathrm{g}/(\mathrm{m}^2\cdot\mathrm{s})$；$F(C)$ 为生化反应项。

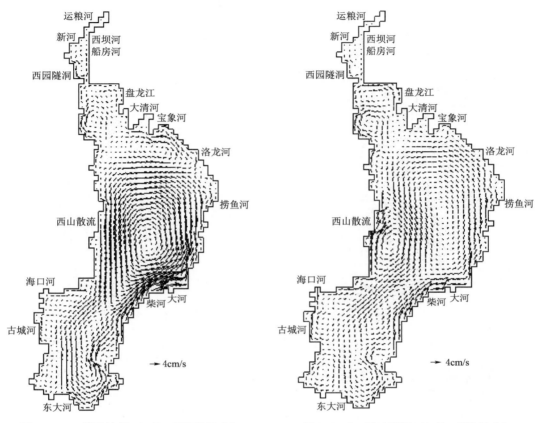

图 6.1-7　滇池流场（1月，WSW 风向）　　　图 6.1-8　滇池流场（6月，SW 风向）

　　水质模型中的生化反应项，反映了污染物质在水体中复杂的生化反应过程，影响因素很多。在滇池水质模拟过程中，根据滇池水污染特点并结合资料情况，选取有机污染指标 COD_{Mn} 及表征富营养化程度指标 TP、TN 作为研究对象，并对三个水质指标生化项处理如下。

　　有机污染指标 COD_{Mn} 在水体中的生化反应过程在考虑自净衰减过程的同时，也考虑底泥释放对上浮水体水质的影响。COD_{Mn} 在水体中的生化反应过程可简化为

$$F(C) = -K_C \cdot C \cdot h$$

式中：K_C 为 COD_{Mn} 自净衰减系数，是温度的函数。

$$K_C = K_{20} 1.047^{T-20}$$

式中：K_{20} 为温度在 20℃时的自净衰减系数。

　　TP、TN 在水体中的生化过程通常考虑底泥的释放及沉降、浮游植物的生长对磷和氮的吸收、死亡的浮游植物中所含磷和氮的返回等过程。在本次水质模拟过程中，浮游植物对 TP、TN 浓度的影响是通过调试底泥释放与污染物综合沉降过程来综合反映的。

$$F(TP) = S_P - P_k$$

式中：P_k 为磷沉降速率，$g/(m^2 \cdot d)$；S_P 为底泥释放磷速率，$g/(m^2 \cdot d)$。

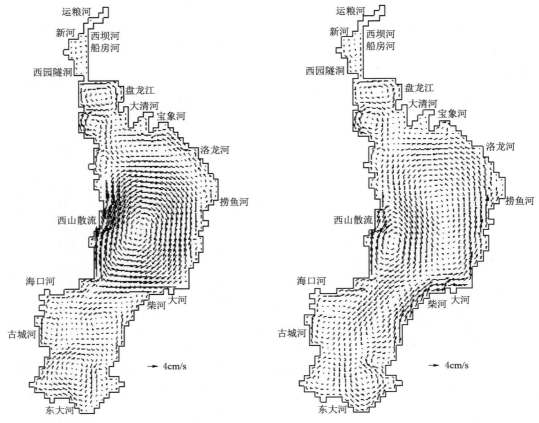

图 6.1-9　滇池流场（9 月，S 风向）　　　　图 6.1-10　滇池流场（SW，无吞吐流）

其中，水体磷沉降速率

$$P_k = K_{TP} \cdot C_{TP} \cdot H$$

式中：K_{TP} 为 TP 综合沉降系数，d^{-1}；C_{TP} 为水体 TP 浓度，mg/L；H 为水深，m。

$$F(TN) = S_N - N_k$$

式中：S_N 为底泥释放氮的速率，$g/(m^2 \cdot d)$；N_k 为氮沉降速率，$g/(m^2 \cdot d)$。

其中，水体氮沉降速率

$$N_k = K_{TN} \cdot C_{TN} \cdot H$$

式中：K_{TN} 为 TN 综合沉降系数，d^{-1}；C_{TN} 为水体 TN 浓度，mg/L；H 为水深，m。

方程中源汇项的概化，主要考虑环湖河道的进出水量所携带的污染物质量。水质基本方程的离散采用守恒方程的显格式，对流项采用迎风格式，扩散项采用中心差分，计算网格布置与水流相同，其中浓度计算点布置在水位点上。

2. 滇池水环境数学模型参数率定与模型验证

在大量研究工作的基础上，利用 2014 年和 2015 年滇池流域概化的入湖水量资料、环湖巡测水质资料以及湖区实测的水质浓度资料和相应的湖区水文气象资料，对滇池水环境数学模型进行参数率定与模型验证。

基于基准年滇池沉积物 TP、TN 和 TOC 的沉积量和释放规律，并结合现状年的湖泊水质变化过程，率定与验证得到的水质模型参数值见表 6.1－2。

表 6.1－2   滇池水质模型参数率定结果

参数名称	参数值	单位
纵向和横向扩散系数	4	m^2/s
COD_{Mn} 衰减系数	0.002	d^{-1}
底泥释放 COD_{Mn} 速率	0～100	$mg/(m^2 \cdot d)$
TP 综合沉降系数	0.003	d^{-1}
底泥释放 TP 速率	0～5	$mg/(m^2 \cdot d)$
TN 综合沉降系数	0.005	d^{-1}
底泥释放 TN 速率	0～20	$mg/(m^2 \cdot d)$

在模拟精度方面，尽管受模型输入边界条件资料精度限制（如入湖水量是通过水量平衡反推的，入湖河流水质及湖区水质监测频次为 1 次/月），湖区 10 个水质站点的模拟误差都基本控制在 20％以内（代表性站点年内水质模拟结果及湖区水质空间分布详见图 6.1－11～图 6.1－14），精度较高；同时数学模型在缺乏基础资料的前提下很难模拟偶然因素所带来的影响，诸如一次短历时降雨过程、突发污染事故等，而且水质资料受偶然因素影响显著，故在局部时段、局部区域往往模拟结果与实测资料偏差较大。

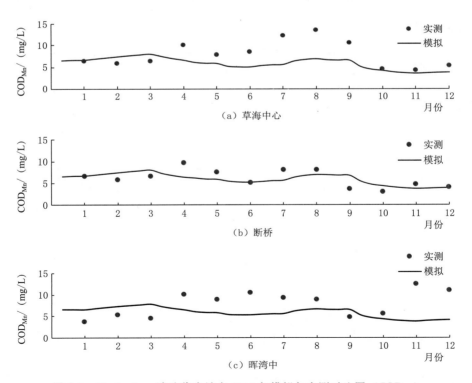

图 6.1－11（一）   滇池代表站点 2015 年模拟与实测对比图（COD_{Mn}）

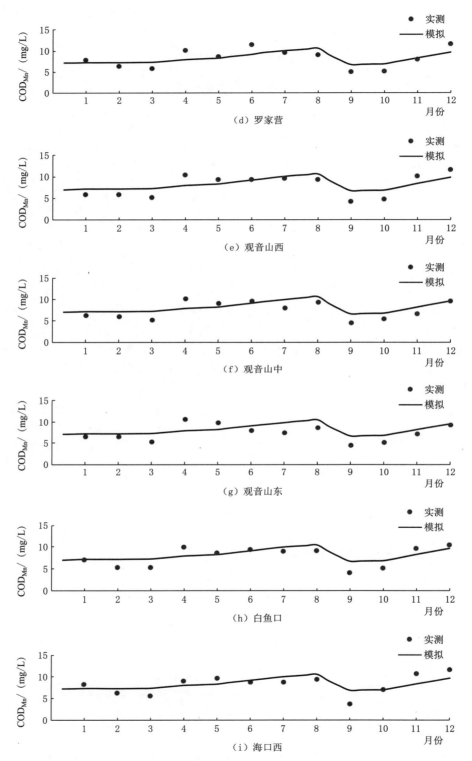

图 6.1-11（二）　滇池代表站点 2015 年模拟与实测对比图（COD$_{Mn}$）

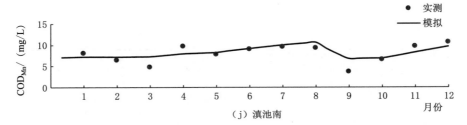

图 6.1-11（三）　滇池代表站点 2015 年模拟与实测对比图（COD_{Mn}）

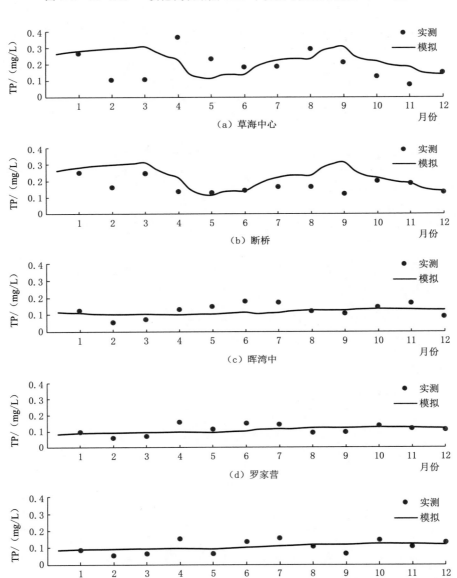

图 6.1-12（一）　滇池代表站点 2015 年模拟与实测对比图（TP）

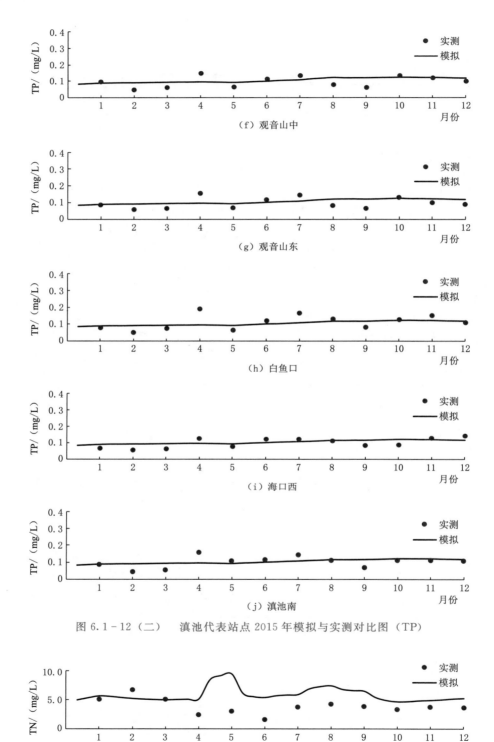

图 6.1-12（二） 滇池代表站点 2015 年模拟与实测对比图（TP）

图 6.1-13（一） 滇池代表站点 2015 年模拟与实测对比图（TN）

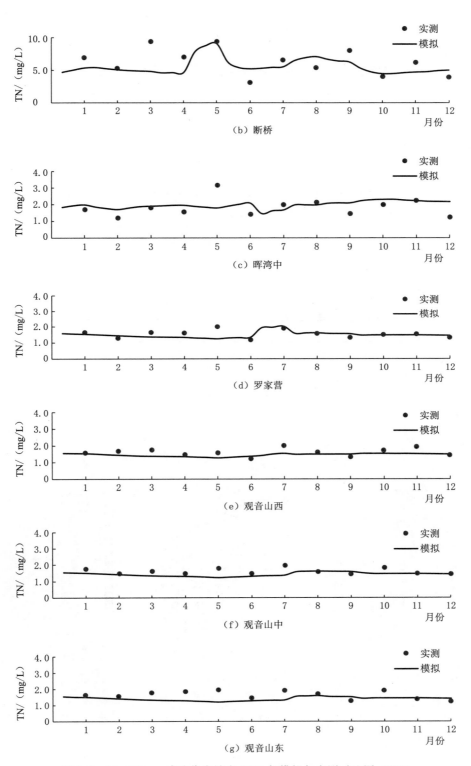

图 6.1－13（二） 滇池代表站点 2015 年模拟与实测对比图（TN）

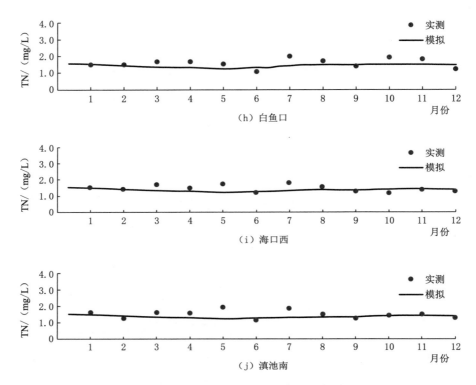

图 6.1-13（三）　滇池代表站点 2015 年模拟与实测对比图（TN）

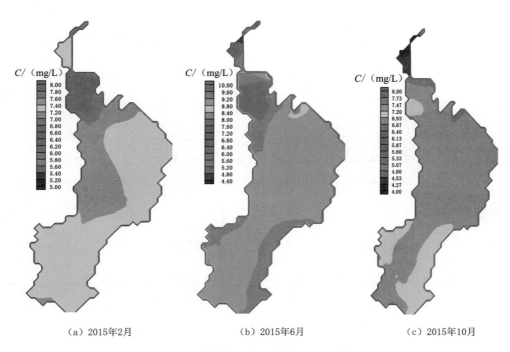

（a）2015年2月　　　　　　　（b）2015年6月　　　　　　　（c）2015年10月

图 6.1-14　2015 年滇池 COD_{Mn}浓度分布（彩图 6.1-14）

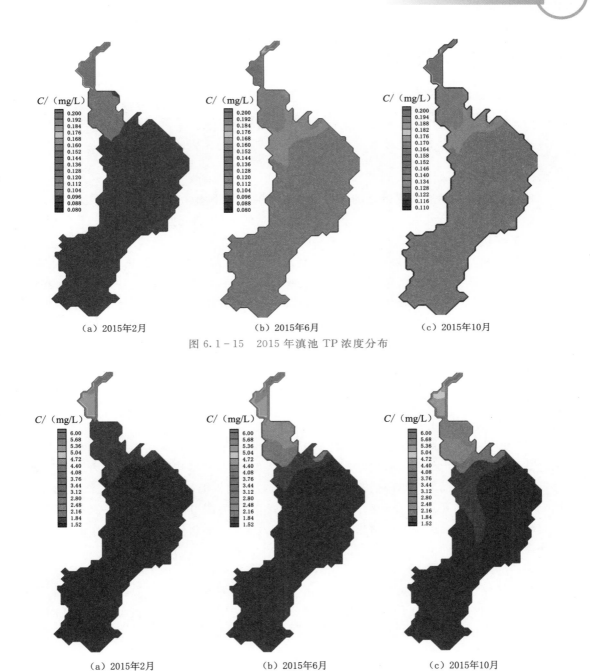

（a）2015年2月　　　　（b）2015年6月　　　　（c）2015年10月

图 6.1-15　2015 年滇池 TP 浓度分布

（a）2015年2月　　　　（b）2015年6月　　　　（c）2015年10月

图 6.1-16　2015 年外海 TN 浓度分布

　　从图 6.1-16 中的对比效果及湖区水质空间分布状况来看，利用滇池水环境模拟技术模拟计算结果与实测值拟合良好，表明建立的水动力与水质模型能够较好地模拟滇池主要污染物的变化过程，可以用于滇池水质变化的数值模拟计算及水质变化的趋势预测。所以，本次采用的滇池水流、水质模型均能够作为滇池水流、水质模拟及"滇池水环境容量"分析计算的技术工具。

6.2 滇池水动力特性分析

6.2.1 滇池湖泊水流特点

滇池属典型的大型浅水湖泊,具有浅水型湖泊的水流特点,如风生流、风涌水、大范围环流、入湖河流水流、湖滨沿岸带植物中的水流和小范围涡流等。

6.2.1.1 风生流

风是大型浅水湖泊水流运动的主驱动力,如果湖面风场在数小时乃至数天内保持不变,湖泊表层水体将顺风向沿湖岸流动,累积在湖的下风向岸边(见图 6.2-1)。引起湖水表面的剪切应力 τ 的计算公式为:$\tau = \rho_a C_{10} U_{10}^2$(N/m^2)。据观察,风阻系数($C_{10}$)为 $0.0005 \sim 0.002$,其取值取决于风速 U_{10}(高出水表面 10m 标准高度的风速值,m/s)和水面波浪状况。概括来讲,风越大,湖面波浪就越高,水面波浪起伏就越显著,C_{10} 就越大。

如图 6.2-1 所示,风驱动滇池表层水流向下风端流动,并造成比上风端稍高的浪高水平,左端水平面则稍微降低,这二者之间的位差约为数厘米。比水体横向移动更为重要的是湖内纵向运动。在下风端水表层 H_1 会变厚,而(较重的)下层水 H_2 会变薄,上风端与此相反。在大中型湖泊中需要数小时乃至数日的时间方能型态稳定。一般来说,夏季当上层水较轻、下层水较重时,形成稳定需时较短;冬季密度差($\rho_1 - \rho_2$)较小时需时较长。滇池外海夏季形成稳定期(密度差约为 0.3‰)需时约为 2.5d,冬季自然摆动期为数周,故湖泊内部的"分层"不再发展。

风势停歇或减弱后,湖水表面上的剪切应力 τ 相应减小,风驱动作用下的水流移位也随之减弱,并在重力作用(水位差)和水温因素(温度差)影响下底层水和表层水开始向相反方向流动,从而易在纵向引起两层流型,形成周期性的持续数日的等温线纵向位移。图 6.2-2(A)为 8 月德国米格尔湖(Müggelsee)风场作用下的简单两层流型,当湖面风速减弱或停止时,图中右岸的底层低温水受重力作用影响将向下运动,左岸的底层温水将受浮力作用影响向上层运动,左岸的热水层受水位差影响将向右岸运动,从而形成简单的两层流。图 6.2-2(B)为 2001 年 8 月风场作用下的瑞士哈尔维湖(Hallwil)三层流型,当风场停止后,受表层水存在的水位差和中下层同一水深存在的温度差异影响,图右底层水上升、左边底层水下降、右边表层水下降、左边中层水上升,从而形成复杂的三层流。滇池属大型宽浅湖泊,水深较浅(<5.5m),垂向温差较小,风生湖流流速小(1~3cm/s),故因湖面风场变化引起的水体纵向位移极小,可能会形成微弱的两层流,见图 6.2-2(A)。

6.2.1.2 风涌水

如图 6.2-1 所示,持续的单向风场将滇池表层水推向下风端,若刮风时间至少是湖水表面摆动期的 1/4,那么下风端湖泊水位将逐步升高,并形成相对稳定的风生湖流形态。若继续不断刮风,远远超过稳定形态的形成时间,则在下风端形成下沉,在上风端形成上涌,从而出现风涌水。

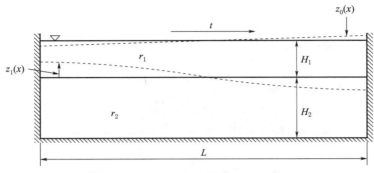

图 6.2 - 1　两层流型的狭长湖示意图

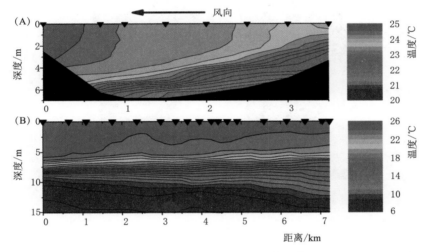

图 6.2 - 2　两种不同的湖泊的等温线图

图 6.2 - 3（Schladow 等，2004）描绘的是美国太浩湖（Lake Tahoe）发生的超常的大规模上涌和下沉。当时风速约为 10m/s，持续约 5d。这次大风过程导致太浩湖约一半的表层水顺风往东，纵向位移达 500m，使原来的两层流型梯度变得很小。这样的纵向水流交换对营养物和污染物在水平方向的分布影响较大。滇池湖流属典型的风生湖流形态，在持续的超强风场作用下外海也会出现较大强度的风涌水现象，并造成湖底沉积物的大量再悬浮并造成湖泊水质的二次污染。

6.2.1.3　大范围环流

"风生流"驱动可以造成长期的和大体积的水流横向移动，通常会形成环流，表层水流速度为 1~10cm/s。环流形成主要是由于科里奥利效应（对流水的压力）和湖表面风场的差异（非均匀风的压力）所致。由于地球自转，科里奥利效应使水流偏移，在北半球向右偏移，在南半球向左偏移。这种大面积环流的形成可因湖水密度分层而强化。科里奥利效应、非均匀的风和湖水密度差异是形成湖泊大体积长期的横向水流的关键性因素。

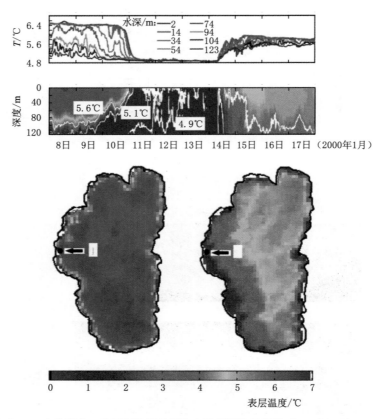

图 6.2 - 3　太浩湖在一次因刮风促成超常水涌的温度衍变图（2000 年 1 月 9—14 日）

根据观察并结合国内大型浅水湖泊的湖流流场研究结果，大中型湖泊的环流形态多为逆时针方向（北半球）。科里奥利效应驱使较轻的湖表层水沿岸边流动，并在那里涌积，这种水平方向上的密度分布有利于维持逆时针方向的循环水流（Schwab 等，1995）。针对滇池外海，滇池夏冬季密度差小，环流形态主要取决于湖区常年主导风向（SW）的压力。

6.2.1.4　入湖河水水流

河水入湖后的情况可分为 3 种：①若河水密度小于湖表层水密度，在湖表层流；②若湖水与河水密度相似，混合流；③若河水重于湖水，进入底层。滇池入湖河流来水（包括牛栏江）与湖水密度基本相当，河水入湖后很快混合，数百米以后就无法区分了。因此，入湖河流来水给滇池带来的即时稀释或污染效果只是局部的，在此之后，湖泊对河水的输送是由湖泊水流完成，这也由此揭示了滇池水质污染存在显著的区域性分布特征，以及牛栏江补水入湖后仅对入湖口的局部区域水质改善效果明显。

6.2.1.5　湖滨带植物中的水流

根据滇池外海环湖湿地建设布置规划，滇池外海沿岸将形成湖滨沿岸植被带，这些湿生植物将影响湖泊的流体动力，特别是影响临近湖岸的水流。湖滨植物对水流影响主要有两种：①在岸边，水流在植物中会明显减慢，可减少湍流和湖岸与开放水域的横向交流；②由于日间有阴影和夜间光遮盖，沿岸区域的水温不同于开放水域，导致植物区和开发水域之间存在密度差，进而造成了局部区域水流，并以日夜交流为周期。另外，将滇池环湖富含营养物的入湖河水引入沿岸湖滨植物区内对滇池水质作用影响将较为显著。

6.2.1.6　小范围的涡流

除了风生流，风对湖泊表层水流还有另一直接影响：涡流。在刮风造成对湖表的压力并引起风生流后，如果风势停歇，唯一影响水流的是科里奥利效应，造成水流向右转（北半球）并形成顺时针旋转（在南半球则为逆时针方向）。涡流（或补偿流），是即时水流流速（u）与惯性周期（即：傅科摆周期）的乘积，其旋转的圆周为 $2\pi R$。滇池外海位于北纬 24.8oN，惯性周期约为 28h。在水流流速为厘米/秒量级时，包括外海在内的大多数湖泊的惯性旋转圆周的半径约为数百米至 1km。

所有大中型湖泊（如外海）的湖水体积远大于惯性旋转圆周，均应注意地球自转效应。只有很小或狭窄的湖泊（其宽度≤R）时，地球自转影响才可以忽略。如果涡流是湖泊的主要水流时，水平方向的扩散系数为 $u \cdot R \approx$（0.02m/s）·（500m）＝$10m^2/s$，进而可估计外海水平分布的梯度，而且也可初略估算外海水平方向上均匀混合时间，其时间值＝湖面积/水平方向扩散系数＝11～12 月。这也意味着在滇池湖水滞留时间（3～4 年）内，湖水几乎在水平方向上可以完全混合。

6.2.2　滇池湖泊水动力特性分析

滇池湖泊面积 $309km^2$，南北长 40km，东西宽 12km，湖岸线全长约 130km，环湖主要入湖河流及沟渠多达三十余条，并呈向心状注入滇池。海口河为滇池外海的唯一天然出口，西园隧洞最初是为减轻昆明主城区的防洪压力经草海向下游排水而设计的出湖通道。但随着滇池水污染治理进程的不断深入和湖泊水生态修复与水环境保护需要，西园隧洞的功能逐步演变为防洪与污水处理厂尾水外排、外海北岸湖湾区表层富藻水外排相结合。

由于滇池流域区域内水资源匮乏，滇池弃水量小，湖水置换周期长，湖流缓慢，滇池已逐步演变成半封闭人工调节湖泊。据相关资料统计，滇池流域多年平均水资源量约为 5.5 亿 m^3，外加掌鸠河、清水海和牛栏江—滇池补水工程引水，滇池流域的水资源总量增加到 14.32 亿 m^3。目前滇池的换水周期约为 1.2a，考虑到滇池北岸环湖截污工程实施（每天约有 110 万 m^3 的废污水经北岸环湖截污干渠由西园隧洞排出）和牛栏江—滇池补水工程分流入草海后，外海的入湖水量将不到 10 亿 m^3，外海的水体置换周期为 1.5～2a，滇池外海的水动力条件未得到根本性改善，但草海的置换周期大幅度提升，约为 30d。

受滇池流域独特的地形地势特征影响，滇池湖面风场相对较为稳定，常年以西南风为主，年内主导风向均在较小的范围（西南偏西风和南风之间）内变化，且年际变化不大，因此受风驱动影响的滇池湖流形态和环流结构总体变化不大，均沿滇池东部沿岸形

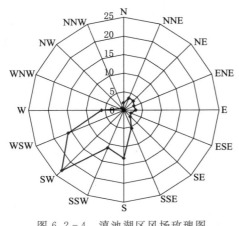

图 6.2-4 滇池湖区风场玫瑰图

成一个大型逆时针大环流，并以此为主导，带动一些小型的补偿型顺时针、逆时针小环流形成。

根据滇池湖面多年平均风场资料（见表 6.2-1、图 6.2-4、图 6.2-5）统计分析，滇池常年主导风向为西南风向（SW），出现频率为 50%，多年平均风速为 2.28m/s；次主导风向为西南偏西风向（WSW），出现频率为 25%，多年平均风速为 2.97m/s；南风向出现频率为 17%，多年平均风速为 1.65m/s。下面将以这三种主导风场到代表，分析并研究滇池风生湖流特征及其水动力学条件。

表 6.2-1 　　　　　　　　　　2014 年滇池月平均风速及最多风向表 　　　　　　　　单位：m/s

月份		1	2	3	4	5	6	7	8	9	10	11	12
2014 年	月均风速	2.55	3.25	3.07	2.84	2.86	2.24	1.80	1.75	1.91	1.90	2.34	2.32
	最多风向	SW	SW	SW	SW	SW	SW	WSW	S	SSW	SW	SW	SW
多年平均	月均风速	2.5	3.0	3.3	3.1	2.7	2.3	1.9	1.6	1.7	1.8	1.8	2.0
	最多风向	WSW	SW	WSW	WSW	SW	SW	SW	S	SSW	SW	SW	SW

6.2.2.1 主导风场（SW）下的湖流形态特征

根据滇池湖面多年平均风场资料统计，滇池流域每年夏季及冬季多盛行西南风。在西南风向作用下，滇池外海湖区沿东部沿岸形成一个大型的逆时针环流，在该大型逆时针环流带动作用下，分别在外海北部形成两个顺时针、逆时针补偿小环流，在西山南沿的白鱼口附近形成一小型顺时针补偿流，在海口河出口附近及东大河入湖口区域形成 2 个小型顺时针补偿环流，各环流形态见图 6.2-6。西南风下滇池外海全湖平均流速为 2.07cm/s。草海由于湖面面积相对较小，湖面风场吹程相对较短，风生湖流环流形态相对较弱，故草海湖区流速相对外海而言要小得多，湖区平均流速约为 0.60cm/s。

6.2.2.2 次主导风场（WSW）下的湖流形态特征

在西南偏西风向作用下，湖面风场较西南风向下受西山遮挡作用将更加显著，因而滇池外海湖区沿东部沿岸形成的逆时针大型环流向南偏移，同时在该大型逆时针环流带动作用下，分别在外海北部宝象河入湖口附近及其以北区域形成两个正反方向的顺时针、逆时针补偿小环流，且环流形态呈放大趋势，另外，在西山南沿的白鱼口附近形成一小型顺时针补偿流已消失，且在海口河出口附近及东大河入湖口区域形成两个小型顺时针补偿环流也被大幅度压缩，各环流形态祥见图 6.2-7。西南偏西风下滇池外海全湖平均流速约为 2.88cm/s，草海湖区平均流速约为 0.94cm/s。

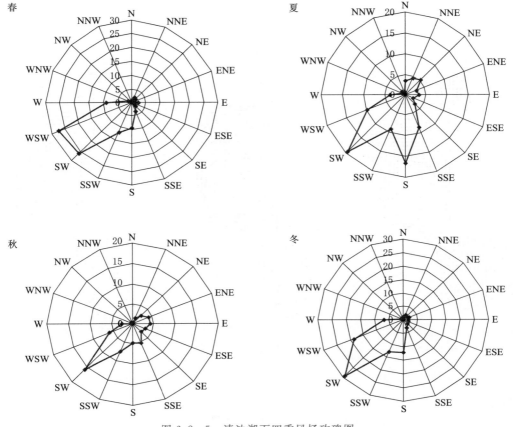

图 6.2－5 滇池湖面四季风场玫瑰图

　　相对于西南风而言，西南偏西风条件下，滇池西岸西山对湖面风场的遮挡作用就更为明显，故滇池外海逆时针大环流整体向南挪动，且外海北部湖区的顺时针补偿性环流比较发育，同时亦向湖中心区域推进。另外，在西南偏西风的驱动作用下，在滇池南部湖区形成了一个闭合的逆时针环流，同时海口河湖区的顺时针补偿性环流得到发育。

6.2.2.3　次主导风向（S）下的湖流形态特征

　　在南风向作用下，湖面风场基本不受西山遮挡影响，因而滇池外海湖区的环流形态将完全不同于西南风及西南偏西风下的湖流形态。南风作用下，在滇池外海中部形成一大型顺时针环流，而在该环流的带动作用下，分别在外海北部和南部形成相应的补偿环流结构，从而将滇池外海湖流自北向南分成 3 段，其中在外海南北两端均形成大小不等的 3 个补偿型环流形态，各环流形态祥见图 6.2－8。南风下滇池外海全湖平均流速约为 1.45cm/s，草海湖区平均流速约为 0.20cm/s。

　　滇池西岸对湖面风场的遮挡影响程度与湖区风向关系十分密切，风向越向西偏，则西山对湖面风场的遮挡效果就越明显；反之，风向逐渐向南偏移，则总体呈现南北走向的西山对湖面风场的遮挡影响将逐渐减弱，从而使得滇池外海湖区的湖流形态和空间分布也出现显著的变化。

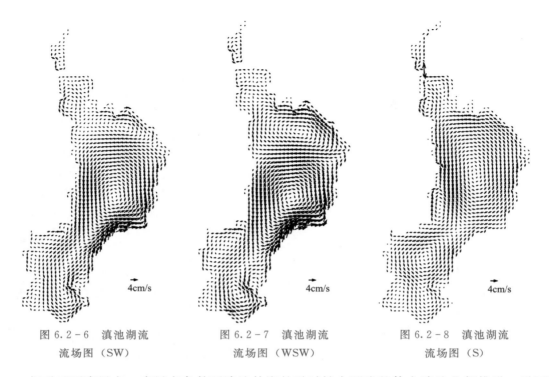

| 图 6.2-6 滇池湖流 流场图（SW） | 图 6.2-7 滇池湖流 流场图（WSW） | 图 6.2-8 滇池湖流 流场图（S） |

相对于西南风向，南风向条件下滇池外海的逆时针大环流整体向滇池北部推进，进而大幅度压缩了外海北岸滞留区的空间范围；同时随着外海逆时针大环流的整体北移，在滇池南部湖区亦形成了一个相对闭合的中型逆时针环流结构。

综合所述，风场是滇池湖流运动的主要驱动力，滇池湖区环流结构以逆时针环流形态为主导，并随之在不同的湖区或湖湾依次产生次生型补偿性顺时针小环流、逆时针小环流等。湖区的环流结构、形态大小及空间位置分布均随着湖面风场的变化而变化，总体表现为在滇池湖面风场自南向西逐步偏移过程中，外海的逆时针大环流呈现自北向南整体挪移的趋势。

6.3 牛栏江滇池补水多通道入湖可能性分析

6.3.1 牛栏江—滇池补水工程概况

牛栏江—滇池补水工程是一项水资源综合利用工程，近期重点向滇池补充恢复性生态环境水量，改善湖泊水环境质量，并在昆明发生供水危机时，提供城市生活及工业用水。牛栏江—滇池补水工程是滇池水污染综合治理必不可少的措施，是昆明市水资源保障体系的重要组成部分。作为云南省滇中引水的近期工程，牛栏江—滇池补水工程是云南省水资源优化配置的重大工程之一，在云南省水资源开发利用中具有十分重要的地位和作用。工程的顺利实施，对于高原明珠—滇池的水环境综合治理，提高滇池水资源与水环境承载能力，保障昆明市国民经济社会健康快速发展都具有十分重要的作用。同时，对于云南省其他水利工程建设具有良好的示范作用和借鉴意义，也是河湖连通工程的一个成功范例。

6.3.1.1 工程规模

在滇池流域水污染综合治理的基础上，牛栏江水源地设计引水水质应优于《地表水环境质量标准》（GB 3838—2002）中的Ⅲ类，盘龙江引水入湖—海口河排水出湖引排线路下，滇池外海北岸实施环湖截污工程措施条件下，滇池需生态环境补水量5.5亿～6.5亿 m³，可使2020年外海年均水质满足湖泊Ⅳ类水质目标要求。2020年以后随着流域水污染综合治理措施和河湖水生态修复措施的逐步完善、滇池流域河湖健康水循环体系的逐步建设，滇池所需的生态环境补水量减少为3.5亿～5.5亿 m³，2030年滇池外海年均水质可基本满足湖泊Ⅲ类水质目标要求。据此确定牛栏江—滇池补水工程的引水规模为6.0亿 m³，并初步确定牛栏江—滇池补水工程汛期设计引水流量为23m³/s，枯水季节设计引水流量为20m³/s。

6.3.1.2 工程总布设

通过多方案技术经济和综合分析比较，最终确定牛栏江—滇池补水工程方案为"德泽水库"方案。水源点为德泽水库，汛期最大引水流量23m³/s，枯季引水流量20m³/s，多年平均引水量6.25亿 m³；考虑输水损失系数为3%，则进入滇池的环境水量为6.06亿 m³，其中枯季水量为2.60亿 m³，汛期水量为3.46亿 m³，水量汛枯比为57∶43。引水量及引水过程基本满足2020年滇池水环境补水要求。

牛栏江—滇池补水工程由德泽水库水源枢纽工程、德泽干河提水泵站工程及德泽干河泵站至昆明（盘龙江，松华坝水库坝址下）的输水线路工程组成。由德泽干河提水泵站在德泽水库内提水、后经输水建筑物自流至盘龙江、再顺盘龙江自流进入滇池，工程总布置见图6.3-1。德泽水库枢纽工程坝址位于德泽大桥上游约4.2km处，由混凝土面板堆石坝、左岸溢洪道、右岸泄洪隧洞、左岸输水隧洞等组成。大坝为混凝土面板堆石坝，坝顶高程1796.3m，坝顶长380m，最大坝高142m。溢洪道堰顶高程1781.0m，设置13m×9m（宽×高）弧形闸门控制流量，全长635.5m；泄洪隧洞进口底板高程1730m，设6m×7m（宽×高）闸门控制流量，隧洞洞身段长659.4m，全长860.2m；输水隧洞进口底板高程1680m，隧洞洞身段长728.6m，全长833.5m。

德泽库内干河泵站站址位于库尾左岸支流——干河右岸，距德泽水库坝址18km，该处泥沙淤积高程为1740m，取水口进口底板高程与泥沙淤积高程齐平，输水洞直径4m，最小淹没深3m，取水的最小水位要求为1747m。泵站由进水隧洞、调压井、主洞室、工作竖井、主交通洞、通风洞、出水竖井、地面出水池、地面GIS楼、地面副厂房等组成。泵站取水口位于牛栏江左岸、干河河口下游约330m处，引水隧洞过大石缸梁子、何家脑壳后，下穿干河河床后到调压井，总长3382m，进口底板高程1740m，取水口设置一道孔口尺寸4m×4m事故检修闸门。引水隧洞后段设圆筒溢流式调压井，井筒直径17m，井高84m，调压井下游接泵站进水管。调压井与泵站进水主管处设4m×4m事故检修闸门。进水主管末端采用3条"y"形岔管分水后，通过4条进水支管引水进入泵站主泵房。泵站4条出水支管在主厂房后汇合为一条出水主管后采用竖井埋管的方式上穿至地面山坡高程1885m处，再以混凝土包管铺设方式上升到布置在坡面高程约1975m处的泵站出水池，出水池后接输水渠道箱涵。库内干河泵站主泵房为地下厂房，副厂房及降压开关站等布置于地面干河右岸山坡高程约 1880m 处。泵站进水口、地面厂区、地下泵房分别采用场内公路、主交通洞、工作竖井等连接。

输水线路布置在牛栏江左岸，总体走向 S223°W，主要由隧洞、渠道（箱涵及明渠）、倒虹吸、渡槽等组成。线路起点为德泽干河泵站出水池出口、干河隧洞进口，末端控制点为大五山隧洞出口（后接龙泉渠道进入盘龙江，入点高程 1903.0m），大五山隧洞出口位于昆明市松华坝水库下游 2.2km（直线距离）的盘龙江左岸，与龙泉渠道衔接，龙泉渠道在松华坝水库下游 3km 处（河道距离）汇入盘龙江；线路起始高程为 1972.960m（德泽干河泵站出水池出口与干河隧洞进口底板衔接处高程），末端控制高程 1912.0m（大五山隧洞出口与龙泉渠道起始断面衔接处底板高程）。输水线路总长 115.72km（含龙泉渠道），其中隧洞 9 条，总长 103.65km，占 89.57%（单洞长度最长的洞段为大五山隧洞，长 36.137km）；渠道 5 段，总长 9.76km，占 8.43%；倒虹吸 2 条，总长 1.22km，占 1.05%；渡槽 1 段，总长 1.09km，占 0.94%。

6.3.1.3　工程建设情况

牛栏江—滇池补水工程，施工工期安排为筹建期 6 个月（与施工准备期搭接 5 个月），施工准备期 9 个月，主体工程施工期 37 个月，工程完建期 2 个月，总工期 48 个月。作为滇池外流域引水工程的牛栏江—滇池补水工程试验场地工程于 2008 年年底开工建设。2011 年 7 月，国家发展和改革委员会以发改农经〔2010〕463 号文《国家发展改革委关于云南省牛栏江—滇池补水工程可行性研究的批复》对《牛栏江—滇池补水工程可行性研究》成果进行了批复。2011 年 8 月，水利部水利水电规划设计总院在昆明召开会议，对《牛栏江—滇池补水工程初步设计报告》进行了技术审查。牛栏江—滇池补水工程已于2013 年年底竣工通水，年补水量 5.72 亿 m³，截止到 2016 年年底，牛栏江已向滇池补水约 17 亿 m³，见图 6.3-1。

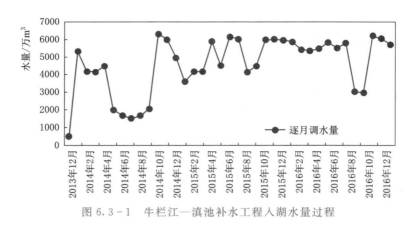

图 6.3-1　牛栏江—滇池补水工程入湖水量过程

6.3.2　牛栏江—滇池补水多通道入湖的工程可行性

6.3.2.1　牛栏江来水入湖通道现状调查

滇池流域共有 39 条入湖河道和排水沟渠，其中进入草海的有 7 条，除冷水河、牧羊河外，进入外海的 26 条。进入滇池的众多河道中，位于北部的有新老运粮河、西坝河、大观河、采莲河、金家河、正大河、盘龙江、老盘龙江、大清河、海河、六甲宝象河、小清河、五甲宝象河、虾坝河、姚安河、老宝象河、新宝象河、广普大沟等 18 条，其空间位置分布详见图 6.3-2。

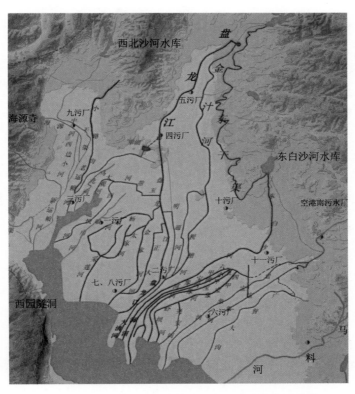

图 6.3-2　牛栏江—滇池补水工程入滇池输水通道图

　　牛栏江—滇池补水工程输水线路落点位于滇池北部的松华坝水库下游约 3km 处（河道距离）的盘龙江左岸，渠道末端高程为 1912.0m。按照云南省人民政府批复的《牛栏江—滇池补水工程入湖实施方案》（云政复〔2012〕37 号），盘龙江是当前牛栏江—滇池补水工程唯一的入湖清水通道。随着草海功能定位的转变和城市水景观建设需要，牛栏江来水的多口入湖需求日益迫切，但受牛栏江—滇池补水工程规模、地理条件和分流入湖河道生态环境用水需求等多因素限制，多口入湖通道的选择范围仍主要为滇池北部的河流。

　　根据《滇池流域城镇水系专项规划》，确定牛栏江远期河道补水通道及线路如下：

牛栏江引水—盘龙江干流—外海；

第三污水处理厂、盘龙江分水—翠湖—七亩沟—老运粮河—草海；

第三污水处理厂—乌龙河—草海；

第三污水处理厂、盘龙江分水—玉带河—篆塘河—大观河—草海；

第三污水处理厂、盘龙江分水—玉带河—西坝河—草海；

第一污水处理厂—船房河—草海；

盘龙江分水—官庄河—金太河—外海；

金太河分水—金家河—外海；

金太河分水—太家河—外海；

金太河分水—杨家河—采莲河—外海；

盘龙江分水—正大河—外海；

盘龙江分水—明通河—大清河—外海；

盘龙江分水—老盘龙江—外海；

牛栏江引水—金汁河—枧槽河—大清河—外海；

松华坝水库—东干渠—海河（东白沙河）—外海；

东干渠分水、宝象河水库—宝象河—外海；

宝象河分水—六甲宝象河—外海；

宝象河分水—小清河—外海；

宝象河分水—五甲宝象河—外海；

宝象河分水—老宝象河—外海；

老宝象河—姚安河—外海；

老宝象河—姚安河—虾坝河—外海；

宝象河分水—广普大沟—外海。

6.3.2.2 牛栏江来水入湖通道环境治理现状调查

1. 盘龙江

盘龙江北段（松华坝至北二环路）长 10.79km，2002 年世行北郊污水管网工程在两岸敷设 DN500～DN1800 截污干管 5.03km，2004 年实施盘龙江北段截污工程，沿江两岸敷设 DN800～DN2000 污水干管约 16.1km。盘龙江北段现状两侧已经全部敷设了截污管道。北段实施截污后，主要污染源已解决，经实地调查，北二环以上现有部分排水口有少量污染源接入。

盘龙江中段（北二环路至南二环）长 7.24km，北二环路至环城北路河段 1999 年和 2001 年结合盘龙江中段绿化已沿江同步敷设 DN600～DN1200 截污管 2.5km，接入第四污水处理厂进行处理。环城北路至南二环河段，沿江道路（江滨路、巡津街、南坝路、桃源街、临江里等）改造时同步实施了雨污水管道，现状盘龙江东侧有 DN1000～DN1800 截污管道。

盘龙江下段从南坝闸至洪家村河道为土堤，河岸高于农田 3～4m，现状两岸均无贯通的截污干管，大部分雨污水主要依托西岸的南三环、广福路、沿湖截污干管，东岸的大清河截污干管进行收集排放。

2. 老运粮河

昆沙路以北两侧均无截污管；昆沙路以南老运粮河西侧已实现全部截污，污水管径 DN500～DN1650（部分河段西侧地块污水管向西排放，因此该段截污管由西侧改道至河道东侧）。老运粮河东侧、昆沙路以南至人民西路无截污，人民西路以南已实现全线截污，但雨季仍存在合流水溢流的问题。

3. 西坝河

西坝河二环路以内尚未改造，目前为覆盖段，两侧尚未修建截污管，二环南路以南段河道已整治，并已实现全线截污，污水管管径 DN600～DN1000。

4. 大观河

二环路内近期维持合流制排水体制，大观河南侧新闻路上为 DN500～DN1000 污水管，北侧大观路为 DN500 污水管，虽然在南二环卢家营泵站对面已考虑建设大观河调蓄池，但是在雨季仍然存在合流水溢流河道的问题；大观河在二环路以外两侧均未设置污水管。

5. 采莲河

采莲河二环南路以南段河道已全部实施了分段截污，截污管管径 DN800～DN1200，二环路以内段目前是合流通道，虽然沿南二环拟建调蓄池一座，但是雨季合流水溢流河道的问题仍然存在。

6. 金家河

金家河及支流正大河已分段实现截污，截污管管径 DN500～DN1200，但其上游金太河尚未修建截污管道。

7. 正大河

正大河属金家河支流，起于日新西路，由北向南在环湖东路（第七、八污水处理厂）处汇入金家河。

日新西路—前旺路段，西侧未敷设截污管道，东侧截污管道起于日新西路，自北向南沿着金色家园小区北侧，敷设至前旺路，到达前旺路后，转向西，沿着前旺路接入金家河 DN1200 截污干管。该段南北向管道管径 DN500，管道长度约 0.73km；位于前旺路的东西向管道管径 DN1200，管道长度约 0.53km。

前旺路—佳湖新城小区段，西侧未敷设截污管道，东侧截污管道起于佳湖新城小区的东南角，由南向北接入敷设于前旺路的 DN1200 截污管道。该段管道管径 DN500，管道长度约 0.25km。

佳湖新城小区—广福路段，西侧截污管道起于佳湖新城小区东南角，由北向南收集大商汇等沿线的污水后，在广福路转向东，接入敷设于河道东侧的 DN1200 截污管道。该段管道管径 DN500～DN800，管道长度约 1.4km；东侧截污管道起于时代风华小区西南角，在佳湖新城小区至时代风华小区段未敷设截污管道，截污管道由北向南收集大商汇、广福路等沿线的污水后，向南接入河道下段东侧的 DN1200 截污管道。该段管道管径，该段管道管径 1.27km。

广福路—南绕城高速段，西侧截污管道起于小蔡家场村，自北向南分两段接入河道东侧的 DN1200 截污管。该段管道管径 DN600～DN700，管道长度约 1.32km；东侧截污管道起于广福路，承接上游 DN800 截污管道污水后，由北向南接入河道下段东侧的 DN1200 截污管道，该段管道管径 DN1200，管道长度约 1.95km。

南绕城高速—环湖东路段，西侧截污管道起于南绕城高速，自东北向西南接至环湖东路 DN2500 污水干管，后进入第七、八污水处理厂。该段管道管径 DN500，管道长度约 0.7km；东侧截污管道起于南绕城高速，承接上游 DN1200 截污管道污水后，由北向接入环湖东路 DN2500 污水干管，后进入第七、八污水处理厂。该段管道管径 DN1200，管道长度约 0.87km。

8. 海河

海河又名东白沙河，起于东白沙河水库，自北向南在福保村流入滇池。东北沙河水库-彩云北路段，双侧均未敷设截污管道。彩云北路-昆明机场段，西北侧截污管道起于彩云北路，自东北向西南分两段向东南方向接入东南侧 DN1200 截污管道，该段管道管径 DN300～DN800，管道长度约 1.91km；东南侧截污管道起于彩云北路，自东北向西南接入昌宏路 DN1200 污水干管，该段管道管径 DN1200，管道长度约 2.12km。

昆明机场—广福路段，西北侧未敷设截污管道，东南侧截污管道起于昆明机场东侧，自东北向西南接入广福路 DN1200 污水管道。该段管道管径 DN400～DN1000，管道长度约 2.25km。

广福路—六甲乡段，西北侧截污管道起于广福路，自东北向西南在六甲一小处向西北接入大清河 DN2500 截污管，最终进入第二污水处理厂，该段管道管径 DN600～DN800，管道长度约 2.35km；东南侧截污管道起于广福路，自东北向东南在六甲一小处向西北接入大清河 DN2500 截污管，最终进入第二污水处理厂，该段管道管径 DN800～DN1000，管道长度约 2.16km。

六甲乡—曹家桥村段，西北侧截污管道起于曹家桥村，自西南向东北在六甲一小处向西北接入大清河 DN2500 截污管，最终进入第二污水处理厂，该段管道管径 DN600～DN800，管道长度约 0.95km；东南侧截污管道起于曹家桥村，自西南向东北在六甲一小处向西北接入大清河 DN2500 截污管，最终进入第二污水处理厂，该段管道管径 DN800，管道长度约 0.96km。

曹家桥—环湖东路段，西北侧截污管道起于曹家桥村，自东北向西南截入环湖东路 DN1650 污水干管，该段管道管径 DN600，管道长度约 1.68km；东南侧截污管道起于曹家桥村，自东北向西南截入环湖东路 DN1650 污水干管，该段管道管径 DN800～DN1000，管道长度约 1.61km。

环湖东路—滇池段，双侧均未敷设截污管道。

9. 大清河

大清河上段为明通河，起于张家庙村，自北向南在福保文化城西侧流入滇池。

张家庙村—环湖东路段，东侧截污管道起于第二污水处理厂，自北向南收集沿线污水及转输第二污水处理厂污水至环湖东路北侧大清河泵站，该段管道管径 DN2500，管道长度约 3.97km；西侧截污管道分南北两段，北段起于第二污水处理厂，南段起于苏家地村，向中部收集沿线严家村、盘龙村的污水至第二污水处理厂汇入河道东侧的 DN2500 截污干管。苏家地村至环湖东路段未敷设截污管道。该段管道管径 DN600～DN1000，管道长度约 1.73km。

环湖东路—福保文化城段，西侧未敷设截污管道，东侧截污管道起于大清河泵站，自南向北收集福保文化城及沿线的污水至大清河泵站。该段管道管径 DN600，管道长度约 0.68km。

10. 六甲宝象河

六甲宝象河起于雨龙村，自北向南在福保村流入滇池。整段河道仅新二村附近采取挂管进行临时截污，其余河段双侧均未敷设截污管道。

11. 小清河

小清河起于雨龙村，自北向南在福保村流入滇池。小清河沿线双侧均未敷设截污管道。

12. 五甲宝象河

五甲宝象河起于云溪村片，自北向南流入滇池。五甲宝象河沿线双侧均未敷设截污管道。

13. 老盘龙江

老盘龙江起于洪家村大闸，自北向南在新河村流入滇池。现状河道沿线无截污管，沿岸雨污合流水直排河道。

14. 虾坝河

虾坝河经王家村、五甲塘，穿姚安公路后从夏之春海滨公园南侧汇入滇池。现状河道沿线无截污管，沿岸雨污合流水直排河道。

15. 姚安河

姚安河经王家村，在龙马村与李家村之间纳老宝象河支流后穿姚安村，在独家村入滇池。虾坝河上游现状河道沿线无截污管，沿岸雨污合流水直排河道；下游河道东侧沿珥季路西侧建有 DN800 污水管，管长 1110m，排至环湖截污干渠。

16. 老宝象河

老宝象河源自羊甫分洪闸，过大街村，穿昆洛公路、彩云路，过第六污水处理厂、龙马村、严家村后在宝丰村入滇池。老宝象河现状河道沿线无截污管，但由于老宝象河地势较高，河道周边地块污水排入两侧珥季路及官宝路现状污水管网中，对河道基本不产生污染，且老宝象河经过治理后，过村庄段已基本完成挂管截污，已基本无污水进入。

17. 新宝象河

现状新宝象河南侧已建成 DN1000 截污干管，最终汇入第六污水处理厂，新宝象河北侧沿官宝路铺设有 DN800～DN1600 污水干管，排入第六污水处理厂。新宝象河沿线通过治理，已基本无污水进入。

18. 广普大沟

广谱大沟上游，彩云北路以北段河道北侧已沿支 301 号路建有 DN500 污水管，管长 1458m，分段排至北侧主 11 号路污水干管，最终通过新宝象河 DN1000 污水干管进入第六污水处理厂。

彩云北路至广福路段，河道沿线无截污管，汇水范围内污水进入周边道路已建污水管（星耀路、彩云北路、广福路），对河道不造成污染。

广普大沟下游，现状河道沿线无截污管，沿岸雨污合流水直排河道。

6.3.2.3 牛栏江来水入湖河道水环境质量现状评价

根据昆明市环境监测中心提供的入湖河道水质监测资料统计，2015 年以上河道的水环境质量现状及评价结果见表 6.3-1。

表 6.3－1   牛栏江来水入湖通道河道水环境质量现状评价

序号	河道名称	水 质 浓 度			水质类别	变化情况
		COD	TP	TN		
1	盘龙江	14	0.11	3.59	Ⅲ类	污染程度显著减轻
2	老运粮河	16	0.20	17.85	Ⅲ类	污染程度显著减轻
3	西坝河*	64	1.56	18.14	劣Ⅴ类	污染程度基本不变
4	大观河	23	0.14	11.66	Ⅳ类	污染程度显著减轻
5	采莲河	38	0.71	10.93	劣Ⅴ类	污染程度基本不变
6	金家河	38	0.44	8.39	劣Ⅴ类	污染程度显著减轻
7	正大河*	63	1.06	12.03	劣Ⅴ类	污染程度基本不变
8	海河	64	1.51	23.04	劣Ⅴ类	污染程度基本不变
9	大清河	19	0.23	9.80	Ⅳ类	污染程度显著减轻
10	六甲宝象河**	83	1.85	25.23	劣Ⅴ类	污染程度基本不变
11	小清河	123	3.78	51.99	劣Ⅴ类	污染程度基本不变
12	五甲宝象河**	58	0.45	11.49	劣Ⅴ类	污染程度基本不变
13	老盘龙江**	55	0.42	6.86	劣Ⅴ类	污染程度基本不变
14	虾坝河	50	0.44	6.19	劣Ⅴ类	污染程度基本不变
15	姚安河*	21	0.10	1.99	Ⅳ类	污染程度显著减轻
16	老宝象河	15	0.17	5.32	Ⅲ类	污染程度显著减轻
17	新宝象河	15	0.14	6.93	Ⅲ类	污染程度显著减轻
18	广普大沟*	153	3.65	54.80	劣Ⅴ类	污染程度显著加重

*   2013 年统计数据。

**   2012 年统计数据。

　　由表 6.3－1 所示的滇池北岸入湖河道水质评价结果可知，近年来受滇池流域水污染综合治理措施的逐步落实和水质改善效果的逐步显现，滇池环湖入湖河道水质总体呈现明显改善趋势，入湖水质污染程度显著减轻。尤其是盘龙江，作为牛栏江—滇池补水工程入湖清水通道，是滇池众多入湖河道中水质相对最好的河流。因此，充分利用牛栏江的清洁来水，打造更多的清水入湖通道对持续改善滇池水环境质量、提升昆明城市水景观环境质量和建设水生态文明城市都是非常必要的。

6.3.2.4 牛栏江来水多通道入湖的实施条件分析

　　根据滇池北岸入湖河道综合治理和河道两侧污水截流治理情况，并结合入湖河道水质状况和滇池草海、外海水质持续性改善需求，对滇池北岸各河道打造成清水入湖通道的实施条件进行了简要比选，其结果见表 6.3－2。

表 6.3-2 滇池北岸各河道实现清水入湖的实施条件比选

序号	河道名称	河道综合整治情况	河道截污情况	现状水质	备　注
1	盘龙江	√	√	Ⅲ类	有污水进入处均已布设截污管
2	老运粮河	⊙	⊙	Ⅲ类	
3	西坝河	⊙	⊙	劣Ⅴ类	
4	大观河	√	√	Ⅳ类	
5	采莲河	⊙	⊙	劣Ⅴ类	
6	金家河	⊙	⊙	劣Ⅴ类	
7	正大河	√	√	劣Ⅴ类	有污水进入处均已布设截污管
8	海河	⊙	⊙	劣Ⅴ类	
9	大清河	√	⊙	Ⅳ类	
10	六甲宝象河	×	×	劣Ⅴ类	
11	小清河	×	×	劣Ⅴ类	
12	五甲宝象河	×	×	劣Ⅴ类	
13	老盘龙江	×	×	劣Ⅴ类	
14	虾坝河	×	×	劣Ⅴ类	
15	姚安河	⊙	⊙	Ⅳ类	
16	老宝象河	⊙	⊙	Ⅲ类	
17	新宝象河	√	√	Ⅲ类	有污水进入处均已布设截污管
18	广普大沟	×	⊠⊙	劣Ⅴ类	

√ 全线已进行综合整治或全线已进行截污。
× 全线未进行综合整治或全线未进行截污。
⊙ 部分河道已进行综合整治或部分河段已进行截污。

　　根据表 6.3-2 所示的比选条件，现阶段基本具备作为牛栏江—滇池补水工程多通道入湖主要的河道包括盘龙江、大观河、大清河、宝象河、马料河和洛龙河等。

6.3.3　牛栏江—滇池补水多通道入湖河流的环境水量需求

　　以滇池流域环湖入湖河流为研究对象，根据入湖河流的空间位置分布与功能定位需求，并充分考虑了高原河湖的自然环境特点和城市河流的景观需求，综合分析了河道基本生态需水量、城市河道景观需水量和水面蒸发损失补水等三个方面的内容，按照生态环境需水量计算的相关技术导则和规范要求，以筛选的 15 条主要入滇河道为重点，科学计算了滇池主要入湖河流的生态环境流量需求，其结果见表 6.3-3。

表 6.3-3 　　　　　　　　滇池环湖主要入湖河流生态环境需水量计算成果

河流编号	河流	汇入水体	是否为分流入湖通道	环境需水量/(万 m³/a)	平均流量/(m³/s)
1	新运粮河	草海	否	2198	0.7
2	老运粮河		否	3377	1.1
3	大观河		是	3722	1.2
4	西坝河		否	958	0.3
5	船房河		否	2994	0.9
6	盘龙江	外海	是	5603	2.7
7	大清河		是	2523	0.8
8	宝象河		是	6265	2.0
9	马料河		是	2425	0.8
10	洛龙河		是	3192	1.0
11	捞鱼河		否	3658	1.2
12	大河		否	5957	1.9
13	柴河		否	6502	2.1
14	古城河		否	2136	0.7
15	东大河		否	2057	0.7
合计				53567	18.1

　　根据表 6.4-3 所示的入湖河流生态环境需水量计算成果，在多口入湖通道可行的条件下，牛栏江雨季 23m³/s、旱季 20m³/s 的引水规模是可以满足滇池各主要河流 17.92m³/s 的生态环境用水量需求的。

6.3.4　牛栏江—滇池补水多通道入湖方案

　　滇池属典型的大型浅水型湖泊，风是滇池湖流运动的主要驱动力，滇池环湖河流的入湖与出湖水量对滇池整体湖流运动影响相对较小，从而形成以风生湖流为主、以局部吞吐流为辅的混合湖流形态。尽管由出入湖水量形成的吞吐流对湖泊整体湖流流态及流速影响都不大，但随着出入湖流量的增大，吞吐流影响将会逐渐显露出来，特别是对引水出入湖口局部水域的影响将会较为明显。

　　在相同的补水量及其入湖过程条件下，补水入湖方式的差异，一方面决定了清洁水量参与湖泊湖流结构的过程和程度，进而在大型环流形态的携带下影响牛栏江生态环境补水量对湖泊水质的影响范围和程度；另一方面，补水入湖方式和出湖方式共同影响着生态环境补水方式对局部湖湾水流的牵引作用，进而影响滇池整体及局部湖湾水质的改善效果。在滇池草海、外海分隔和外海北部湖湾区无排水通道的情况下，当入湖口与出湖口之间的湖流流程（生态补水水流在湖体内实际的运动轨迹流线长度）越长时，表明生态环境补水水流与湖体水量交换越充分，对湖体水动力条件改善效果就越佳，其生态环境补水方式的水质改善效果就越好，反之，其生态补水效果就相对较差。根据该原理，在 2012 年云南省人民政府以云政复〔2012〕37 号批复的《牛栏江—滇池补水工程入湖实施方案》中，同意近期以盘龙江作为牛栏江来水的清水入湖通道、海口河作为滇池外海的排水通道。结合 2010 年中国水利水电科学研究院完成的《牛栏江—滇池补水工程补水效果研究》[❶] 和 2012 年完成的《牛栏江—滇池补水工程入湖实施方案之滇池水质水动力影响专题》[❷] 成果，为了最大限度地发挥牛栏江—滇池补水工程的生态环境效益，最大范围地改善城区河道景观，应加强外海和草海间的水力联系，实现海口河与西园隧洞出流的联合调度运行，并尽快实施牛栏江—滇池补水工程多清水通道入湖方案。

为解决滇池外海北部湖湾区表层富藻水的外排问题，2016 年 8 月在靠近海埂节制闸西侧的小树林实施并完成了外海北岸排水工程，设计排水规模为 $8.56m^3/s$，外海北部湖湾区表层富藻水可通过北岸排水工程排入西园隧洞，进而排向下游的沙河。外海北岸排水工程为外海海口河出流与草海西园隧洞排水的联合调度运行创造了条件，为外海北部湖湾区水质改善与水景观提升提供了宝贵机会，也为牛栏江—滇池补水工程多口入湖方案实施与牛栏江补水效益的最大化提供了现实可能。

牛栏江—滇池补水工程多口入湖通道选择，本着先易后难的原则，从技术、经济、环境效益、景观效益、社会效益、实施难度等综合对比分析，并结合云南省和昆明市对草海功能定位转变的需要，本次研究中，多口入湖通道初步选定为盘龙江、大观河、大清河、宝象河、马料河和洛龙河，出流方式采用海口河与西园隧洞联合运行方式，即在满足草海流域来水出流和滇池环湖截污工程尾水外排的基础上，优先保障外海北岸排水工程的排水需求。

6.4 牛栏江滇池补水多通道入湖影响研究

以 2015 年滇池环湖各主要河流出入湖水量水质为背景，综合考虑拟定的多口入湖通道的生态环境水量需求和滇池外海北岸排水工程运行情况，拟定牛栏江—滇池补水工程多口入湖的多情景方案，分析预测各设计情景下滇池水质改善效果及其湖泊水质空间分布格局变化，以便为牛栏江—滇池补水工程多口入湖方案设计提供科学依据。

6.4.1 牛栏江滇池补水多通道入湖方案设计

6.4.1.1 牛栏江补水对滇池水质改善效果成因分析

滇池湖区水质状况主要取决于陆域污染负荷入湖量多少及空间分布特征、出入湖水量大小及排放方式、湖泊内源污染情况、湖区水动力特性、入湖污染物滞湖时间及滞留量大小等因素。大量研究成果表明，引排水线路尽管对滇池整体湖流形态和流速大小影响甚微，但对引排水口附近湖区的流速、湖湾滞留区的水力交换均会产生一定程度的影响，这些水动力学特性的变化是如何传递到湖泊水质及湖泊水质如何响应引排水线路变化带来的

[❶] 中国水利水电科学研究院，牛栏江—滇池补水工程补水效果研究，2010 年 9 月。
[❷] 中国水利水电科学研究院，牛栏江—滇池补水工程入湖实施方案之滇池水质水动力影响专题，2012 年 8 月。

影响，这是本节主要探讨的问题。

牛栏江补水方式对滇池湖区水质影响成因主要体现在以下两个方面。

1. 牛栏江补水入湖方式

在相同的补水量及其入湖过程条件下，补水入湖方式的差异，一方面决定了清洁水量参与湖泊湖流结构的过程与程度，进而在大型环流的携带下影响牛栏江生态补水量对湖泊水质的影响范围和程度；另一方面，补水入湖方式和出湖方式共同影响着生态环境补水方式对湖泊水质的改善效果。一般而言，当入湖口所在湖区的水质越好、出湖口所在湖区的水质越差时，其生态环境补水对湖区带来的水质改善效果就越好，反之，其生态补水效果就相对略差。

在牛栏江—滇池补水工程盘龙江清水入湖通道的基础上，考虑到草海水质改善和昆明市水生态文明建设对多清水通道的客观需求，拟将牛栏江滇池补水的单一清水通道扩展为多清水通道，包括盘龙江、大观河、大清河、宝象河、马料河、洛龙河等，让滇池外海东北岸湖区更大水域的水质得到明显改善，并避免外海北岸排水工程影响到牛栏江滇池补水环境效益的充分发挥。

2. 牛栏江补水排水方式

排水方式包括排水口位置、排水量大小及其过程分布 3 方面内容。一般而言，当排水口位置处的水质越差、排水流量越大时，排水方式变化所带来的水质改善效果和湖泊内污染物沉积量减少效果就越好；反之，当排水口位置处的水质与现状排水口处的水质相差不大时，排水方式变化就无法携带更多的污染负荷量出湖，致使无法达到预期的水质改善效果，故排水口位置的合理选择和维持较大规模的排水量是保障排水方式改变获得预期治理效果的重要因素。

滇池属典型的人工调控湖泊，海口河是外海的唯一天然出口，西园隧洞是草海的出湖通道，并成为滇池北岸环湖截污工程污水处理厂尾水外排和外海北岸排水工程的通道。在滇池外海北岸排水工程未建设之前，外海和草海的排水方式几乎没有调控的空间，因此牛栏江来水从外海北岸的盘龙江入湖、从唯一的天然出口海口河（位于外海的西南部）排出是合理的选择；当外海北岸排水工程建成运行后，外海北部湖湾区污染相对较重的水体尽快从北岸排水工程排出并借道西园隧洞排到滇池下游，成为近期滇池局部水环境治理和湖泊优化调度的首选，也为牛栏江—滇池补水工程多清水通道入湖提供了条件。

排水流量过程亦是影响滇池湖泊水质改善效果的重要因素，因为滇池水质年内波动较大，在保障滇池年内水资源量总体平衡和保持排水河道下游生态环境用水安全的前提条件下，水质差的月份尽量多排水，水质较好的月份适当少排，从而可起到较好的水质改善效果。

6.4.1.2　牛栏江滇池补水多通道入湖方案设计

1. 牛栏江滇池补水过程及其多通道入湖水量分配

2015 年由牛栏江德泽水库经盘龙江向滇池补水 6.26 亿 m^3，其年内补水过程见图 6.4-1。根据多口入湖通道（盘龙江、大观河、大清河、宝象河、马料河、洛龙河）的生态环境用水量要求，并重点考虑盘龙江河道城市景观和大观河补水对草海水质改善需求，对牛栏江—滇池补水工程入湖水量作如下分配，其结果详见表 6.4-1。当盘龙江入湖水量小于 20m³/s 时，对多通道入湖水量分配方案进行等比例削减，但一般应不少于其最小的生态环境流量需求。

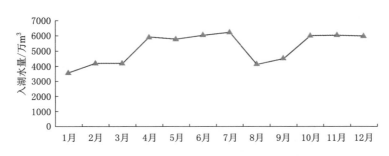

图 6.4-1　2015 年牛栏江—滇池补水工程入湖水量过程线

表 6.4-1　　　　　　　　　　牛栏江滇池补水多通道入湖方案设计

清水通道名称	汇入水体	环境需水量/(m³/s)	牛栏江补水量分配/(m³/s)	
			单通道	多通道
大观河	草海	1.2	—	5.0
盘龙江	外海	2.7	20.0	6.0
大清河		0.8	—	2.0
宝象河		2.0	—	3.0
马料河		0.8	—	2.0
洛龙河		1.0	—	2.0
合计		8.5	20.0	20.0

牛栏江滇池补水多通道分流水质直接采用 2015 年牛栏江输水隧洞出口的实测水质资料。2015 年牛栏江—滇池补水工程来水水质（输水隧洞出口断面）状况分别为高锰酸盐指数 1.69mg/L、化学需氧量 12mg/L、氨氮 0.12mg/L、总磷 0.05mg/L、总氮 2.09mg/L，其年内水质变化过程详见图 6.4-2。

2. 滇池草海、外海入湖水质边界条件

2015 年进入草海的 6 条河流（包括入湖沟渠）的年均污染物浓度分别为：化学需氧量 20mg/L、氨氮 1.63mg/L、高锰酸盐指数 5.09mg/L、总磷 0.22mg/L、总氮 11.68mg/L；进入外海的主要河流的年均污染物浓度分别为化学需氧量 22mg/L、氨氮 1.52mg/L、高锰酸盐指数 4.12mg/L、总磷 0.24mg/L、总氮 4.88mg/L。滇池草海、外海年均入湖水质过程与牛栏江来水水质变化过程比较详见图 6.4-3。

3. 海口河与西园隧洞出流方案

在现状年外海北岸排水工程未建成之前，草海和外海几乎无水力交换，海口河作为外海的唯一出口承担着外海排水和防洪任务，西园隧洞负责草海水外排和滇池北岸尾水外排任务，海口河出流和西园隧洞排水无直接关系。当外海北岸排水工程在 2016 年 8 月建成运行后，外海北部湖湾区表层富藻水可由该工程排出并经由西园隧洞排向滇池下游的沙河，从而可实现海口河与西园隧洞间联合调度运行，以达到最佳的水质改善与水生态修复效果。

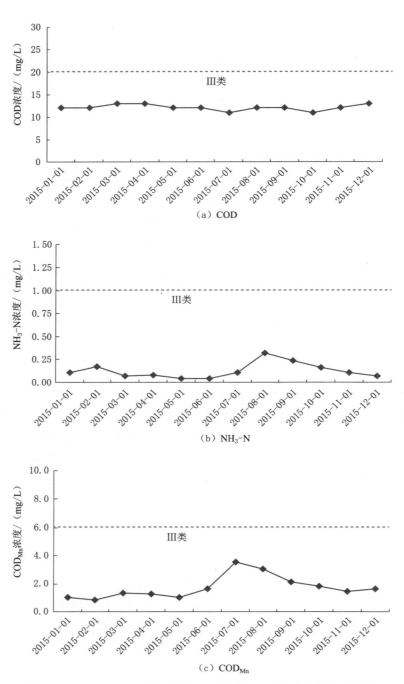

图 6.4 - 2（一）　2015 年牛栏江—滇池补水工程来水水质变化过程

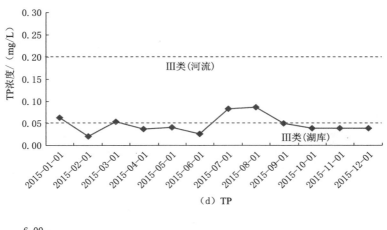

（d）TP

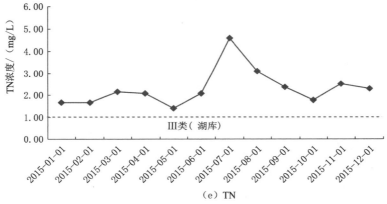

（e）TN

图 6.4-2（二）　2015 年牛栏江—滇池补水工程来水水质变化过程

4. 牛栏江滇池补水多通道入湖方案

结合现状年（2015 年）牛栏江—滇池补水工程入湖过程及滇池草海、外海的出流过程，并考虑滇池外海北岸排水工程运行后海口河与西园隧洞出流联合调度运行的可行性，设计表 6.4-2 所示的多通道入湖情景方案，以分析牛栏江滇池补水多通道入湖对滇池草海、外海水质的影响，并为牛栏江滇池补水多通道入湖方案论证与设计提供科学依据。

表 6.4-2　　　　　　　　　　牛栏江滇池补水多通道入湖方案情景设计

编号	基准年	牛栏江入湖通道	外海北岸排水工程	草海、外海出流方式	备　注
方案 1	2015	单通道（盘龙江）	未运行	单独运行	
方案 2	2015	多通道（6 条）	未运行	单独运行	
方案 3	2015	多通道（6 条）	运行	联合运行	在满足海口河下游生态环境用水条件下，外海北岸排水优先

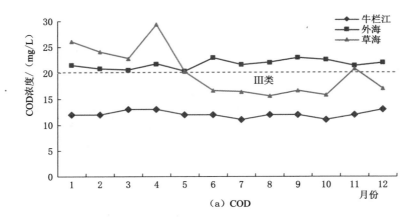

（a）COD

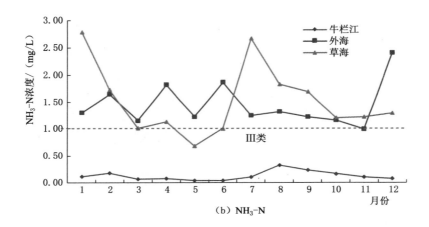

（b）NH₃-N

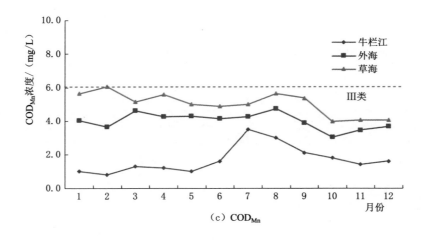

（c）CODMn

图 6.4-3（一）　2015 年牛栏江来水与滇池来水过程水质对比

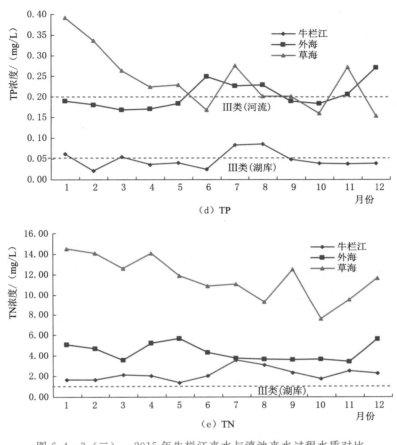

图 6.4-3（二）　2015 年牛栏江来水与滇池来水过程水质对比

6.4.2　多通道补水对入湖河道水动力与水质影响

6.4.2.1　牛栏江多通道补水对入湖河道水动力条件影响

　　2015 年牛栏江滇池补水条件下，在重点保障盘龙江河道景观用水和大观河向草海补水的条件下，各补水通道的入湖流量均有较大程度地增加（盘龙江除外），年均入湖流量增幅均超过 50％以上，马料河、大观河等规模较小河道的流量增幅超过 400％以上，这既保障了入湖河道的生态环境用水需求，又增加了河道的水流速度与河道水深，极大地改善了昆明市主城区各主要河道的景观环境并适宜于营造河道水生态环境。各补水通道补水前后的流量变化及其年内过程详见表 6.4-3、图 6.4-4。

表 6.4-3　　　　　　　牛栏江多通道对入湖通道流量变化影响分析

入湖通道名称	单通道	多通道	流量变化率/％
盘龙江	18.71	7.38	60.6
大观河	0.92	4.67	407.6

续表

入湖通道名称	单通道	多通道	流量变化率/%
大清河	2.97	4.56	53.2
宝象河	4.74	7.40	56.3
马料河	0.31	1.97	543.6
洛龙河	0.99	2.66	168.1

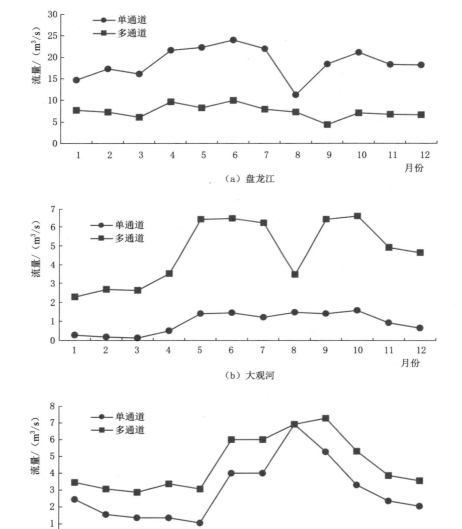

图 6.4-4（一）　2015 年牛栏江多通道对入湖通道流量过程影响分析

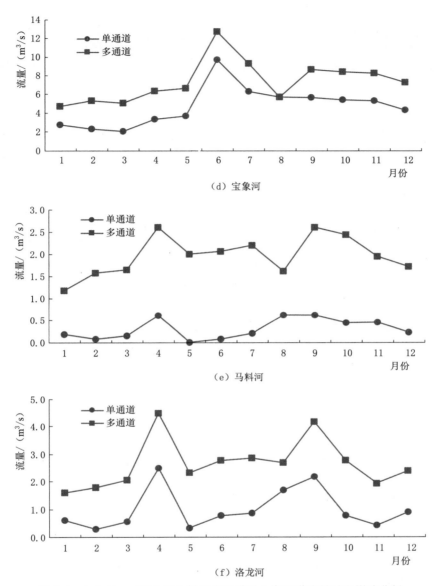

图 6.4-4（二） 2015 年牛栏江多通道对入湖通道流量过程影响分析

6.4.2.2 牛栏江多通道补水对入湖河道水质影响分析

牛栏江德泽水库水质总体较好，化学需氧量、高锰酸盐指数、总磷和氨氮等指标均可达到《地表水环境质量标准》（GB 3838—2002）中的Ⅱ类，总氮指标浓度除主汛期（7—8月）超过 3.0mg/L 以外，其余月份水质浓度基本可控制在 2.0mg/L 以内。牛栏江来水多通道补水后，除原有的单通道——盘龙江因牛栏江清水减少而水质呈现明显的恶化（幅度为 65%～85%）外，其余各分流入湖河道水质均呈现显著的水质改善趋势，改善幅度为25%～68%。洛龙河因本身水质较好，故牛栏江来水补给后，总氮和总磷指标略有变差，详细结果见表 6.4-4 及图 6.4-5～图 6.4-10。

表 6.4－4　　　　　　　　牛栏江多通道对入湖通道水质变化影响分析

入湖通道	单 通 道			多 通 道			水质改善效果%		
名称	COD$_{Mn}$	TP	TN	COD$_{Mn}$	TP	TN	COD$_{Mn}$	TP	TN
盘龙江	3.22	0.086	3.23	5.83	0.160	5.30	−81.2	−86.5	−64.0
大观河	6.09	0.098	12.43	2.44	0.055	3.99	59.9	44.3	67.9
大清河	4.28	0.129	8.65	3.18	0.094	6.00	25.7	27.2	30.6
宝象河	3.72	0.158	6.24	2.70	0.116	4.36	27.5	26.5	30.0
马料河	5.48	0.231	5.95	2.20	0.078	2.88	59.8	66.1	51.7
洛龙河	2.32	0.044	1.94	1.96	0.049	2.19	15.3	−9.9	−13.0

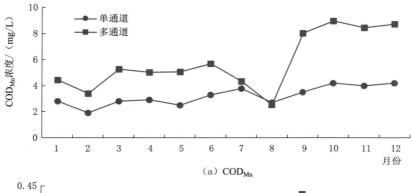

（a）COD$_{Mn}$

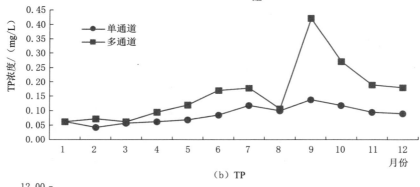

（b）TP

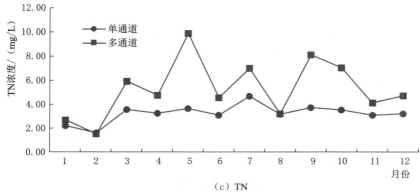

（c）TN

图 6.4－5　牛栏江来水不同补水方式下补水通道水质变化过程（盘龙江）

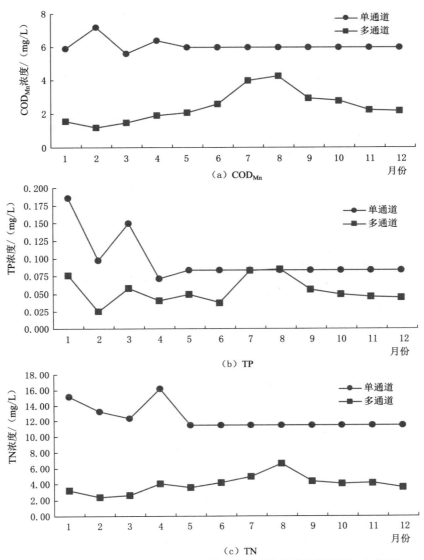

图 6.4-6　牛栏江来水不同补水方式下补水通道水质变化过程（大观河）

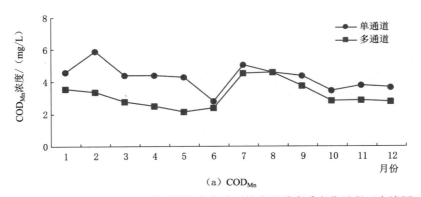

（a）COD_Mn

图 6.4-7（一）　牛栏江来水不同补水方式下补水通道水质变化过程（大清河）

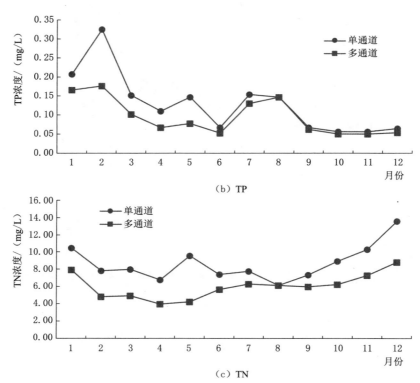

（b）TP

（c）TN

图 6.4-7（二） 牛栏江来水不同补水方式下补水通道水质变化过程（大清河）

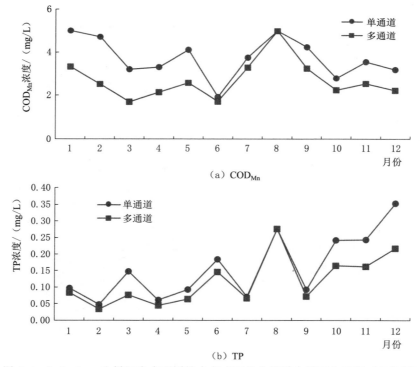

（a）COD$_{Mn}$

（b）TP

图 6.4-8（一） 牛栏江来水不同补水方式下补水通道水质变化过程（宝象河）

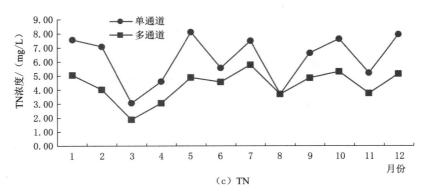

（c）TN

图 6.4 - 8（二）　牛栏江来水不同补水方式下补水通道水质变化过程（宝象河）

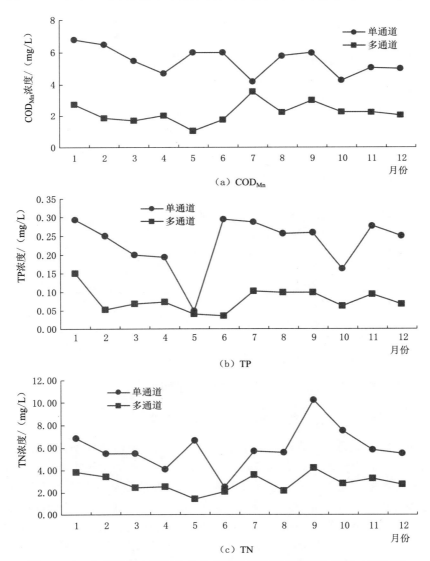

（a）COD_{Mn}

（b）TP

（c）TN

图 6.4 - 9　牛栏江来水不同补水方式下补水通道水质变化过程（马料河）

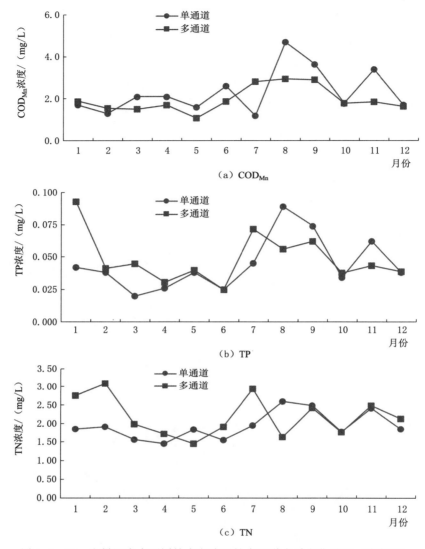

图 6.4－10　牛栏江来水不同补水方式下补水通道水质变化过程（洛龙河）

6.4.3　多通道补水对滇池水动力与水质影响预测

6.4.3.1　牛栏江补水多通道入湖对湖泊水动力条件影响

　　滇池湖流以风生流为主、吞吐流为辅，尽管吞吐流对湖泊整体湖流流态及流速影响都不大，但随着出入湖水量增大，吞吐流对出入湖口局部水域的湖流影响将会较为明显。引排水对湖流特性影响，主要表现在引排水口局部流态的改变和局部水域湖流流速的增加，引水入湖方式变化将因入湖口位置不同，从而使得引水入湖后参与的湖泊环流结构有所差异，从而影响入湖水量与湖水的掺混强度和快慢，进而影响引水改善滇池水环境效果。湖流流速在很大程度上反映了滇池的换水快慢和水流紊动强度，是一个非常重要而又可以十分综合地反映水动力特性的指标。因此，通过分析对比不同补水和排水方式下滇池湖泊换水周期及湖流流速变化，可以了解引排水方式变化对滇池整体或局部水动力特性的影响。

1. 引排水对湖泊换水周期的影响

滇池水体的置换时间可从宏观上反映滇池水体的置换、更新状况。湖泊换水周期主要取决于滇池湖体的水量及年径流吞吐量。以 2015 年为例，滇池 2015 年年均水位（1887.42m）下的容积约为 15.35 亿 m^3，2015 年滇池环湖入湖水量约为 12.20 亿 m^3 [含牛栏江滇池补水量 6.26 亿 m^3，其中进入草海水量为 1.33 亿 m^3（玉带河不分流），进入外海水量为 10.83 亿 m^3]，则 2015 年滇池水体的换水周期约为 1.26 年 [其中草海换水周期为 55d，外海换水周期为 510d（1.40a）]。

当牛栏江—滇池补水工程多通道入湖方案实施后，牛栏江来水经玉带河-大观河分流入草海，将大幅度缩短滇池草海湖泊的换水周期，使草海换水周期由引水前的 55d 缩短为 30d 以内；而滇池外海的换水周期将适当拉长，达到 560d（1.53a）。故牛栏江滇池补水多通道入湖方案实施后，草海换水周期的缩短将有利于提高草海水体交换性能和草海的水质改善，外海水体交换性能的降低将对外海水质改善带来一定的不利影响。

2. 引排水方式变化对滇池草海、外海流速及流场的影响

在 2015 年牛栏江来水入湖条件下，分析现状年牛栏江来水不同补水入湖方式和排水条件对滇池草海、外海湖区流速及流场的影响。下面仅以现状年的 6 月（主导风向为西南风）滇池湖流流场进行分析。表 6.4-5 所示的盘龙江单通道补水、盘龙江等 6 条通道补水、盘龙江等 6 条通道补水＋海口河与西园隧洞联合调度三种引排水线路的滇池湖区流速统计结果。其结果显示引排水线路变化对外海及滇池的平均流速几乎没有影响，对通道入湖口局部水域的流速影响也很小，但因草海水体相对很小（湖容仅为 2000 多万 m^3，仅占滇池湖容的 1.28%），大观河分流 $3 \sim 5 m^3/s$ 对草海湖体流动条件改善较为明显，湖区流速增加约 15.5%。

表 6.4-5   **牛栏江补水引排水线路变化对湖区流速影响**   单位：cm/s

引 排 水 线 路	草海	外海	全湖
盘龙江单通道补水＋海口河、西园隧洞单独运行	0.84	2.65	2.59
盘龙江等 6 条通道补水＋海口河、西园隧洞单独运行	0.97	2.64	2.59
盘龙江等 6 条通道补水＋海口河、西园隧洞联合运行	0.97	2.64	2.59

尽管牛栏江补水多通道入湖和草海、外海排水联合调度对外海和滇池湖流形态和流速大小都没有多大影响，但引排水线路变化将增强引排水口区域水体的扰动能力，且这种影响会随着引排水量的增加而得到加强。为了更加形象直观地反映不同引排水线路引起的全湖流动形态变化和影响范围，图 6.4-11、图 6.4-12、图 6.4-13 分别给出了现状年 6 月盘龙江单通道补水＋海口河、西园隧洞单独运行与盘龙江等 6 条通道补水＋海口河、西园隧洞联合运行下滇池湖区流场及其滤波图。所谓滤波，就是在相同条件下，引水后形成的流场减去无引水的流场（主要是反映引排水线路及水量变化对湖流流态的贡献），计算公式为

$$滤波 = 流场(引水 + 径流 + 风生场) - 流场(径流 + 风生场)$$

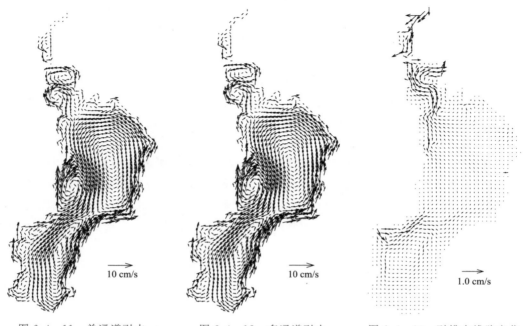

图 6.4 - 11　单通道引水
条件下滇池流场图（SW）　　　　图 6.4 - 12　多通道引水
条件下滇池流场图（SW）　　　　图 6.4 - 13　引排水线路变化
条件下滇池流场滤波图（SW）

在相同条件下，从滇池草海、外海不同入湖口入湖再经海口河、西园隧洞排出时，由于引排水流程不同，引水对滇池湖体及局部湖区流态影响也不尽相同，下面就用引水滤波图给以直观形象的说明。盘龙江等 6 条通道补水＋海口河、西园隧洞联合运行方案下，引排水滤波图表明除在引排水线路的出入口附近有一定的差异外，对其他水域几乎没有多大影响。从引排水线路变化对湖流的影响而言，其对湖区水动力特性影响几乎可以忽略，因此引排水线路的方案优选需结合引水水质改善效果进一步分析加以确定。

6.4.3.2　牛栏江滇池补水多通道入湖对湖区水质影响

滇池水质状况主要取决于环湖入湖污染负荷空间分布特征与湖泊水动力特性。以上分析表明，不同引排水线路对滇池湖流特性包括水流流速、局部湖流流态均会产生一定程度的影响，但不足以支撑并确定牛栏江补水入湖通道的优选，因此基于 2015 年的水流水质边界条件和实际的牛栏江补水过程，分析不同引排水线路对滇池草海、外海水质影响，并从滇池各湖区水质改善效果的角度比选牛栏江—滇池补水工程多通道入湖方案的优劣。

1. 牛栏江多通道补水对污染负荷出湖通量影响

2016 年 8 月滇池外海北岸排水工程已建成运行，设计排水规模为 8.56m³/s，并结合 2015 年 5 月已经实施的大观河引牛栏江水补给草海工程、牛栏江滇池补水多通道方案和海口河与西园隧洞联合运行，设计了表 6.4 - 2 中的多通道入湖方案情景。

根据表 6.4-2 所示的设计情景,三种设计方案下,通过牛栏江补水分散入湖和海口河与西园隧洞联合调度,可以让牛栏江来水携带更多的污染负荷量出湖,其模拟结果见表 6.4-6。相对于牛栏江滇池补水多通道入湖和海口河、西园隧洞单独运行方案而言,通过联合调度每年可多携带化学需氧量 1000t(高锰酸盐指数与化学需氧量的换算比例为 1:3.3)、总磷 14t、总氮 259t 出外海;相对于单通道(盘龙江补水),通过玉带河—大观河向草海补水,每年可多携带化学需氧量 870t、总磷 8t、总氮 492t 出草海。

表 6.4-6 牛栏江补水引排水线路变化对出湖通量影响

湖区名称	引水线路	出湖负荷通量/(t/a)			出湖负荷通量变化/(t/a)		
		COD_{Mn}	TP	TN	COD_{Mn}	TP	TN
外海	多通道-海、西单独运行	8179	104	1362			
	单通道-海、西单独运行	9077	117	1544	897	13	182
	多通道-海、西联合运行	8479	118	1621	300	14	259
草海	多通道-海、西单独运行	1207	39	1425			
	单通道-海、西单独运行	944	31	933	−263	−8	−492
	多通道-海、西联合运行	1207	39	1425	0	0	0
滇池	多通道-海、西单独运行	9387	143	2787			
	单通道-海、西单独运行	10021	148	2477	634	4	−310
	多通道-海、西联合运行	9686	157	3046	300	13	259

注 海、西代表海口河、西园隧洞,下同。

2. 牛栏江多通道补水对湖区水质影响

牛栏江多通道补水不同引排水线路条件下,滇池草、外海水质浓度变化及其水质改善效果见表 6.4-7,不同引排水线路条件下滇池草、外海水质年内变化过程分别见图 6.4-14、图 6.4-15。

表 6.4-7 牛栏江补水引排水线路变化对湖区水质影响

湖区名称	引水线路	年均水质浓度/(mg/L)			水质改善效果/%		
		COD_{Mn}	TP	TN	COD_{Mn}	TP	TN
外海	多通道-海、西单独运行	8.37	0.110	1.57			
	单通道-海、西单独运行	8.19	0.108	1.57	2.18	1.37	0
	多通道-海、西联合运行	8.33	0.108	1.52	0.48	1.52	3.22
草海	多通道-海、西单独运行	4.26	0.139	5.41			
	单通道-海、西单独运行	6.89	0.225	7.37	38.17	38.44	26.63
	多通道-海、西联合运行	4.26	0.139	5.41	38.17	38.44	26.63

根据表 6.4-7 及图 6.4-14、图 6.4-15 所示结果可知,在现状年背景条件下,通过牛栏江滇池补水入湖通道的多元化可提高滇池草海、外海的水质改善效果,其中通过玉带

河—大观河分流牛栏江来水 $2 \sim 5 m^3/s$，可使草海水质 COD_{Mn}、TP、TN 三指标分别改善 38.17％、38.44％、26.63％，草海水质改善效果十分显著；通过增加大清河、宝象河、马料河和洛龙河等补水入湖通道，并依托外海北岸排水工程（设计规模为 $8.56 m^3/s$）实现海口河与西园隧洞出流的联合调度运行，在牛栏江入滇池外海清水量减少 $2 \sim 5 m^3/s$（年均减少约 $4 m^3/s$）的条件下，仍可使外海水质有所改善（各指标改善幅度为 0.5％～3.2％）。由此说明，在滇池外海和草海当前的排水格局条件下，通过实施牛栏江滇池补水多通道入湖方案是基本可行的。

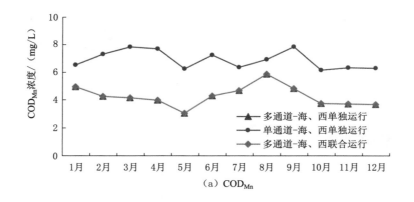

（a）COD_{Mn}

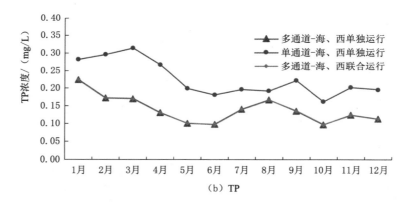

（b）TP

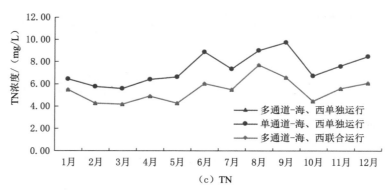

（c）TN

图 6.4－14　牛栏江补水通道变化条件下草海水质年内变化过程

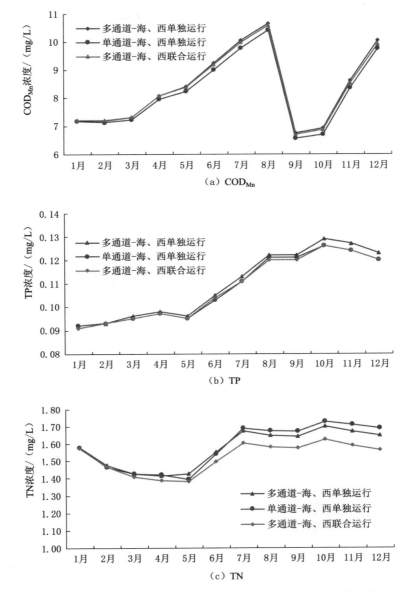

图 6.4－15　牛栏江补水通道变化条件下外海水质年内变化过程

6.5　小结

滇池属典型的大型浅水型湖泊，风是湖流运动的主要驱动力，滇池沿岸进出湖河流与湖泊的水量交换对滇池整体湖流运动的影响相对很小，从而形成以风生湖流为主、以局部吞吐流为辅的混合湖流形态，滇池外海平均流速为 2.0～3.0cm/s，草海平均流速为 0.6～1.0cm/s。受湖面主导风场、地球自转柯氏力和湖周复杂地形条件等的综合影响，滇池湖区环流结构以大型逆时针环流形态为主导，并随之在不同的湖区或湖湾依次产生一些次生型补偿性顺时针小环流、逆时针小环流等。滇池外海湖区的环流结构、湖流形态大小及其空间位置分布均随着湖面风场变化而变化，总体表现为在滇池湖面风场自南（南风）向西（西南偏西风）逐步偏移过程中，外海的逆时针大环流呈现自北向南整体挪移的趋势与湖流特征。

滇池湖区水质状况及其时空分布格局主要取决于环湖入湖污染负荷空间分布特征与湖泊水动力条件。受滇池湖周地势地貌特征和湖区风生环流驱动影响，滇池外海西北部形成了湖流非常缓慢且相对封闭的滞留区，同时结合滇池外海入湖负荷绝大部分（约占总氮、总磷负荷量的 80%，根据 2014—2015 年滇池入湖水量与水质监测资料）均从北岸入湖和沿湖东岸自南向北风生湖流的顶托影响，北岸入湖的污染负荷在外海北部湾区堆积严重。在外海陆域入湖污染负荷空间分布格局不发生根本性改变的条件下，依托外海北岸排水工程可以适当缓解滇池外海北部湖湾区表层富藻水严重富集的重污染状态，同时受外海北岸排水工程和西园隧洞工程规模的限制，短期内无法改变盘龙江入湖口所在的外海北部湖湾区仍将是外海污染相对最严重区域的水质空间分布格局。

牛栏江—滇池补水工程不仅打造了盘龙江两岸靓丽的城市清水通道景观，并扭转了近年来因滇池流域清洁水资源严重匮乏而造成外海水质持续变差的不利局面，使滇池外海水质呈逐年显著改善趋势；同时 2015 年通过玉带河—大观河分流牛栏江水进入草海，使草海水质也得到极大的改善，草海蓝藻水华问题得到有效控制。在昆明主城区入湖河流逐步完成河道综合整治与沿河两岸污水拦截的条件下，现阶段除盘龙江、大观河外，基本具备作为牛栏江—滇池补水工程清水通道的入湖河道还有大清河、宝象河、马料河和洛龙河等，同时结合各入湖河道的生态环境用水需求，牛栏江来水可满足昆明市主城区多通道入湖的水量需求。

杭州西湖水面积约 6.39km²，在未人工挖渠排水和钱塘江引水之前就是一潭死水。自 20 世纪 80 年代完成的钱塘江引水工程和近年来实施的西湖引配水工程，形成了目前西湖"六进九出"的引排水格局，让西湖水"活"起来。"老水"从西湖的东北侧溢出，"新水"则从西湖的西南侧进入，每天从钱塘江引入 40 万 m³ 水入西湖，排水进入京杭大运河，实现西湖水一月一换。尽管西湖整体上仍属于轻度富营养化水域，水质类别为劣Ⅴ类（控制指标为总氮），但是西湖水换水周期短（1 次/月），同时无死水区和滞留区，故西湖水景观优美，无藻类富集区及蓝藻水华爆发现象。综合杭州西湖补水多口入湖方式及其水环境与水景观效果，增加补水入湖口和出湖通道是改善滇池局部湖湾水动力条件的有力举措，是当前改善滇池局部湖湾水景观视觉效果的关键措施之一。

2016 年 8 月完成的外海北岸排水工程，可为牛栏江—滇池补水工程来水条件下海口河与西园隧洞排水的联合调度运行提供了现实条件。在外海北岸排水工程建设前，牛栏江—滇池补水工程经玉带河—大观河分流 2～5m³/s 进入草海，不仅可将草海的换水周期由补水前的 50～60d 缩短到 30d 以内，而且可使草海高锰酸盐指数、总磷、总氮等指标浓度分别降低 38.17%、38.44%、26.63%，水质改善效果十分显著；但草海分流将减少外海的环境补水量，使外海湖区各指标浓度有不同程度的增大，幅度为 0～2.18%。

当外海北岸排水工程运行后，依托西园隧洞工程，可将外海北部湖湾区污染相对较重的表层富藻水尽可能快地排出湖外，不仅可使外海表层富藻水不断向北部湖湾区累积的水景观环境得到改善，同时也可将更多的氮、磷负荷排出湖外，从而起到改善北部湖湾区乃至整个外海水质。模拟结果也表明，依托外海北岸排水工程实现海口河与西园隧洞出流的联合调度运行，即使在牛栏江来水补给外海的清洁水量减少 $2 \sim 5 m^3/s$（年均减少约 $4 m^3/s$）的条件下，仍可使外海水质有所改善（各指标改善幅度为 $0.5\% \sim 3.2\%$）。由此说明，在滇池外海和草海当前的排水格局条件下，科学利用好外海北岸排水工程，实施牛栏江—滇池补水多通道入湖方案是基本可行的。

第7章 滇池流域水环境承载力与提升方案研究

7.1 滇池流域河湖水（环境）功能区划

滇池流域共划分开发利用区 15 个，包括滇池昆明开发利用区、新河昆明开发利用区、运粮河昆明开发利用区、大观河昆明开发利用区、船房河昆明开发利用区、大清河昆明开发利用区、宝象河昆明开发利用区、马料河昆明开发利用区、洛龙河呈贡开发利用区、捞鱼河呈贡开发利用区、梁王河呈贡开发利用区、大河晋宁开发利用区、柴河晋宁开发利用区、东大河晋宁开发利用区、古城河晋宁开发利用区。这些开发利用区分布在湖泊和入湖河流上，并对各开发利用区进行了二级区划，包括源头水保护区、农业和工业用水区、农业和渔业用水区、景观娱乐用水区等，其规划水平年水质目标按二级区划执行。

7.1.1 滇池水功能区划

滇池水面开阔，环湖边界不太规则，水体混合能力比较弱，导致水流水质呈现平面分布的不均匀性，形成了水流水质自然分区。同时，受人类开发活动影响，人们根据水体特点、开发活动需求等，又人为将滇池分成不同的区域，并赋予不同的功能。自然和人为因素的相互作用使得滇池平面上形成了显著的分区特点，在进行滇池水质保护时，根据《全国水资源保护规划》和《云南省水功能区划》中滇池水功能分区，可将滇池分为 5 个区，各水功能分区名称和相应水质保护目标、分区特点见表 7.1-1 和图 7.1-1。

表 7.1-1　　　　　　　　　　滇池水质分区和分阶段保护目标

分区编号	名　　称	功 能 区 划	保护目标（水质类别）	
			2020 年	2030 年
1	滇池草海	工业、景观用水	V 类	Ⅳ 类
2	滇池外海北部、西部湖区	农业、景观用水	Ⅳ 类	Ⅲ 类

分区编号	名　称	功　能　区　划	保护目标（水质类别）	
			2020 年	2030 年
3	滇池外海东北部区	饮用、农业用水	Ⅳ类	Ⅲ类
4	滇池外海东部湖区	农业、渔业用水	Ⅳ类	Ⅲ类
5	滇池外海南部湖区	工业、农业用水	Ⅳ类	Ⅲ类

　　由于滇池水污染较重，而且空间分布差异明显，为遏制滇池水污染态势，滇池流域编制了滇池水污染综合防治规划，提出了分区域、分阶段水质保护目标，其中 2020 年 5 个分区中除草海的水质保护目标要求达到Ⅴ类外，其余分区水质保护目标均要达到Ⅳ类。到 2030 年滇池 5 个分区中除草海的水质保护目标要求达到Ⅳ类外其余分区均要达到Ⅲ类标准。

　　（1）滇池昆明草海工业、景观用水区。草海位于昆明市区西南部，水面积约 7.52km²，通过海埂船闸与外海相连。草海是昆明西郊片的主要工业用水区和退水区域，1997 年 3 月 19 日西园隧洞竣工后，草海出流主要通过隧洞排入沙河，再入螳螂川。草海之滨坐落有大观楼、云南民族村、西山公园，有较高的景观娱乐功能。现状水质为劣Ⅴ类，规划水平年水质目标为Ⅳ类，主要超标指标有总磷、总氮、化学需氧量等。

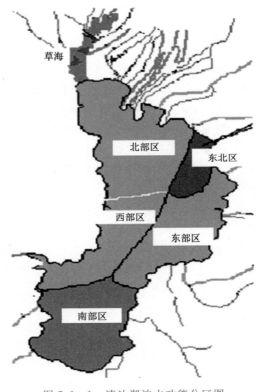

图 7.1-1　滇池湖泊水功能分区图

　　（2）滇池外海北部、西部农业、景观用水区。位于滇池外海北部，即东岸的廻龙至西南岸的有余水域，水面面积 120.1km²，约占滇池外海水域面积的 42%。由于区内水库主要保证城镇供水，区内大面积耕地靠滇池水通过入湖河道提水灌溉，最大年回灌提水量达 8000 多万 m³。西山公园、云南民族村、海埂公园和滇池国家旅游度假区濒临湖岸，具有较高的景观娱乐功能。原来具有的渔业用水功能因水生态恶化而削弱。盘龙江、大清河、小清河、东白沙河、宝象河、马料河等河流在该区域汇入滇池。该区域水质现状为Ⅴ类，属中度富营养化，2020 年水质目标为Ⅳ类，2030 年水质目标为Ⅲ类。

　　（3）滇池东北部饮用、农业用水区。位于昆明市官渡区西南角，从廻龙到呈贡斗南 12km² 的滇池水域。昆明第五自来水厂原在此水域建有 30 万 m³/d 的取水口。1999 年 7 月 1 日正式停止滇池作为城市供水水源，仅作为预备水源，现状水质为Ⅴ类，规划水平年水质目标为Ⅲ类，主要超标指标有总磷、总氮、高锰酸盐指数、化学需氧量等。

（4）滇池东部农业、渔业用水区。由呈贡斗南至海晏水域，水面面积 85km²。该区域以湖周农田灌溉为主，兼有渔业用水功能，现状水质为Ⅴ类，2020 年水质目标为Ⅳ类，2030 年水质目标为Ⅲ类。

（5）滇池南部工业、农业用水区。由昆明海晏至有余水域，水面面积 70km²，该区域沿岸有磷矿工业、化工等工业用水和农灌用水。现状水质为Ⅴ类，2020 年水质目标为Ⅳ类，2030 年水质目标为Ⅲ类。

7.1.2   滇池流域入湖河流水功能区划

7.1.2.1   滇池流域源头水保护区

滇池流域共划分源头水保护区 7 个，它们分别是盘龙江松华坝饮用水源保护区、冷水河昆明源头水保护区、宝象河昆明饮用水源保护区、大河晋宁饮用水源保护区、柴河晋宁饮用水水源保护区、东大河晋宁饮用水源保护区。

（1）盘龙江松华坝饮用水源保护区。由嵩明县河源至松华坝水库坝址，全长 65.3km。松华坝水库是昆明市的主要集中式供水水源地之一，1989 年昆明市人大常委会通过的《昆明市松华坝水源保护管理规定》将水库和其汇水区七个乡镇中的 325 个自然村划入水源保护区。现状水质为Ⅱ～Ⅲ类，规划水平年水质目标为Ⅱ类。

（2）冷水河昆明源头水保护区。由崇明县河源至入松华坝水库，全长 22.7km。冷水河是松华坝水库的主要支流之一，现状水质为Ⅱ类，规划水平年水质目标为Ⅱ类。

（3）宝象河昆明饮用水源保护区。由官渡区河源至宝象河水库坝址，全长 15.2km。1996 年宝象河水库成为官渡区的重要供水水源，承担昆明东郊 16 万人的生活用水供水任务，2012 年又承担着空港新区的供水任务。1997 年划定了水源保护区，成立了宝象河水库管理所，制定了《官渡区宝象河水源保护区管理实施办法》。现状水质为Ⅱ类，规划水平年水质目标为Ⅱ类。

（4）大河晋宁饮用水源保护区。由晋宁区河源至大河水库坝址，全长 5.7km。晋宁区大河水库为昆明市主城区集中式供水水源地之一，现状水质为Ⅲ类，规划水平年水质目标为Ⅱ类。

（5）柴河晋宁饮用水水源保护区。由晋宁区河源至柴河水库坝址，全长 12.8km。晋宁区柴河水库为昆明市主城区集中式供水水源地之一，现状水质为Ⅲ类，规划水平年水质目标为Ⅱ类。

（6）东大河晋宁饮用水源保护区。由晋宁区河源双龙水库坝址，全长 10.5km。双龙水库是晋宁城区主要供水水源，供水人口 5 万人以上，现状水质为Ⅲ类，规划水平年水质目标为Ⅲ类。

7.1.2.2   滇池流域农业用水区

滇池流域各入湖河流单元共划分农业用水区 9 个，它们分别是宝象河昆明农业景观用水区、马料河昆明农业用水区、洛龙河呈贡农业用水区、捞鱼河呈贡农业用水区、梁王河呈贡农业用水区、大河晋宁农业工业用水区、柴河晋宁农业工业用水区、东大河晋宁农业工业用水区、古城河晋宁农业工业用水区。

（1）宝象河昆明农业、景观用水区。由大板桥宝象河水库坝址至滇池入口，全长32.8km，以农业灌溉用水为主兼有河道景观功能，现状水质为Ⅲ～Ⅳ类，规划水平年水质目标为Ⅲ类。

（2）马料河昆明农业用水区。由河源至滇池入口，全长20.2km，以农业灌溉用水为主。现状水质为劣Ⅴ类，2020年水质目标为Ⅳ类，2030年水质目标为Ⅲ类。

（3）洛龙河呈贡农业用水区。由河源至滇池入口，全长29.3km，以农业灌溉用水为主；现状水质为劣Ⅴ类，2020年水质目标为Ⅳ类，2030年水质目标为Ⅲ类。

（4）捞鱼河呈贡农业用水区。由河源至滇池入口，全长28.7km，以农业灌溉用水为主；现状水质为劣Ⅴ类，2020年水质目标为Ⅳ类，2030年水质目标为Ⅲ类。

（5）梁王河呈贡农业用水区。由河源至滇池入口，全长23.0km，主要用于农业灌溉；现状水质为Ⅳ类，规划水平年水质目标为Ⅲ类。

（6）大河晋宁农业、工业用水区。由大河水库坝址至滇池入口，全长29.8km，主要用于农灌和晋宁工业园晋城片区工业用水；现状水质为劣Ⅴ类，2020年水质目标为Ⅳ类，2030年水质目标为Ⅲ类。

（7）柴河晋宁农业、工业用水区。由柴河水库坝址至滇池入口，全长30.7km，主要用于农灌和晋宁工业园上蒜片区工业用水；现状水质为Ⅳ类，规划水平年水质目标为Ⅲ类。

（8）东大河晋宁农业、工业用水区。由双龙水库坝址至滇池入口，全长13.6km，以农业灌溉用水为主，兼有工业用水；现状水质为Ⅳ类，规划水平年水质目标为Ⅲ类。

（9）古城河晋宁农业、工业用水区。由河源至滇池入口，全长8.0km，以农业灌溉用水为主，兼有工业用水；现状水质为Ⅳ类，规划水平年水质目标为Ⅲ类。

7.1.2.3　滇池流域景观娱乐用水区

滇池流域各入湖河流单元共划分景观娱乐用水区6个，它们分别是盘龙江昆明景观娱乐农业用水区、新河昆明景观工业用水区、运粮河昆明景观用水区、大观河昆明景观用水区、船房河昆明景观用水区、大清昆明景观工业用水区。

（1）盘龙江昆明景观娱乐、农业用水区。由松华坝水库坝址至入滇池口，全长26.5km。盘龙江是昆明市的穿城河流，城区段河道两旁有景观绿化带，以城市景观为主导功能，2013年9月牛栏江—滇池补水工程建成通水后，盘龙江已成为清水入湖通道；现状年水质为Ⅲ类，规划水平年水质目标为Ⅲ类。

（2）新河昆明景观、工业用水区。由西北沙河水库上游桃源村河源至入滇池口，全长18.9km，流经昆明市西市区后入滇池草海，以景观用水为主要功能，有钢铁、制药、建材、制革、冶炼等工业用水，也有源头区和西郊片部分农业灌溉用水；现状水质为劣Ⅴ类，规划水平年水质目标为Ⅳ类。

（3）运粮河昆明景观用水区。由河源至入滇池口，全长11.3km，运粮河是明清时期粮食经滇池、运粮河进入城区的河道，现以城市景观为主要功能；现状水质为劣Ⅴ类，规划水平年水质目标为Ⅳ类。

（4）大观河昆明景观用水区。由篆塘至滇池口，全长3.7km，现状水质为劣Ⅴ类，规划水平年水质目标为Ⅳ类。

（5）船房河昆明景观用水区。由河源至入滇池口，全长 12.2km，船房河发源于昆明市东城区，流经市区，以城市景观为主导功能；现状水质为劣Ⅴ类，规划水平年水质目标为Ⅳ类。

（6）大清河昆明景观、工业用水区。由松华坝水库下至入滇池口，全长 29.4km。大清河发源于松华坝水库下，大致与盘龙江平行流入滇池，上段称金汁河，至菊花村分洪闸长 15.7km；菊花村分洪闸至宝海公园段称清水河，此段河长 1.7km；宝海公园接明通河后称枧槽河，枧槽河宝海公园至明通河汇入口张家庙区间河长 5.7km；明通河汇入后张家庙起称大清河，至滇池入口长 6.3km。大清河流经昆明市北部、东部和南部，以景观功能为主，有日用化工、制药、食品加工等工业用水，还接纳昆明市东部部分城市废污水，水体污染较重，现状水质为劣Ⅴ类，规划水平年水质目标为Ⅳ类。

7.1.3　滇池及入湖河流水质保护目标

根据《地表水环境质量标准》（GB 3838—2002）中的水质类别标准浓度限制要求，并结合水（环境）功能区划要求与 2015—2016 年滇池及环湖入湖河流的水质状况，在基本不劣于流域水环境质量现状条件下，确定了滇池草海、外海及各入湖河流的水质目标浓度限值（见表 7.1-2，其中河流中无总氮指标的浓度控制要求），并以此水质浓度作为滇池水环境容量计算的目标浓度约束条件和入湖水质浓度限制性条件。

表 7.1-2　　　　　　　　　滇池及入湖河流水质保护目标浓度限值

类别	名称	水质目标	水质目标浓度限值/(mg/L)		
			COD_{Mn}	TP	TN
滇池	草海	Ⅳ	6.0	0.10	1.50
	外海	Ⅲ	6.0	0.05	1.00
入湖河流	新河	Ⅳ	6.0	0.30	—
	老运粮河	Ⅳ	6.0	0.30	—
	大观河	Ⅳ	6.0	0.30	—
	船房河	Ⅳ	6.0	0.30	—
	盘龙江	Ⅲ	6.0	0.20	—
	大清河	Ⅳ	6.0	0.30	—
	宝象河	Ⅲ	6.0	0.20	—
	马料河	Ⅲ	6.0	0.20	—
	洛龙河	Ⅲ	6.0	0.20	—
	捞鱼河	Ⅲ	6.0	0.20	—
	大河	Ⅲ	6.0	0.20	—
	柴河	Ⅲ	6.0	0.20	—
	东大河	Ⅲ	6.0	0.20	—
	古城河	Ⅲ	6.0	0.20	—

7.2 滇池水环境容量核算与承载力提升方案

7.2.1 滇池水环境容量计算技术思路

7.2.1.1 滇池水环境容量计算的影响因素

由水环境容量的定义可知，水环境容量大小与水域的水动力特性、功能区水质目标、设计水文条件、污染源位置及其排放方式等密切关联，其影响因素较多，综合起来主要包括以下 5 个方面：

（1）水动力特性。水流运动是污染物输移、扩散及发生物理化学转化的主要载体，水动力条件还会与污染物在水中的生物化学反应进程交互影响，进而通过生化反应过程影响水体的自净能力，故水动力特征将对水域纳污能力和自净能力产生显著影响，如河流、湖库、河口及海湾等不同类型水域，具有显著不同的水动力特征，故其水环境容量大小及其计算方法存在显著的差异。

（2）水质目标。功能区的水环境质量标准是水域水环境容量计算中确定各功能区水质保护目标的依据。水环境质量标准越高，允许进入水体的营养盐就越少，因而各功能区允许排入的污染物量就越小，相应水体的水环境容量就越小；反之，水环境质量标准越宽松，各功能区允许承纳的污染负荷量就越多，水体的水环境容量就越大。

（3）设计水文条件。在相同的水质目标约束条件下，设计流量（或水量）越大，水域允许排入的营养盐数量就越多，其功能区适宜承纳的污染物量就越大，水域水环境容量就越大；反之就越小。最近 10 年最枯月平均流量（水量）或者 90％保证率最枯月平均流量（水量）常被作为水环境容量计算的设计水文条件，类似的还有 $7Q_{10}$（90％保证率下连续 7 天最枯流量平均值）设计水文条件也被经常采用。

（4）污染源条件。由于受地形、地貌及人类社会活动影响，不同水体的污染源属性是不同的，同时污染物的排放方式及其时空分布对水体水环境容量大小影响明显，特别是对空间水量交换不是很充分的水体的影响，如大型湖库，将更为突出。

（5）设计风场。风是大中型浅水湖库水流运动的主要驱动力，风速及风向是湖（库）区水流流速大小、环流形态和方向的决定性因素，出入湖（库）的吞吐流对整体湖（库）流运动的影响相对较小，因此，风场对大中型浅水湖库水环境容量计算是至关重要的。不过，对河流及河口等其他主要受水力驱动的水域，风场的影响相对较小。

7.2.1.2 滇池水环境容量计算的技术流程

水环境容量计算以数学模型为基本技术手段，宜按下列程序进行计算：

（1）水环境功能区基本资料的调查、收集、分析和整理。主要包括水环境功能区水质保护目标，水质控制浓度，水文资料（长序列），污染源资料（名称、位置、排放方式、污水量和污水水质浓度等，同时可采用污染负荷计算法确定），水域水下地形资料（或大断面），以及经济社会发展状况及相关规划等。

（2）根据规划和管理需求，分析水域污染特性、入河排污口状况，并结合水功能区污染物总量控制要求和特征污染物指标，合理确定水域水环境容量计算的污染物种类和模拟预测指标。

（3）合理确定设计水文条件。

（4）根据水域规模和水动力特性，选择水环境容量计算模型。

（5）根据水功能水质保护目标，并结合计算水域的现状水质特征，合理确定水质保护浓度值 C_s 和边界来流初始水质浓度值 C_0。

（6）合理确定模型参数。

（7）计算水域水环境容量，通常采用试算法。

（8）计算成果的合理性分析和检验。

滇池属大型浅水湖泊，湖体内水流流态和污染物输移转化特性可以采用建立的滇池平面二维水流水质数学模型进行模拟。因此，为了计算滇池设计水文条件下的湖泊水环境容量，关键技术问题是确定湖泊水质保护目标、设计水流条件、湖泊水体自净能力大小、河道纳污能力分配原则等。滇池水环境容量计算研究技术流程详见图 7.2-1。

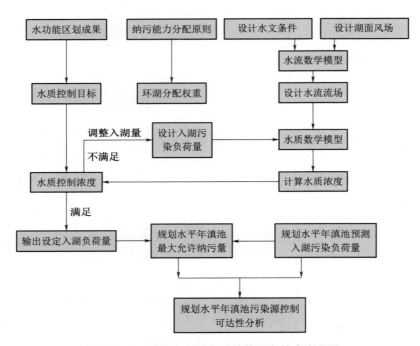

图 7.2-1　滇池水环境容量计算研究技术流程图

7.2.2　滇池水环境容量计算方案

7.2.2.1　滇池水环境容量计算边界条件设计

滇池水环境容量包括稀释容量和自净容量两部分。通常情况下湖泊水位越低，水体环境容量就越小；而在滇池水位保持不变的条件下，出入湖水量越小，湖体水环境容量也就越小。同时，滇池湖流以风生流为主，湖区风场对滇池环流流态起主导作用。因此，滇池水环境容量计算的设计边界条件包括湖泊水位、环湖河道出入湖流量、湖面风场、湖面降雨和蒸发等。另外，计算湖泊水环境容量的主要目的是为制定入湖污染物（包括点源、面源和湖泊内源）的总量控制目标提供依据。

1. 设计水文条件

滇池流域点源主要来自城镇生活和工业废污水，全年变幅小，排放较稳定，无直接入湖点源，基本均通过入湖河道进入湖泊；流域面源产生条件与点源明显不同，只有在持续性降雨并形成径流时才产生，且初期降雨形成的径流负荷污染较为严重。滇池流域非点源污染主要发生在 6—9 月，且不同水文年型的非点源产生量也存在明显差异。内源是滇池水污染治理的难点，底泥污染十分严重，污染物释放量大、持续时间长，且随时间动态变化明显，同时易受风浪等水体扰动影响，控制难度大。针对滇池流域入湖污染物特点、总量控制与管理需求，结合水环境容量计算设计水文条件相对偏安全的原则，选择典型枯水年（$P=90\%$）作为本次滇池水环境容量计算的设计水文条件。

利用皮尔逊Ⅲ分布作为频率计算的线型，用韦布尔公式计算经验频率，通过适线法调整频率曲线的统计参数和设计值，对昆明站（大观楼）1951—2015 年年降雨量进行频率分析（图 7.2-2），最后确定 1988 年为典型枯水年（$P=90\%$）。

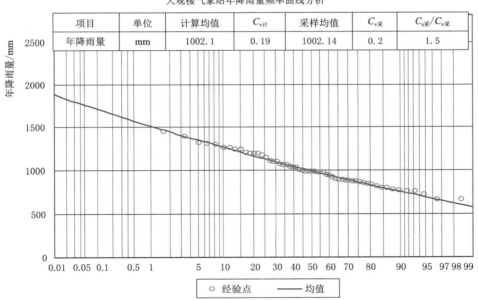

图 7.2-2　滇池流域大观楼年降雨量频率曲线（1951—2015 年）

2. 环湖河流设计入湖流量

以滇池流域典型枯水年（$P=90\%$）的降雨过程为输入条件，采用开发的滇池流域水文与非点源污染负荷预测模型为技术工具，模拟预测了在规划水平年（2030 年）的农业耕作结构、社会经济发展水平及用水定额等情况下，在遭遇枯水年型的降雨量条件下环湖入湖河流的逐月入湖水量。本研究将滇池流域划分为 110 个子流域，形成了 27

个入湖河流控制单元，根据大水系分区内河流分布情况，最终分配到14条主要入湖河流，从而得到2030年典型枯水年水情条件下滇池环湖河道的逐月入湖流量过程，其结果见表7.2-1（表中盘龙江、宝象河等入湖流量包括牛栏江—滇池补水工程、滇中引水工程的补给水量）。

表7.2-1 典型枯水年滇池环湖河流的入湖水量模拟过程

河流名称	河流入湖水量/(m³/s)											
	1月	2月	3月	4月	5月	6月	7月	8月	9月	10月	11月	12月
老运粮河	0.615	0.566	0.684	1.288	1.199	0.863	2.330	2.087	1.692	1.865	1.854	2.217
新运粮河	0.135	0.304	0.426	0.135	0.322	0.663	1.613	2.082	2.142	1.570	0.347	0.442
大观河	0.147	0.125	0.244	0.869	1.023	1.446	1.981	1.748	2.211	1.108	0.759	0.583
船房河	0.246	0.218	0.388	0.678	0.662	0.848	1.086	1.011	0.856	0.766	0.276	0.426
盘龙江	17.115	23.819	9.312	4.321	0.451	10.597	27.637	23.893	26.285	29.390	27.998	35.786
大清河	1.517	0.495	0.753	0.532	0.753	1.216	3.499	2.548	1.443	2.545	0.917	0.988
宝象河	11.250	8.711	0.950	1.719	0.962	3.268	7.704	15.327	10.127	10.255	8.527	8.049
马料河	0.090	0.077	0.089	0.069	0.076	0.107	0.238	0.354	0.208	0.334	0.187	0.182
洛龙河	1.394	0.733	0.989	0.798	0.931	0.936	2.578	1.786	1.374	2.210	1.061	1.256
捞鱼河	0.447	0.301	0.357	0.321	0.375	0.366	0.847	2.083	0.856	1.819	0.906	0.627
大河	0.348	0.329	0.426	0.200	0.219	0.437	0.623	0.897	0.403	0.874	0.287	0.523
柴河	0.452	0.414	0.397	0.357	0.413	0.447	0.526	0.800	0.690	1.887	0.610	1.016
古城河	0.208	0.104	0.113	0.144	0.130	0.146	0.372	0.912	0.301	0.486	0.210	0.281
东大河	0.463	0.325	0.380	0.346	0.376	0.658	0.946	1.206	0.968	2.499	1.590	1.351

经过综合研究分析，为保障滇池流域各主要入湖河流的生态环境安全和维持基本的流水景观，滇池流域主要河道的生态环境用水量为7.88亿 m³，最小生态环境流量为25.00m³/s，各入滇河道的生态环境需水流量分别为：盘龙江 2.71m³/s、新运粮河 0.70m³/s、老运粮河 1.07m³/s、大观河 1.18m³/s、西坝河 0.30m³/s、船房河 0.95m³/s、采莲河 0.40m³/s、金家河 0.13m³/s、海河 1.50m³/s、大清河（含金汁河、枧槽河）0.80m³/s、六甲宝象河 0.22m³/s、小清河 0.26m³/s、五甲宝象河 0.18m³/s、虾坝河 0.92m³/s、姚安河 0.46m³/s、老宝象河 0.30m³/s、宝象河 1.99m³/s、广普大沟 0.59m³/s、马料河 0.77m³/s、洛龙河 1.01m³/s、捞鱼河 1.16m³/s、梁王河 0.44m³/s、南冲河 0.62m³/s、淤泥河 0.58m³/s、大河（含白鱼河）1.89m³/s、柴河 2.06m³/s、东大河 0.65m³/s、护城河 0.48m³/s、古城河 0.68m³/s。

为保障滇池环湖各入湖河流的生态环境用水并维持城市河道的水景观功能，通过牛栏江—滇池补水工程多通道入湖和城市污水处理厂尾水的合理利用，以满足各入滇河道生态环境流量的配置需求，结果详见表7.2-2。

表 7.2-2　　　　　　　　典型枯水年基于滇池入湖河流生态环境
流量要求的入湖水量模拟过程

河流名称	生态环境流量/(m³/s)	河流入湖水量/(m³/s)											
		1月	2月	3月	4月	5月	6月	7月	8月	9月	10月	11月	12月
老运粮河	0.70	0.700	0.700	0.700	1.288	1.199	0.863	2.330	2.087	1.692	1.865	1.854	2.217
新运粮河	1.07	1.100	1.100	1.100	1.100	1.100	1.100	1.613	2.082	2.142	1.570	1.100	1.100
大观河	1.18	1.200	1.200	1.200	1.200	1.200	1.446	1.981	1.748	2.211	1.200	1.200	1.200
船房河	0.95	0.900	0.900	0.900	0.900	0.900	0.900	1.086	1.011	0.900	0.900	0.900	0.900
盘龙江	2.71	9.148	14.923	2.700	2.700	2.700	5.373	24.443	21.843	22.899	27.001	21.274	29.571
大清河	0.80	1.517	0.800	0.800	0.800	0.800	1.216	3.499	2.548	1.443	2.545	0.917	0.988
宝象河	1.99	11.250	8.711	2.000	2.000	2.000	3.268	7.704	15.327	10.127	10.255	8.527	8.049
马料河	0.80	0.800	0.800	0.800	0.800	0.800	0.800	0.800	0.800	0.800	0.800	0.800	0.800
洛龙河	1.01	1.394	0.733	0.989	0.798	0.931	0.936	2.578	1.786	1.374	2.210	1.061	1.256
捞鱼河	1.16	1.000	1.000	1.000	1.000	1.000	1.000	1.000	2.083	1.000	1.819	1.000	1.000
大河	0.15	0.348	0.329	0.426	0.200	0.219	0.437	0.623	0.897	0.403	0.874	0.287	0.523
柴河	0.14	0.452	0.414	0.397	0.357	0.413	0.447	0.526	0.800	0.690	1.887	0.610	1.016
古城河	0.02	0.208	0.104	0.113	0.144	0.130	0.146	0.372	0.912	0.301	0.486	0.210	0.281
东大河	0.65	0.65	0.65	0.65	0.65	0.65	0.658	0.946	1.206	0.968	2.499	1.590	1.351

3. 滇池设计水位过程

滇池是国家级风景名胜区，是昆明生产、生活用水的重要水源，是昆明市城市备用饮用水源，是具备防洪、调蓄、灌溉、景观、生态和气候调节等功能的高原城市湖泊。滇池分为外海和草海，草海与外海之间通过海埂节制闸连接。外海是滇池主体，面积约298km²；草海是城市内湖，面积为10.8km²。海口河是滇池外海唯一的天然出湖通道，设计最大排水能力为140m³/s，但受海口河下游行洪能力限制，目前海口闸下泄流量可达到80m³/s；2016年8月外海北岸一期工程正式投入运行，经草海西园隧洞向外排水，其设计规模为8.56m³/s。西园隧洞是草海的唯一排水通道，最大排水能力为40m³/s。

按照《滇池保护条例》要求，在滇池流域没有防洪压力条件下，草海、外海分别经西园隧洞、海口河排水，草海与外海间没有水力联系，外海的控制运行水位为：正常高水位1887.50m，最低工作水位1885.50m，特枯年对策水位1885.20m，汛期限制水位1887.20m；草海的正常运行水位1886.8m，最低工作水位1885.50m。具体的调度运行过程详见图7.2-3。

4. 滇池设计风场

滇池流域常年强主导风向为 SW，次主导风向为 S 和 WSW 风，湖区风向变化较小。因此，在对滇池进行环境容量计算时，采用逐月的多年平均风场。

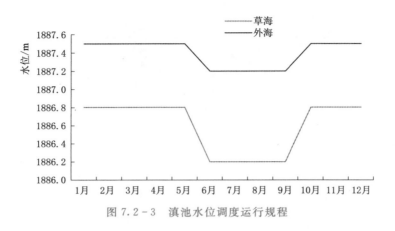

图 7.2 - 3 滇池水位调度运行规程

5. 水环境容量分配

分析环滇池 16 条出入湖河道，通过将非点源、点源进行相邻区域归并处理，以概化的 14 条入湖河流作为滇池允许排污单元，也是滇池水环境容量分配河道重点控制对象。14 条入湖河道名称见表 7.2 - 2，其中新老运粮河、大观河和船房河进入草海，其余入湖河流均进入外海。在进行滇池水环境容量核算及环湖河道允许纳污量分配时，将综合考虑各入湖河道所处位置按区段（草海、北部、东部、南部）等比例分配，同时结合滇池各功能区的水质目标、环流特性及湖流特征进行适当调整，并以此作为滇池水环境容量核算时环湖河道入湖污染负荷的分配权重。

6. 水体自净能力

为了解滇池本身对污染物的自然承载能力，从而为滇池系统实施污染源总量控制方案（点源、非点源、内源控制）提供依据，规划水平年 TP、TN 沉降速率和内源释放速率见表 7.2 - 3。对于 COD_{Mn} 指标，在考虑水体中的生化等综合降解作用的同时，还要考虑湖泊藻类水华带来的碳富集效应。

表 7.2 - 3　　　　　规划水平年滇池水体中 TP、TN、COD_{Mn} 综合降解速率预测

项　　目	数　　值	单　　位
TP 沉降速率	0.009	d^{-1}
TP 释放速率	1.5	$mg/(m^2 \cdot d)$
TN 沉降速率	0.008	d^{-1}
TN 沉降速率	23	$mg/(m^2 \cdot d)$
COD_{Mn} 衰减速率	0.002	d^{-1}
COD_{Mn} 富集速率	40	$mg/(m^2 \cdot d)$

7.2.2.2　滇池水环境容量计算方案

通过对滇池水环境容量核算所需的设计水流条件、水质保护目标、容量分配原则、内源释放等进行大量研究的基础上，利用数学模型开展滇池不同水平年水环境容量核算。各规划水平年不同水文年型的水环境容量计算方案见表 7.2 - 4。

表 7.2-4 滇池水环境容量计算方案

方案	设计水文条件	设计风场	水质保护目标	湖泊水位	环境流量需求
方案1	典型枯水年	多年平均风场	外海：Ⅲ类 草海：Ⅳ类	调度运行规程	不考虑
方案2					满足

环境容量计算流程见图 7.2-1，具体的计算步骤如下：

（1）根据滇池流域水（环境）功能区划成果，并结合滇池流域的水环境质量状况，合理确定滇池和入湖河道的水质保护目标及其水质目标浓度限值。

（2）根据滇池流域长系列水文统计资料，并结合水环境容量计算成果偏安全的原则，确定水环境容量计算的设计水文条件和设计风况，利用开发的湖泊水环境数学模型，模拟滇池湖流运动条件，并作为滇池水环境容量计算的设计水流条件。

（3）根据滇池流域水文水质状况，并考虑区域经济社会发展的公平性，合理确定滇池水环境容量计算的分配原则，包括允许污染物入湖口位置和各排放口分配权重。

（4）根据环湖河道水环境容量计算分配原则，以现状年各河流入湖污染负荷量输入滇池水质模型，进行湖区浓度场分布计算。如果各常规水质监测站点的水质月均浓度均能满足并接近各指标的水质浓度限值，则认为以现状年为背景设定的入湖污染负荷量即为滇池最大允许纳污量或则滇池水环境容量；反之则需对各入湖河流水质浓度（或污染负荷）按照一定的原则（如等比例削减、优先削减污染较重的河流负荷、优先削减对超标站点水质较为敏感的入湖河流水质等），进行污染负荷削减，重新输入水质数学模型进行浓度场模拟计算，再与各监测站点的水质浓度限值进行比较。如此循环，最后计算得到设计水情条件下的滇池水环境容量。

7.2.3　滇池水环境容量核算

1. 滇池水环境容量计算成果

在典型枯水年（$P=90\%$）设计水文条件和牛栏江—滇池补水工程、滇中引水工程入湖水量条件下，为了使滇池水质达到规划水质保护目标（外海Ⅲ类，草海Ⅳ类）并满足其水质浓度限值，滇池水环境容量计算结果见表 7.2-5。

表 7.2-5 滇池水环境容量计算成果 单位：t/a

容量分布	滇池			外海			草海		
	TP	TN	COD$_{Mn}$	TP	TN	COD$_{Mn}$	TP	TN	COD$_{Mn}$
陆域	120	2820	6131	105	2491	5405	15	329	726
内源	169	2593		163	2502		6	91	
降雨降尘	36	440	487	35	425	470	1	15	17
合计	325	5853	6618	303	5418	5875	22	435	743

根据表 7.2-6 所示的结果可知，规划水平 2030 年滇池 COD$_{Mn}$、TP、TN 这 3 个指标的水环境容量为 6618t/a、325t/a、5853t/a，其中湖面降雨降尘入湖的 COD$_{Mn}$、TP、TN

分别为 487t/a、36t/a 和 440t/a，分别约占滇池水环境容量的 7.36％、11.08％和 7.52％；湖泊内源释放的 TP、TN 分别约为 169t/a 和 2593t/a，约占滇池水环境容量的 52.0％、44.3％；在考虑湖面降尘、湖泊内源释放和湖面水量蒸发挤占了滇池水体的部分水环境容量后，分配给滇池流域陆域入湖污染物的水环境容量为：总磷 120/a、总氮 2820t/a、高锰酸盐指数 6131t/a。

在湖泊内源无法得到有效控制和湖面降雨降尘入湖量挤占的条件下，滇池流域可资利用的水环境容量仅为分配给陆域入湖污染物的水环境容量，其中分配给草海陆域高锰酸盐指数、总磷、总氮三指标的水环境容量分别为 726t/a、15t/a、329t/a，占滇池水环境容量的 11.3％～12.1％；外海各指标的水环境容量分别为 5405t/a、105t/a、2491t/a，占滇池水环境容量的 87.9％～88.7％。

2. 滇池流域陆域入湖污染物纳污总量年内分布特征

滇池流域干湿季节分明，5—10 月为雨季，11 月至次年 4 月为旱季，其中雨季降雨量约占全年的 85％，降雨最集中的 6—9 月的降雨量约占 60％以上。如图 7.2-4 所示的滇池水环境容量年内分布结果可知，年内 7—10 月的水环境容量分布明显大于其他月份，约占全年水环境容量总量的 52％～55％。滇池水环境容量受滇中引水和牛栏江来水影响显著，如枯水年 3—6 月牛栏江德泽水库无水可取，金沙江来水量优先保障生产生活用水安全，无多少水量补给滇池，故 3—6 月滇池水环境容量明显小于雨季的其他月份；同时受金沙江和牛栏江来水影响，滇池汛后期的水环境容量与雨季差异较外流域来水前显著缩小。

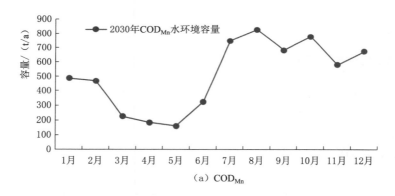

（a）COD_{Mn}

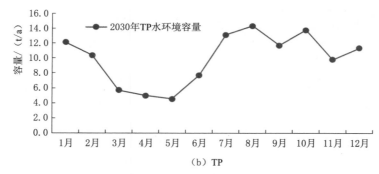

（b）TP

图 7.2-4（一）　2030 年滇池流域陆域入湖污染物纳污总量年内分布

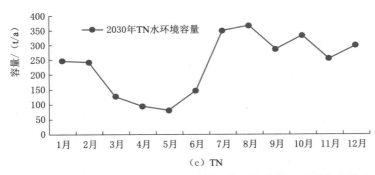

（c）TN

图 7.2-4（二）　2030 年滇池流域陆域入湖污染物纳污总量年内分布

3. 滇池流域陆域入湖污染物纳污总量空间分布特征

受外流域来水和流域内水空间分布差异的影响，滇池水环境容量亦存在显著的空间分布差异。滇池外海北部的水环境容量最大，总磷、总氮、高锰酸盐指数分别为 77.2t/a、2020t/a、4324t/a，分别约占滇池水环境容量总量的 64.6%、71.2%、70.5%；草海和外海东岸的容量较为接近，大约占滇池水环境容量总量的 9.8%～13.1%；外海南岸的容量大约占总量的 6.6%～8.7%。滇池陆域入湖污染物纳污总量及其水环境容量空间分布特征详见表 7.2-6、图 7.2-5、图 7.2-6。

表 7.2-6　　　　　　　　　2030 年滇池流域陆域入湖污染物纳污总量空间分布

分区	水环境容量/(t/a)			所占比重/%		
	TP	TN	COD_{Mn}	TP	TN	COD_{Mn}
草海	15.0	329	726	12.68	11.80	11.95
外海北岸	77.2	1975	4324	65.26	70.84	71.18
外海东岸	15.7	290	621	13.27	10.40	10.22
外海南岸	10.4	194	404	8.79	6.96	6.65
滇池	118.3	2788	6057	100.0	100.0	100.0

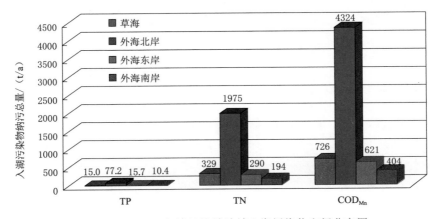

图 7.2-5　2030 年滇池流域陆域入湖污染物空间分布图

图 7.2－6 2030 年滇池陆域入湖污染物纳污总量空间分布图（单位：t/a）

7.2.4 滇池水环境承载力提升方案

规划水平年 2030 年，滇中引水工程和牛栏江—滇池补水工程将为滇池流域河湖生态环境用水提供一定的安全保障；同时结合滇池各主要入湖河流的生态环境流量需求，通过外流域补水多口入湖方案和区域内多水源工程（包括上游水库下泄生态流量、河道区间汇流、污水处理厂提标尾水等）之间的优化调度，不仅可为入湖河流的生态环境流量提供良好的水源保障，同时亦可改善滇池草、外海的水动力条件，让更多的清洁水量从水质相对较好的外海东岸和南部入湖，并经外海北部的水体置换通道和海口河联合排出，从而可有效提升滇池水环境容量，承载更多的污染物入湖，并保障滇池水质的持续性改善。

在滇中引水工程、牛栏江来水、区内来水和污水处理厂尾水等多水源优化配置条件下，滇池各主要入湖河流的生态环境流量可得到有效保障，滇池总磷、总氮、高锰酸盐指数三指标的陆域水环境容量分别为 125.3t/a、2961t/a、6661t/a，分别较入湖河流无环境流量保障方案增加了 4.4%、5.0%、8.6%，其中草海各指标的水环境容量增幅很大，总磷、总氮、高锰酸盐指数三指标容量分别增加 23.5%、14.7%、32.3%；外海尽管分流了部分水量进入草海，但随着入湖水量的空间优化，其水环境容量仍较分流入草海前有所增加，外海总磷、总氮、高锰酸盐指数三指标容量分别增加 1.7%、3.7%、5.5%。

滇池流域干湿季节分明，5—10月为雨季，11月至次年4月为旱季，其中雨季降雨量约占全年的 85%，降雨最集中的 6—9 月的降雨量约占 60% 以上。由图 7.2-7 所示的滇池水环境容量年内分布结果可知，年内 6—10 月的水环境容量分布明显大于其他月份，约占全年水环境容量总量的 52%~55%。滇池水环境容量受受牛栏江来水影响显著，如 7 月下旬至 8 月中旬牛栏江—滇池补水工程提水泵站检修而停止引水，故 7 月、8 月滇池的水环境容量明显小于雨季的其他月份；同时受牛栏江来水（滇池入湖的主要水量来源）影响，滇池干、湿季节的水环境容量差异较牛栏江来水前显著缩小。

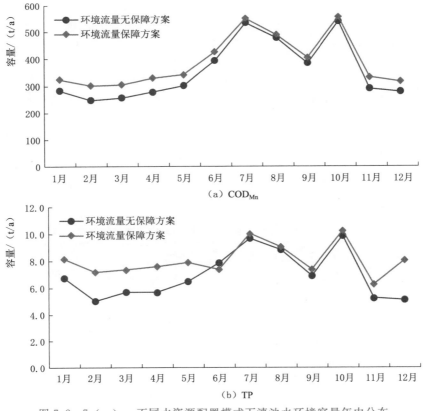

图 7.2-7（一）　不同水资源配置模式下滇池水环境容量年内分布

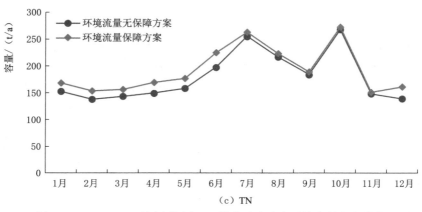

图 7.2-7（二） 不同水资源配置模式下滇池水环境容量年内分布

7.3 滇池入湖污染物限制排污总量控制方案

7.3.1 滇池入湖污染物来源及其组成

根据滇池入湖污染物的来源组成，可将滇池入湖污染物来源主要分为集中排放点源（污水处理厂、水质净化厂尾水），分散式点源（随入湖河流或降雨径流进入滇池），城市与农业农村非点源（随雨季降雨径流进入滇池），以及外流域补水携带（又分为牛栏江来水携带及滇池入湖污染物）。

7.3.1.1 集中排放点源

随着滇池流域入湖河道综合整治与环湖截污工程的逐步完成，滇池流域集中排放点源主要为污水处理厂和水质净化厂。据最新资料统计（见表 7.3-1），2016 年昆明主城区十座水质净化厂处理污水量为 46385.41 万 m³，年均出水浓度分别为 COD11.16mg/L、TP 0.16mg/L、TN 8.01mg/L，年集中排放的 COD、TP、TN 污染负荷量分别为 5159t、74.13t、3889t，其中一部分污染负荷随入湖河道进行滇池草海、外海，另外大部分负荷经由环湖截污管道通过西园隧洞排向下游的沙河。

表 7.3-1   **2016 年滇池流域与滇池发生水力联系的水质净化厂情况汇总**

污水处理厂名称	污水处理量/万 m³	出水水质浓度/(mg/L)			排水去向
		COD	TP	TN	
一污	4559.08	12.09	0.10	7.04	船房河、采莲河
二污	3811.59	11.91	0.14	9.30	明通河
三污	7943.67	12.20	0.12	12.14	老运粮河、乌龙河
四污	1595.39	9.79	0.14	5.54	盘龙江
五污	7863.43	9.79	0.15	5.48	金汁河
六污	4431.44	13.52	0.16	9.43	新宝象河

续表

污水处理厂 名称	污水处理量 /万 m³	出水水质浓度/(mg/L)			排 水 去 向
		COD	TP	TN	
七八厂	10631.16	10.15	0.20	8.26	外排泵站
九污	2230.72	10.58	0.12	5.76	新运粮河
十污	3318.94	10.39	0.28	9.18	海明河
淤泥河净化厂	650.18	20.32	0.32	11.00	淤泥河
白鱼河净化厂	669.92	17.14	0.18	10.97	白鱼河
古城净化厂	300.28	14.55	0.21	3.06	灰厂湿地
捞鱼河污水处理厂	474.45	15.35	0.50	10.90	捞鱼河
洛龙河污水处理厂	1792.30	18.24	0.74	13.02	清水大沟、斗南湿地
洛龙河净化厂	493.68	14.44	0.70	14.69	清水大沟、斗南湿地
昆阳净化厂	847.70	20.08	0.33	9.71	小口子河、流入湿地
白鱼口净化厂	129.38	15.35	0.36	3.67	湿地—滇池
昆明主城区	46385.41	11.16	0.16	8.01	草海、外海、西园隧洞

7.3.1.2 分散式点源

滇池流域分散式点源常通过入湖河流或伴随着降雨径流进入滇池。根据 2015 年滇池环湖入湖河流水量与水质监测资料统计，在剔除牛栏江来水（盘龙江）影响后，滇池入湖污染物年内变化过程见图 7.3-1。

根据图 7.3-1 所示的入湖污染物年内变化过程，以旱季 2—4 月的月均入湖负荷量作为基准值推算滇池的点源入湖量。现状年滇池环湖入湖的点源负荷量分别为高锰酸盐指数 1257t、总磷 45t、总氮 2029t，其中进入草海的点源负荷量分别为高锰酸盐指数 362t、总磷 16t、总氮 902t，分别占点源负荷总量的 28.80%、35.56%、44.46%；进入外海的点源负荷量分别为高锰酸盐指数 895t、总磷 29t、总氮 1127t，分别占点源负荷总量的 71.20%、64.44%、55.54%。

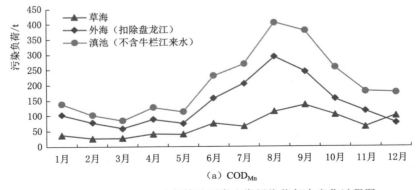

(a) COD_{Mn}

图 7.3-1（一）　2015 年滇池环湖入湖污染物年内变化过程图

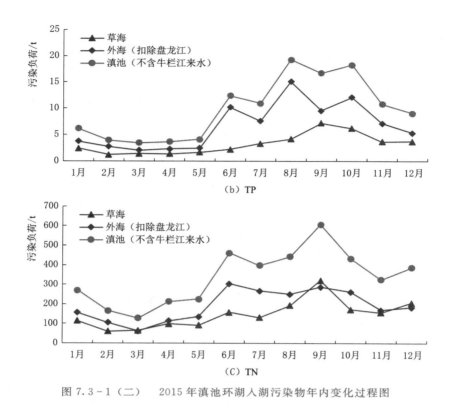

图 7.3-1（二）   2015 年滇池环湖入湖污染物年内变化过程图

7.3.1.3   城市与农业农村非点源

根据图 7.3-1 所示的入湖污染物年内变化过程，扣除点源负荷外剩余量即为因降雨径流产生或携带入湖的污染负荷量。现状年滇池环湖入湖的非点源负荷量分别为高锰酸盐指数 1204t、总磷 74t、总氮 2029t，其中进入草海的非点源污染负荷量分别为高锰酸盐指数 454t、总磷 22t、总氮 862t，分别占点源负荷总量的 37.71%、29.73%、42.48%；进入外海的非点源负荷量分别为高锰酸盐指数 750t、总磷 52t、总氮 1167t，分别占点源负荷总量的 62.29%、70.27%、57.52%。

7.3.1.4   牛栏江来水携带入湖污染物

盘龙江作为牛栏江—滇池补水工程的入湖清水通道，沿河两岸已完成截污，枯水期间无直排污染源，但雨季仍有城市内涝水和城市降雨径流入河，从而对盘龙江水质产生影响。在盘龙江上游的松华坝水库不泄水的情况下，盘龙江在昆明城区段的产水量不足 4000 万 m³，故牛栏江来水是盘龙江的最主要来水水源，其水质也主要受牛栏江来水影响。本次研究粗略地以盘龙江水量与水质代替牛栏江来水情况，并估算牛栏江来水携带的入湖污染物量。2015 年牛栏江来水携带的高锰酸盐指数、总磷、总氮负荷量分别为 1542t、37.6t、1738t。

7.3.1.5   滇池入湖污染物

扣除环湖截污工程每天输送 110 万 m³ 污水处理厂尾水和重污染河道来水后，2015 年经环湖入湖河道进入滇池的高锰酸盐指数、总磷、总氮负荷量分别为 4003t、157t、5496t，其中点源负荷占总入湖负荷量的 28.5%～36.9%，非点源负荷约占总入湖量的 30.1%～47.5%，牛栏江来水携带的负荷量占 24.0%～38.5%。从滇池特征污染指标 TP 和 TN 两指标分析，城市和农业农村非点源已经成为滇池流域陆域的首要污染源，占 36.9%～47.5%；其次是污水处理厂补给入湖河道的尾水和分散式点源，占 28.5%～36.9%；牛栏江来水携带的 N、P 负荷量也成为滇池入湖污染物的重要组成部分，占 24.0%～26.2%。现状年滇池入湖污染物的来源组成及其年内变化过程详见表 7.3-2 及图 7.3-2。

表 7.3-2　　　　　　　　现状年滇池入湖污染负荷来源及其组成

污染来源	入湖负荷量/(t/a)			所占比重/%		
	COD_Mn	TP	TN	COD_Mn	TP	TN
点源	1257	45	2029	31.40	28.67	36.92
非点源	1204	74	2029	30.08	47.13	36.92
牛栏江来水	1542	38	1438	38.52	24.20	26.16
滇池	4003	157	5496	100.0	100.0	100.0

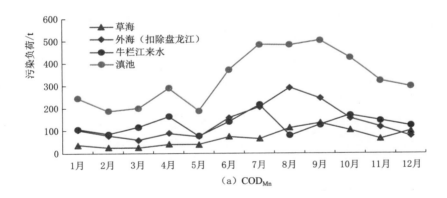

(a) COD_Mn

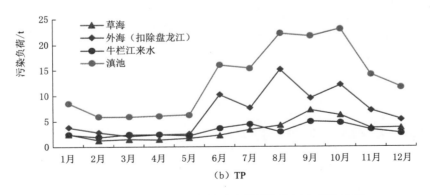

(b) TP

图 7.3-2（一）　2015 年滇池入湖污染物年内变化过程

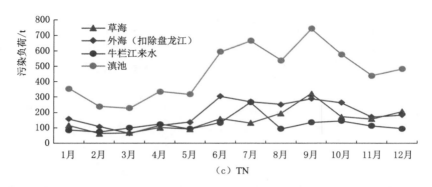

（c）TN

图 7.3-2（二）　2015 年滇池入湖污染物年内变化过程

7.3.2　满足总量控制要求的入湖河流水质管理目标需求

总量控制是我国有效控制点污染源、遏止河湖水环境质量恶化的重要策略，但水环境容量总量在管理中如何落实、如何有效地与日常水环境管理相结合是当前水环境监督管理中的热门话题。

本研究采用典型水文年作为设计水情条件，充分考虑了滇池流域干湿季节特征分明、年内入湖水量差异显著和风场变化频繁等特点，计算了滇池水环境容量，分析了滇池水环境容量的年内变化特点及其与水情条件变化的关系，其结果既可为滇池流域点源污染控制提供管理依据，又可为流域非点源总量控制与量化管理提供科学的技术支持。

为紧密结合水环境行政管理部分的技术需求，结合滇池流域自身环境特点，分季节、分区域提出了基于容量总量控制条件下的入湖水质浓度控制要求。结果表明：在满足滇池草海、外海各常规水质监测站点水质目标浓度约束条件下，滇池草、外海各入湖河流的水质控制浓度存在明显的差异，同时受年内入湖水量的季节差性异影响，雨季入湖水量的水质控制浓度明显较旱季严格。滇池草、外海旱季和雨季主要河流的入湖水质控制浓度限值详见表 7.3-3。

表 7.3-3　　　　无环境流量保障措施下滇池入湖河流污染物浓度控制限值　　　　单位：mg/L

分区	旱　　季			雨　　季		
	TP	TN	COD_{Mn}	TP	TN	COD_{Mn}
草海	0.14	3.0	6	0.12	2.5	6
外海	0.15	2.5	5	0.10	2.0	5
盘龙江	0.06	2.0	4	0.06	2.0	4

7.3.3　滇池入湖污染物浓度削减方案

以基于滇池水环境容量总量控制条件下的入湖河流水质浓度控制限值为条件，结合现状年各入湖河流旱季和雨季的入湖水质状况，分草海、外海和牛栏江来水三部分分别制定了入湖河流旱季和雨季水质浓度控制与削减方案，其结果分别见表 7.3-4～表 7.3-6。

表 7.3-4　无环境流量保障措施下滇池草海入湖河流污染物浓度削减方案

草　海		旱　季			雨　季		
		TP	TN	COD_{Mn}	TP	TN	COD_{Mn}
浓度限值/(mg/L)		0.14	3.0	6	0.12	2.5	6
入湖河流水质现状/(mg/L)	新运粮河	0.333	18.13	4.6	0.145	16.68	4.7
	老运粮河	0.440	17.00	5.8	0.421	12.20	8.2
	大观河	0.107	13.97	6.4	0.191	6.48	4.3
	船房河	0.053	2.65	6.6	0.121	2.67	4.2
入湖河流水质浓度削减率/%	新运粮河	58.0	83.5	—	17.2	85.0	—
	老运粮河	68.2	82.4	—	71.5	79.5	26.6
	大观河	—	78.5	6.3	37.2	61.4	—
	船房河	—	—	8.6	0.6	6.4	—

表 7.3-5　无环境流量保障措施下滇池外海入湖河流水质浓度削减方案

外　海		旱　季			雨　季		
		TP	TN	COD_{Mn}	TP	TN	COD_{Mn}
浓度限值/(mg/L)		0.15	2.5	5	0.1	2.0	5
入湖河流水质现状/(mg/L)	采莲河	0.276	12.69	8.2	0.444	7.91	7.4
	大清河	0.195	7.49	4.9	0.095	7.14	4.2
	宝象河	0.084	4.93	3.7	0.156	5.87	3.7
	马料河	0.215	5.04	5.6	0.274	6.00	5.5
	洛龙河	0.028	1.65	1.8	0.058	2.15	3.0
	捞鱼河	0.275	9.99	6.7	0.143	4.23	4.3
	大河	0.142	1.73	3.3	0.274	1.74	2.8
	柴河	0.065	1.54	2.8	0.102	1.38	2.8
	古城河	0.329	2.25	2.6	0.224	2.09	2.5
	东大河	0.131	1.61	2.7	0.211	1.50	2.7
入湖河流水质浓度削减率/%	采莲河	45.7	80.3	39.0	77.5	74.7	32.0
	大清河	23.1	66.6	—	—	72.0	—
	宝象河	—	49.3	—	35.7	65.9	—
	马料河	30.1	50.4	10.2	63.4	66.6	9.0
	洛龙河	—	—	—	—	7.0	—
	捞鱼河	45.5	75.0	25.0	30.1	52.7	—
	大河	—	—	—	63.5	—	—
	柴河	—	—	—	2.2	—	—
	古城河	54.4	—	—	55.4	—	—
	东大河	—	—	—	52.6	—	—

表7.3－6 无环境流量保障措施下牛栏江来水水质浓度削减方案

牛栏江	旱 季			雨 季		
	TP	TN	COD$_{Mn}$	TP	TN	COD$_{Mn}$
浓度限值/(mg/L)	0.06	2.0	4	0.06	2.0	4
现状入湖水质浓度/(mg/L)	0.047	2.05	2.5	0.100	3.67	3.3
现状入湖水质浓度削减率/%	—	—	—	39.8	45.5	

根据表7.3－4中的结果，草海各入湖水质指标中，水质浓度控制的重点是总磷和总氮，难点是总氮（浓度负荷需削减60%～80%），高锰酸盐指数除老运粮河在雨季需要适当控制（削减幅度为26.6%）外，其余河流的削减压力都不大；从各入湖河流水质浓度削减程度来看，新、老运粮河压力较大，船房河水质相对较好，入湖水质基本能满足容量总量控制要求。

根据表7.3－5所示的外海入湖河流水质浓度削减结果，总氮和总磷是外海入湖河流水质浓度削减的重点，高锰酸盐指数污染程度较低；从入湖河流水质浓度削减与控制的空间分布特征来看，采莲河、大清河、马料河、捞鱼河和宝象河等穿过昆明主城区或呈贡新城污染程度相对较重，总氮、总磷浓度削减幅度较大，应是今后外海入湖河流治理的重点。

根据表7.3－6所示的牛栏江来水水质分析结果可知，牛栏江来水水质总体较好，但丰水期间总氮、总磷水质浓度应需得到有效控制（至少需要削减45%），才能使滇池水质尽快地向湖泊Ⅲ类水质目标迈进。

根据滇池流域污染源调查、入湖河流水质污染成因分析结果表明：滇池流域旱季污染较重的河流均是通过昆明主城区或呈贡新区的入湖河流，其污染来源一方面是未完全拦截的城市分散式点源，另一方面是城市水质净化厂尾水补给河道生态环境用水所致。因此，针对旱季入湖污染物总量控制管理建议，是在进一步完善入湖河道综合治理、完全拦截城市分散式点源污染负荷入河的基础上，强化城市水质净化厂除氮脱磷的提标改造工作，并通过合理的水资源优化配置模式，让相对清洁的牛栏江来水补给重污染河道，在保障入湖河道生态环境用水的同时，改善入湖河道的水环境质量，使入湖河道旱季水质逐步达到容量总量控制的水质控制浓度限值要求。

雨季污染较重的河流，第一是受昆明主城区雨污合流制影响，导致雨强较大时段的城市生活污水溢流进入河道并致使雨季河流水质较差；第二是入湖河道综合治理不彻底，旱季累积在河道两侧支沟、支渠的脏污水随雨季来临进入河道，从而加重入湖河道水质污染；第三是农业农村非点源污染治理难度大。因此，针对雨季入湖污染物总量控制管理，需从流域角度，进一步强化"源头控制、过程阻断、末端拦截和水体修复"治理思路与链条，按照海绵城市和海绵流域的建设思路，科学规划，分布落实，减少城市建成区单位面积的产水量，降低流域水土流失强度，逐步改善滇池入湖河流雨季的水环境质量，使入湖河道雨季水质逐步达到雨季水环境容量总量控制的水质控制浓度限值要求。

7.4 小结

滇池流域在湖泊和入湖河流上共划分开发利用区15个，同时对各开发利用区进行了二级区划，合计 26 个水功能区，包括源头水保护区、农业和工业用水区、农业和渔业用水区、景观娱乐用水区等，其中滇池开发利用区划分为滇池昆明草海工业景观用水区、滇池北部西部农业景观用水区、滇池东北部饮用农业用水区、滇池东部农业渔业用水区和滇池南部工业农业用水区。滇池外海水质目标为Ⅲ类、草海为Ⅳ类，汇入草海的各入湖河流水质目标为Ⅳ类，汇入外海的各入湖河流水质目标为Ⅲ类（大清河除外，为Ⅳ类）。

在典型枯水年设计水文条件和外流域来水条件下，2030 年滇池总磷、总氮、高锰酸盐 3 个指标的水环境容量分别为 325t/a、5853t/a、6618t/a，在考虑湖面降尘、湖泊内源释放和湖面水量蒸发挤占了滇池水体的部分水环境容量后，分配给滇池流域陆域入湖污染物的水环境容量分别为：总磷 120t/a、总氮 2820t/a、高锰酸盐指数 6131t/a。

滇中引水工程和牛栏江来水为滇池各主要入湖河流的生态环境流量提供了清洁水源保障。通过水资源优化配置，不仅可有效保障各入湖河流的环境流量需求，还可增加滇池草海、外海的水环境容量。在各入湖河流环境流量保障方案下，滇池总磷、总氮、高锰酸盐指数三指标的水环境容量分别为 331t/a、5996t/a、7148t/a，分别较入湖河流无环境流量保障方案增加了 4.4%、5.0%、8.5%，其中草海各指标的水环境容量增幅很大，总磷、总氮、高锰酸盐指数三指标容量分别增加 23.5%、14.7%、32.3%；外海尽管分流了部分水量进入草海，但随着入湖水量的空间优化，其水环境容量仍有所增加，外海总磷、总氮、高锰酸盐指数三指标分别增加 1.7%、3.7%、5.5%。

2015 年经环湖入湖河道进入滇池的高锰酸盐指数、总磷、总氮负荷量分别为 4003t、157t、5496t，其中点源负荷占总入湖负荷量的 28.5%～36.9%，非点源负荷占总入湖量的 30.1%～47.5%，牛栏江来水携带的负荷量占 24.0%～38.5%。从特征污染指标总磷和总氮分析，城市和农业农村非点源已经成为滇池流域陆域的首要污染源，占 36.9%～47.5%；其次是污水处理厂补给入湖河道的尾水和分散式点源，占 28.5%～36.9%；牛栏江来水携带的氮、磷负荷量也成为滇池入湖污染物的重要组成部分，占 24.0%～26.2%。

为紧密贴合水环境行政管理部分的技术需求，并结合滇池流域自身环境特点，分季节、分区域提出了基于容量总量控制条件下的入湖水质浓度控制要求，其中草海旱季入湖的高锰酸盐指数、总磷和总氮指标浓度限值分别为 6mg/L、0.15mg/L、3.5mg/L，雨季入湖的高锰酸盐指数、总磷和总氮指标浓度限值分别为 6mg/L、0.12mg/L、2.5mg/L；外海旱季入湖的高锰酸盐指数、总磷和总氮指标浓度限值分别为 5mg/L、0.15mg/L、2.5mg/L，雨季入湖的高锰酸盐指数、总磷和总氮指标浓度限值分别为 5mg/L、0.10mg/L、2.2mg/L；牛栏江来水旱季的高锰酸盐指数、总磷和总氮指标浓度限值分别为 4mg/L、0.06mg/L、2.2mg/L，雨季来水的高锰酸盐指数、总磷和总氮指标浓度限值分别为 4mg/L、0.06mg/L、2.2mg/L。

在滇池各入湖水质指标中，高锰酸盐指数（化学需氧量）污染程度较低，水质浓度控制的重点是总磷和总氮，难点是总氮（浓度负荷需削减约 80%）；从各入湖河流水质浓度削减程度来看，草海新、老运粮河压力最大，外海采莲河、大清河、马料河、捞鱼河和宝象河等穿过昆明主城区或呈贡新城污染程度相对较重，总氮、总磷浓度削减幅度较大，应是今后外海入湖河流治理的重点。牛栏江来水水质总体较好，但丰水期间总氮、总磷浓度应需得到有效控制（至少需要削减 45%），才能使滇池水质尽快地向湖泊Ⅲ类水质目标迈进。

　　根据滇池流域污染源调查、入湖河流水质污染成因分析结果可知：滇池流域旱季污染较重的河流均是通过昆明主城区或呈贡新区的入湖河流，其污染来源一方面是未完全拦截的城市分散式点源，另一方面是水质净化厂尾水补给河道生态环境用水所致。雨季污染较重的河流，一方面是受昆明主城区雨污合流制影响，导致雨强较大时段的城市生活污水溢流进入入湖河道并致使河流水质较差；另一方面是入湖河道综合治理不彻底，旱季累积在河道两侧沟渠的脏污水随雨季进入河道，从而加重入湖河道水质污染；而且农业农村非点源污染治理难度大。因此，针对旱季入湖污染物总量控制管理建议，是在进一步完善入湖河道综合治理、完全拦截城市分散式点源污染负荷入河的基础上，强化城市水质净化厂除氮脱磷的提标改造工作，并通过合理的水资源优化配置模式，让相对清洁的牛栏江来水补给重污染河道，在保障入湖河道生态环境用水的同时，改善入湖河道的水环境质量，使入湖河道旱季水质逐步达到容量总量控制的水质控制浓度限值要求。针对雨季入湖污染物总量控制管理，需从流域角度，进一步强化"源头控制、过程阻断、末端拦截和水体修复"治理思路与链条，按照海绵城市和海绵流域的建设思路，科学规划，分布落实，减少城市建成区单位面积的产水量，降低流域水土流失强度，逐步改善滇池入湖河流雨季的水环境质量，使入湖河道雨季水质逐步达到雨季水容量总量控制的水质控制浓度限值要求。

第8章 基于河流水质目标需求的滇池流域水资源可持续利用方案

以滇池流域健康水循环体系为背景，以昆明主城区河道的入湖水质控制浓度要求为约束，结合入湖河道水质沿程变化特点，提出满足容量总量控制条件的水源水质要求；同时结合城区污水处理厂位置、尾水排放量及其水质情况，研究尾水资源可利用程度及滇池水质持续性改善对外流域水资源配置的需求，提出滇池水质改善对外流域清洁水资源依赖逐步减少的条件，研究滇池流域水资源可持续利用方案，使滇池流域经济社会发展与生态环境保护相协调。

8.1 昆明主城区主要入湖河流多水源配置的水质需求

8.1.1 典型入湖河流水质沿程变化过程

滇池流域 11 条入湖河流水质沿程观测结果表明，水体流速是决定入湖河流污染物综合降解系数的关键因素，一般表现为水流流速越快，水体综合降解能力就越强，但单位河长的综合自净能力与水体流动特性的关系研究尚未有公开报道。从对盘龙江、宝象河、大河和柴河四类典型入湖河流的总氮、氨氮和总磷指标浓度沿程变化特征来看，总体均表现为自上游向下游逐渐增加的趋势，其中 TN、TP 浓度沿程增幅由大至小的顺序依次为：城乡结合型河流（宝象河）＞农田型河流（大河）＞村镇型河流（柴河）≈城市纳污型河流（盘龙江）。上述表现的原因差异较大：①盘龙江作为牛栏江—滇池补水工程的清水入湖通道，尽管河道穿城而过，但流经地区多为居民区，沿江两岸的城镇生活污水和工业废水得到有效收集和集中处理，同时牛栏江来水增加了沿程河段的稀释与自净能力，故盘龙江沿程水质增幅相对最小；②宝象河和大河流经地区多为城镇居民区和集约化农业区，城镇生活污水未全部收集并集中处理，同时农田化肥流失及农村生活污水排放等造成河流氮、磷等营养盐浓度呈现沿程升高趋势；③柴河流域城镇化水平较低，农田集中分布在流域中游且集约化程度低于滇池流域东部区域，各项水体污染物浓度相对较低。下面以盘龙江为典型代表说明滇池入湖河流的沿程变化规律（图 8.1-1）。

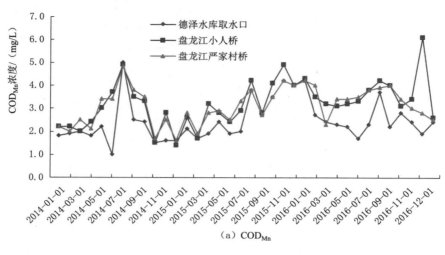

（a）COD_{Mn}

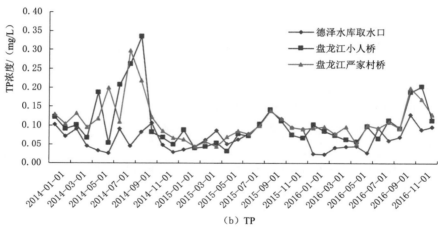

（b）TP

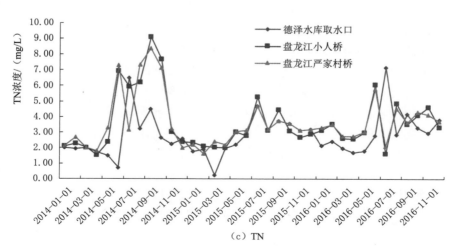

（c）TN

图 8.1-1　2014—2016 年盘龙江沿程水质变化过程

根据图 8.1-1 所示的盘龙江沿程水质变化过程可知，盘龙江水质自牛栏江—滇池补水工程隧洞出口（松华坝下）往下总体呈现沿程增加趋势，其中旱季（11月至次年4月）上下游水质浓度增幅不明显，而雨季上下游之间水质差异十分显著，即区间非点源汇入导致下游水质浓度显著增加。

8.1.2 基于入湖水质目标约束的水源水质配置需求

8.1.2.1 入湖河湖水质目标浓度需求

以滇池流域水环境容量为入湖污染物的总量控制约束条件，结合流域水功能区划成果，并考虑不利水情设计工况（典型枯水年），推求得到不同季节（旱季和雨季）的入湖河流水质控制浓度限值，其结果见表 8.1-1。

表 8.1-1   **滇池入湖河流水质浓度控制限值**   单位：mg/L

分区	旱 季			雨 季		
	TP	TN	COD_{Mn}	TP	TN	COD_{Mn}
草海	0.14	3.0	6	0.12	2.5	6
外海	0.15	2.5	5	0.10	2.2	5
盘龙江	0.06	2.0	4	0.06	2.0	4

8.1.2.2 入湖河流多水源配置的水质要求

对于一条生态系统健康的河流而言，河流对入河污染物都具有一定的稀释与自净能力，在河段区间无大量污染物汇入的情况下，河流沿程水质浓度将呈现自上而下逐渐降低的趋势。针对滇池流域入湖河流源短、水少，且沿程不断有城镇生活废污水、城市非点源、农业农村面源污染负荷汇入的情况，各入湖河流有限的自净能力无法有效消纳沿程污染物汇入而导致沿程水质浓度的升高。故为满足基于容量总量控制需求提出的入湖河流水质浓度限值，在确定入湖河流多水源配置的水质需求时，现阶段至少应不低于表 8.1-2 中提出的入湖河流水质控制浓度限值。

根据滇池流域水功能区划及其分阶段目标要求，并结合滇池流域水污染治理进程及其主要入湖河流的水环境质量状况，近期按照表 8.1-2 所示的浓度限值进行多水源配置，尽管很可能无法满足各河流的入湖水质控制浓度限值，但在各主要入湖河流综合治理工程的大力配合下，滇池水质也将得到持续性改善，并逐步向良好湖泊转变。远期将在入湖河流单位河长水体自净能力研究的基础上，通过工程措施截断点源入河途径，并厘清非点源污染物对河流水质的贡献率，以入湖河流为单元，研究提出满足其入湖水质浓度限值需求的多水源配置水质要求，从而为滇池流域水资源配置优化与水资源可持续利用提供更科学的支撑。

8.2 基于水质目标需求的入湖河流多水源配置方案

8.2.1 昆明主城区主要入湖河流的水量配置需求

基于规划水平年（2030年）典型枯水年（$P=90\%$）设计水情条件下滇池入湖河流逐

月入湖水量模拟结果，得到年内各入湖河流的最小流量，同时结合滇池环湖各入湖河流的环境流量需求，计算得到各入湖河流为满足其环境流量需求的多水源配置水量需求，其结果详见表 8.2-1。

表 8.2-1　　　　　　　　　　滇池各入湖河流多水源配置的水量需求　　　　　　　　　单位：m³/s

序号	河流	年内最小入湖流量	环境流量	多水源配置的水量需求
1	新运粮河	0.11	0.70	0.59
2	老运粮河	0.03	1.07	1.04
3	大观河	0.01	1.18	1.18
4	西坝河	0.00	0.30	0.30
5	船房河	0.01	0.95	0.94
6	盘龙江	0.76	2.71	1.95
7	大清河	0.08	0.80	0.72
8	宝象河	0.29	1.99	1.70
9	马料河	0.05	0.80	0.75
10	洛龙河	0.15	1.01	0.86
11	捞鱼河	0.07	1.16	1.09
12	大河	0.15	0.15	0.00
13	柴河	0.14	0.14	0.00
14	东大河	0.12	0.65	0.53
15	古城河	0.02	0.02	0.00
合计		1.99	13.63	11.65

根据表 8.2-1 所示的结果可知，滇池流域枯水年最枯月入湖流量为 1.99m³/s，其最小环境流量需求为 13.63m³/s，故为保障滇池各主要入湖河流的水流连通性并具有一定的水体自净能力，维持城市河流的景观需求，滇池流域入湖河流需要多水源配置的水量需求为 11.65m³/s。

8.2.2　满足入湖河流环境流量需求的多水源配置方案

滇池入湖河流环境流量需求的多水源配置水量可由上游已建水库调度下泄、河流临近污水处理厂尾水回用和牛栏江引水量组成。单纯从水资源量配置角度，配置原则需遵循区内来水优先，临近污水处理厂尾水再利用次之，如水量仍不满足入湖河流的环境水量需求，再考虑外流域调水补给。也就是说，为了满足滇池入湖河流环境流量需求的多水源方案配置，应遵循依次考虑流域内上游水库调度下泄水量、临近污水处理厂尾水再利用、牛栏江—滇池补水工程和滇中引水工程水量的原则进行多水源方案配置。

8.2.2.1　滇池主要入湖河流上游大中型水库可配置水量分析

目前 15 条主要的入滇河流上游，已建有大中型水库七座，分别为：盘龙江上游的松华坝水库、宝象河上游的宝象河水库、马料河水库上游的果林水库、捞鱼河上游的松茂水库、大河上游的大河水库和柴河上游的柴河水库。当前各已建大中型水库均有供水任务，严重挤占了水库坝址下游河道的生态环境用水量。按照水生态文明建设要求，自 2020 年起上游水库应下泄 10% 的多年平均径流量作为下游河道的生态环境用水，同时近期在掌鸠河、清水海、牛栏江—滇池补水工程等外流域调水解决了昆明市近期缺水问题，可通过供水对象置换方式将各河道上游已建水库作为各河流区内来水的重要组成，应作为多水源配置方案的优先考虑对象。远期（2030 年）滇中引水工程实施后，根据《滇中引水工程可行性研究报告》中"受水区主要河流湖泊生态基流枯水期为多年平均径流量的 10%，丰水期为多年平均径流量的 30%"计算各大中型水库流量。滇池主要入湖河流上游已建各大中型水库可配置水量具体见表 8.2 - 2。

表 8.2 - 2　　规划 2020 年滇池主要入湖河流上游已建大中型水库可配置水量分析表

序号	河流	上游大中型水库	水库规模/万 m³	现状供水规模/（万 m³/a）	水库可下泄配置流量/(m³/s)
1	新运粮河	—	—	—	—
2	老运粮河	—	—	—	—
3	大观河	—	—	—	—
4	西坝河	—	—	—	—
5	船房河	—	—	—	—
6	盘龙江	松华坝水库	21900	10500	0.63
7	大清河	—	—	—	—
8	宝象河	宝象河水库	2070	1550	0.06
9	马料河	果林水库	1140	395	0.03
10	洛龙河	—	—	—	—
11	捞鱼河	松茂水库	1600	973	0.03
12	大河	大河水库	1850	1700	0.05
13	柴河	柴河水库	2200	1940	0.13
14	东大河	双龙水库	1224	1216	0.06
15	古城河	—	—	—	—

8.2.2.2　河流临近污水处理厂尾水可利用水量分析

滇池流域现已建成的污水处理厂（水质净化厂）十余座，其中，15 条主要入滇河流沿岸涉及污水处理厂六座，分别为一污、三污、四污、六污、九污，以及洛龙河、捞鱼河、白鱼河、古城污水处理厂。远期水平年（2030 年）规划充分利用各污水处理厂处理后排放尾水量，作为下游河流生态环境用水的重要组成部分，具体水量见表 8.2 - 3。

表 8.2-3　　规划 2030 年滇池入湖河流上游已建污水处理厂尾水可配置水量分析表

序号	河流	污水处理厂名称	尾水可配置水量/(m³/s)
1	新运粮河	九污	0.71
2	老运粮河	三污	2.52
3	大观河	—	—
4	西坝河	—	—
5	船房河	一污	1.45
6	盘龙江	四污	0.51
7	大清河	—	—
8	宝象河	六污	1.41
9	马料河	—	—
10	洛龙河	洛龙河污水处理厂	0.57
11	捞鱼河	捞鱼河污水处理厂	0.15
12	大河	白鱼河污水处理厂	0.21
13	柴河	—	—
14	东大河	—	—
15	古城河	古城污水处理厂	0.10

8.2.2.3　满足入湖河流环境流量需求的多水源可配置水量分析

按照依次考虑流域内上游水库调度下泄水量、临近污水处理厂尾水再利用、牛栏江—滇池补水工程水量的原则分析可供入湖河道环境用水的多水源方案。由于大河、柴河、东大河和古城河位于滇池南岸，距离牛栏江—滇池补水工程出口较远，同时滇中引水工程在枯水季节基本无多余水量补给滇池生态环境用水，故本次暂不考虑牛栏江来水对上述河流生态环境补水的可行性。多水源方案下滇池主要入湖河流可用的多水源配置水量详见表 8.2-4。

表 8.2-4　　　　　滇池流域主要入湖河流多水源可配置水量分析表　　　　单位：m³/s

序号	河流名称	多水源配置需求	多水源可用水量		
			上游水库下泄	污水处理厂尾水	牛栏江/滇中引水
1	新运粮河	0.59	—	0.71	0.00
2	老运粮河	1.04	—	2.52	0.00
3	大观河	1.18	—	—	1.18
4	西坝河	0.30	—	—	0.30
5	船房河	0.94	—	1.45	0.64
6	盘龙江	1.95	0.63	0.51	1.95
7	大清河	0.72	—	—	0.72
8	宝象河	1.70	0.06	1.41	1.70

续表

序号	河流名称	多水源配置需求	多水源可用水量		
			上游水库下泄	污水处理厂尾水	牛栏江/滇中引水
9	马料河	0.75	0.03	—	0.72
10	洛龙河	0.86	—	0.57	0.86
11	捞鱼河	1.09	0.03	0.15	0.89
12	大河	0.00	0.05	0.21	0.00
13	柴河	0.00	0.13		
14	东大河	0.53	0.06	—	0.00
15	古城河	0.00	—	0.10	0.00
	合计	11.65	0.99	7.63	8.96

根据表8.2-3所示结果可知，在多水源配置方案基本可行条件下，流域内各水库可向下游河流下泄生态流量为0.99m³/s，就近利用水质净化厂（或污水处理厂）尾水水量应大于现状年的7.63m³/s，牛栏江/滇中引水来水可覆盖范围的配置水量约为8.96m³/s（滇中引水工程枯水年枯水期基本无多余水量补给滇池）。从各主要入湖河流的环境流量需求满足程度来看，除外海南部的大河、柴河、东大河和古城河外，其余各主要入湖河流的环境流量均可得到较好满足。

8.2.3　满足入湖河流环境流量和水源水质需求的多水源配置方案

滇池流域干湿季节分明，雨季各入湖河流的水量相对较大，多数河流的水量满足环境流量需求，旱季多数河流水量都很小，且存在较多的断流情况，故其水质需求均以旱季各水源的水质情况进行配置。根据最新的数据资料（2016年）和2030年典型枯水年枯水季节各入湖河流的水质资料，不同水源中的高锰酸盐指数（COD_{Mn}）指标浓度均低于环境流量的入湖水质浓度限值要求，故在多水源配置方案中不考虑COD_{Mn}指标浓度的限制性影响。流域内汇流、水质净化厂尾水及牛栏江—滇池补水工程枯水季节（2014—2016年）的水质资料统计情况见表8.2-5。流域内各水库均划定为源头水源保护区并具有生活饮用水功能，故各水库水质应满足Ⅱ～Ⅲ类，即TP≤0.025mg/L、TN≤1.00mg/L。

根据表8.2-5所示的多水源水质情况，基于水质目标需求的入湖河流多水源配置方案如下：

（1）从不同水源中的总磷（TP）指标浓度来看，牛栏江来水/滇中引水工程石鼓水源和一污、三污、四污和九污枯季尾水中的TP指标浓度均低于环境流量中对TP指标的入湖水质浓度要求。故根据多水源配置原则，一污、三污、四污和九污补给的入湖河流应优先配置各水质净化厂的尾水，在流域内水资源量和尾水水量仍不能满足入湖河流环境流量需求时，再由牛栏江来水补充；而六污、洛龙河污水处理厂、捞鱼河污水处理厂尾水中的TP指标浓度高于环境流量的指标限值浓度要求，故受纳上述污水处理厂尾水的入湖河流，需合理配置污水处理厂尾水与牛栏江来水水量，以确保入湖河流的TP指标浓度满足入湖

表8.2-5　2030年昆明主城区各入湖河流满足环境流量需求的多水源水量与水质资料

序号	河流名称	环境流量与入湖水质要求			本区枯期径流与来水水质			可利用尾水量与出水水质			牛栏江可配置流量与来水水质		
		环境流量/(m³/s)	TP/(mg/L)	TN/(mg/L)	流量/(m³/s)	TP/(mg/L)	TN/(mg/L)	流量/(m³/s)	TP/(mg/L)	TN/(mg/L)	流量/(m³/s)	TP/(mg/L)	TN/(mg/L)
1	新运粮河	0.70	0.14	3.0	0.11	0.076	4.82	0.71	0.11	5.60	0.00	0.052	1.80
2	老运粮河	1.07	0.14	3.0	0.03	0.152	6.38	2.52	0.11	10.87	0.00	0.052	1.80
3	大观河	1.18	0.14	3.0	0.01	0.086	1.22				1.17	0.052	1.80
4	西坝河	0.30	0.14	3.0	0.00	0.065	1.15				0.29	0.052	1.80
5	船房河	0.95	0.14	3.0	0.01	0.074	1.49	1.45	0.09	7.36	0.48	0.052	1.80
6	盘龙江	2.71	0.06	2.0	0.76	0.036	2.77	0.51	0.10	6.09	1.95	0.052	1.80
7	大清河	0.80	0.15	2.5	0.08	0.050	1.27				0.74	0.052	1.80
8	宝象河	1.99	0.15	2.5	0.29	0.084	1.70	1.41	0.22	9.87	1.72	0.052	1.80
9	马料河	0.80	0.15	2.5	0.05	0.029	0.43				0.70	0.052	1.80
10	洛龙河	1.01	0.15	2.5	0.15	0.030	0.41	0.57	0.42	14.00	0.95	0.052	1.80
11	捞鱼河	1.16	0.15	2.5	0.07	0.030	0.49	0.15	0.39	11.35	0.96	0.052	1.80
12	大河	0.15	0.15	2.5	0.15	0.030	0.57	0.21	0.36	11.30	0.00	0.052	1.80
13	柴河	0.14	0.15	2.5	0.14	0.030	1.72				0.00	0.052	1.80
14	东大河	0.65	0.15	2.5	0.12	0.042	0.37				0.00	0.052	1.80

水质控制浓度限值要求。基于 TP 指标水质目标需求的入湖河流多水源配置方案见表 8.2-6。由表中的多水源配置结果可知，在不考虑规划水平年牛栏江来水与污水处理厂尾水水质中 TP 指标浓度发生显著变化的条件下，污水处理厂尾水可回用量为 7.17m³/s，旱季（12 月至次年 5 月）可回用尾水量约为 9742 万 m³ 用于河道环境流量用水。

（2）从不同水源中的总氮（TN）指标浓度来看，除牛栏江来水（1.80mg/L）明显低于环境流量中对 TN 指标的入湖水质浓度要求（2.50mg/L）外，一污、三污、四污、六污、九污、洛龙河污水处理厂、捞鱼河污水处理厂尾水中的 TN 指标浓度均明显高于环境流量的指标限值浓度要求。故根据多水源配置原则，需合理配置污水处理厂尾水与牛栏江来水水量，以确保入湖河流的 TN 指标浓度满足入湖水质控制浓度限值要求。基于 TN 指标水质目标需求的入湖河流多水源配置方案见表 8.2-7。由表中的多水源配置结果可知，在不考虑规划水平年牛栏江来水与污水处理厂尾水水质中 TN 指标浓度发生显著变化的条件下，尾水可回用量为 1.22m³/s，旱季（12 月至次年 5 月）可回用尾水量约为 2107 万 m³，用于河道环境水量，尾水回用率为 17.80%。

综合上述不同水质指标约束条件下的多水源配置结果可知，目前制约多水源配置的水质指标为 TN，各水质净化厂排放的尾水（TN>6mg/L）均无法直接作为入湖河流的生态环境用水，必须在牛栏江来水的大量掺混和稀释后才能被有限回用；而 TP 和 COD 不再是昆明主城区水质净化厂尾水作为入湖河流环境用水和促进滇池水质持续性改善的限制性因素。受 TN 指标入湖浓度限值要求，当前尾水可回用量仅为 1.22m³/s，旱季（12 月至次年 5 月）可重复利用水质净化厂尾水量约为 2107 万 m³（约占可用尾水量的 17.80%）用于河道环境水量；牛栏江来水可以满足昆明主城区各主要入湖河流环境流量需求的水量与水质要求。

8.2.4 滇池水质持续改善对外流域补水的需求分析

根据现状年及 2020 年滇池入湖污染物来源组成及其污染源解析结果可知，滇池流域点源排放以污水处理厂尾水排放为主，分散性点源污染排放呈逐年减少趋势；陆域入湖污染源逐步由以点源为主转化为以城市非点源和农业农村面源为主，陆域面源入湖的 TP、TN 负荷量已超过 50%。在滇池流域陆域点源和非点源入湖的影响下，规划水平年滇池各主要河流的入湖水质仍相对较差，与基于水环境容量总量控制条件下提出的入湖水质控制浓度限值仍存在较大的差距。下面以典型枯水年昆明主城区及呈贡新城流入外海的几条主要河流入湖水质为例，计算结果见图 8.2-1、图 8.2-2。

由图 8.2-1、图 8.2-2 所示结果可知，受点源污染严重的入湖河流如大清河、捞鱼河、宝象河等，枯水季节水质较雨季明显差许多；马料河受城市非点源和农业面源影响显著，雨季水质相对较差；盘龙江水质受牛栏江来水控制，同时受雨季昆明主城区大量的城市非点源影响显著，从而出现雨季较差的情况。

对比基于容量总量控制条件下的入湖水质浓度控制要求，除洛龙河和枯水季节的盘龙江外，其余河流及雨季的盘龙江水质均距离入湖水质控制浓度要求存在较大的差距，因此在规划水平年（2020 年）滇池流域水污染防治措施实施效果的基础上，为促使滇池草海、外海水质持续性改善，滇池水质改善对外流域补水的需求分析如下：

表8.2-6　基于 TP 指标水质目标需求的昆明主城区各入湖河流多水源水量方案

河流名称	环境流量与入湖水质要求		本区枯期径流与来水水质		水库下泄生态流量及水质		尾水水质及可利用量		牛栏江需配水量与水质	
	环境流量/(m³/s)	TP/(mg/L)	流量/(m³/s)	TP/(mg/L)	流量/(m³/s)	TP/(mg/L)	流量/(m³/s)	TP/(mg/L)	流量/(m³/s)	TP/(mg/L)
新运粮河	0.70	0.14	0.11	0.076			0.71	0.11	0.00	0.052
老运粮河	1.07	0.14	0.03	0.152			2.52	0.11	0.00	0.052
大观河	1.18	0.14	0.01	0.086					1.17	0.052
西坝河	0.30	0.14	0.00	0.065					0.29	0.052
船房河	0.95	0.14	0.01	0.074			1.45	0.09	0.00	0.052
盘龙江	2.71	0.06	0.76	0.036	0.63	0.025	0.51	0.10	0.28	0.052
大清河	0.80	0.15	0.08	0.010					0.42	0.052
宝象河	1.99	0.15	0.29	0.084	0.06	0.025	1.30	0.22	0.77	0.052
马料河	0.80	0.15	0.05	0.029	0.03	0.025			0.67	0.052
洛龙河	1.01	0.15	0.15	0.018	0.03	0.025	0.32	0.42	0.52	0.052
捞鱼河	1.16	0.15	0.07	0.021	0.05	0.025	0.15	0.39	1.00	0.052
大河	0.15	0.15	0.15	0.008	0.13	0.025	0.21	0.36		
柴河	0.14	0.15	0.14	0.016	0.06	0.025				
东大河	0.65	0.15	0.12	0.042	0.06	0.025				
合计	13.61		1.97		0.99		7.17		5.12	

表8.2-7　基于 TN 指标水质目标需求的昆明主城区各入湖河流多水源水量方案

河流名称	环境流量与入湖水质要求		本区枯期径流与来水水质		水库下泄生态流量及水质		尾水水质及可利用量		牛栏江需配水量与水质	
	环境流量/(m³/s)	TN/(mg/L)	流量/(m³/s)	TN/(mg/L)	流量/(m³/s)	TN/(mg/L)	流量/(m³/s)	TN/(mg/L)	流量/(m³/s)	TN/(mg/L)
新运粮河	0.70	3.0	0.11	4.82			0.21	5.60	0.47	1.80
老运粮河	1.07	3.0	0.03	6.38			0.11	10.87	0.89	1.80
大观河	1.18	3.0	0.01	1.22					1.17	1.80
西坝河	0.30	3.0	0.00	1.15			0.07	7.36	0.24	1.80
船房河	0.95	3.0	0.01	1.49			0.20	7.36	0.74	1.80
盘龙江	2.71	2.0	0.76	2.77	0.63	1.00	0.00	6.09	1.69	1.80
大清河	0.80	2.5	0.08	1.27			0.18	6.09	0.24	1.80
宝象河	1.99	2.5	0.29	1.70	0.06	1.00	0.20	9.87	1.57	1.80
马料河	0.80	2.5	0.05	0.43	0.03	1.00			0.67	1.80
洛龙河	1.01	2.5	0.15	0.41			0.10	14.00	0.79	1.80
捞鱼河	1.16	2.5	0.07	0.49	0.03	1.00	0.15	11.35	0.48	1.80
大河	0.15	2.5	0.15	0.57	0.05	1.00				
柴河	0.14	2.5	0.14	1.72	0.13	1.00				
东大河	0.65	2.5	0.12	0.37	0.06	1.00				
合计	13.61		1.97		0.99		1.22		8.95	

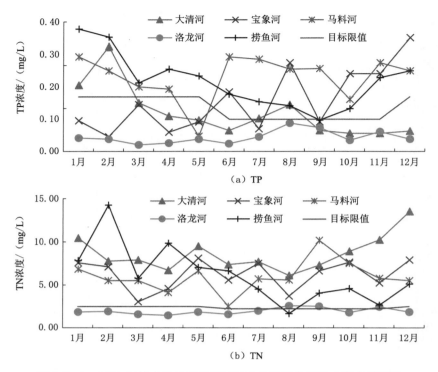

图 8.2-1 2020 年枯水年昆明主城区汇入外海的各河流入湖水质状况

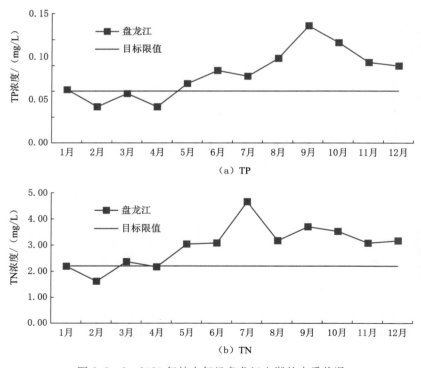

图 8.2-2 2020 年枯水年经盘龙江入湖的水质状况

（1）在滇池各主要入湖河流枯水期水质未获得根本性改善之前，牛栏江—滇池补水工程仍将是促进滇池水质持续性改善的关键驱动力因素，因为各入湖河流的枯水期水质状况充分反映了滇池流域陆域点源污染负荷的综合治理水平和污水处理厂尾水水质提升状况。

（2）近期（2020年）典型枯水年设计水情条件下的各入湖河流氮、磷等营养盐预测成果表明，到"十三五"期末各主要河流的入湖水质浓度距离本研究提出的入湖水质控制浓度限值要求仍有较大的差距，同时牛栏江来水较环湖主要河流的入湖水质仍属较为清洁的水源，故为持续推进滇池水质改善，近期应充分利用牛栏江—滇池补水工程的输水规模多引清洁水入湖。

（3）对现状年盘龙江（牛栏江来水）入湖水质与基于总量控制条件下的入湖水质浓度限值要求对比分析结果表明，除枯水季节盘龙江入湖水质优于入湖水质浓度控制限值外，雨季及其后期的入湖水质均较入湖水质浓度限值差，故为持续推进滇池水质改善，近期应加强牛栏江德泽水库汇水区上游的水污染综合治理与水源地生态保护与修复工作，同时加大昆明主城区雨污分流与城市非点源治理工作，以便充分发挥外流域补水对滇池水质改善与湖泊水生态修复的环境效益。

8.3　滇池流域水资源可持续利用方案研究

8.3.1　污水处理厂尾水水质提标的可能性分析

基于活性污泥法的废水生物处理技术是现有污水处理厂普遍采用的重要工程技术手段之一。国内的活性污泥处理系统的设计与运行大多基于稳态，而城市污水处理厂的实际运行中存在很多问题和困难，如污水处理厂的进水水质、水量随昼夜交替、季节变换、居民生活习惯等因素变化而变化，活性污泥的生物活性及沉降性能一旦发生变化，就需要很长的时间才能恢复正常。这不但造成了污水处理的效率降低、处理效果不稳定，而且还可能造成一些处理设施与电力资源的浪费。

基于北京科净源科技股份有限公司完成的《老运粮河源头混合水生物治理试验项目——试验总结报告》成果，采用超极限除磷孢子转移一体机设备和速分生物深度脱氮系统，可使TP、TN去除率分别达到92.3%和87.2%，TP、TN出水水质分别低于0.05mg/L、5mg/L。因此，采用相应的技术对污水处理厂的尾水水质进行提标处理是可行的。

8.3.2　尾水资源可利用程度与尾水水质提标的相关关系

污水处理厂的尾水资源与牛栏江来水的最大区别就是尾水中的氮、磷等营养盐浓度明显较高，在滇池湖泊水体富营养化较为严重的情况下，污水处理厂尾水只能通过提水泵站将污水处理厂尾水泵入环湖截污干管并经西园隧洞排出滇池，以避免污水处理厂尾水入湖进一步加重湖泊水质污染与水体富营养化程度。当采用超极限除磷孢子转移一体机设备和速分生物深度脱氮系统等可显著降低污水处理厂尾水的TN、TP浓度时，尾水资源就可以作为临近入湖河流环境流量的有机组成部分而得到重复利用，其可利用程度与污水处理厂尾水水质提标的程度关系十分密切：当污水处理厂尾水的N、P等营养负荷浓度完全优于牛栏江来水时，尾水资源将在工程可行的基础上得到充分利用；当提标后的尾水水质仍劣于牛栏江来水但较提标前显著改善时，将结合各主要河流的入湖水质浓度限值要求，在牛栏江来水对尾水资源的稀释和掺混作用下合理利用尾水资源，以促进滇池水质能够得到持续性改善。

根据滇池流域各水质净化厂枯水季节的尾水水质状况，并结合利用相关技术对尾水中氮、磷负荷提标的可能性，设计四种水质提标设计情景方案（见表8.3-1）。

表8.3-1　　　　　　　　滇池流域水质净化厂尾水水质提标设计情景方案　　　　　　　　单位：mg/L

提标指标	现状出水水质	尾水提标设计情景			
		方案1	方案2	方案3	方案4
TN	10	8	6	4	3
TP	0.16	0.13	0.10	0.08	0.05

按照表8.3-1所示的水质净化厂尾水水质提升设计情景方案，并根据入湖河流周边的水质净化厂分布情况，在满足典型枯水年枯水季节入湖水质浓度控制限值的条件下，计算得到满足入湖河流环境流量需求的尾水资源利用量，其结果详见图8.3-1。

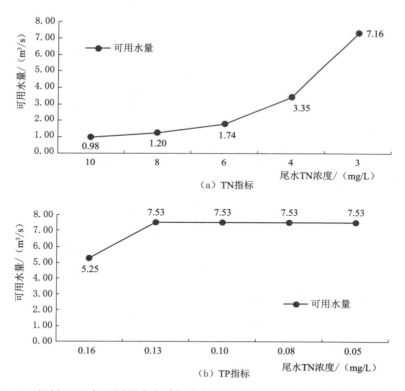

图8.3-1　规划2030年不同尾水水质提升方案下昆明主城区尾水资源可利用量变化图

根据图8.3-1所示结果可知，污水处理厂尾水资源可利用程度与尾水水质提标的相关性结果分析如下：

（1）随着尾水中 TP 和 TN 指标浓度的不断降低，可用于入湖河流环境流量的尾水量将不断增加。

（2）在当前的污水处理水平（尾水中的 TN 指标浓度为 10mg/L）下，为使入湖河流中的 TN 指标水质浓度满足其浓度限值，可利用的尾水流量为 0.98m³/s，折合成旱季（12月至次年 5月）可利用的尾水量为 1533 万 m³，约占可利用尾水资源量的 12.9%。当尾水中的 TN 指标浓度从目前的 10mg/L 逐步降低到 3.0mg/L 时，尾水资源的可利用量也从 0.98m³/s 逐步增加到 7.16m³/s（折合成水量为 11259 万 m³），约占可利用尾水资源量的 95.1%。

（3）在当前的污水处理水平（尾水中的 TP 指标浓度为 0.16mg/L）下，为使入湖河流中的 TP 指标水质浓度满足其浓度限值，可利用的尾水流量为 5.25m³/s，折合成旱季可利用的尾水量为 8256 万 m³，约占可利用尾水资源量的 69.7%。当尾水中的 TP 指标浓度从目前的 0.16mg/L 逐步降低到 0.10mg/L 及更低时，污水处理厂尾水可全部作为清洁水资源进行充分利用，当前可利用的尾水流量为 7.53m³/s，枯水季节可利用尾水资源量为 11841 万 m³。

综合 TN、TP 水质提升与尾水资源可利用程度的相关性分析结果，尾水中的 TN 指标浓度是当前制约尾水资源利用的关键，尾水中的 TP 指标提升到 Ⅱ 类水质浓度限值（≤0.10mg/L）时将不再成为滇池流域尾水资源化利用的制约因素。

8.3.3　滇池水质持续改善对尾水水质提标的限值需求

根据滇池水体富营养化治理需求，并结合污水处理厂尾水资源可利用程度与尾水水质提标的相关性分析结果，均表明 TP、TN 两指标是控制滇池水体富营养化水平并制约滇池流域污水处理厂尾水资源化利用的关键因素，在当前的污水处理水平条件下 TN 指标浓度是制约尾水资源规模化利用的关键。当尾水中的 TP 指标浓度提升到《地表水环境质量标准》（GB3838—2002）中的 Ⅱ 类水质浓度限值（≤0.10mg/L）时将不再成为滇池流域尾水资源化利用的制约因素，而将尾水中 TN 指标浓度降低到 3～4mg/L 是滇池流域利用较为丰富的尾水资源补给入湖河流环境用水并实现滇池水质持续性改善的限制性要求。

8.3.4　滇池流域昆明主城区尾水资源可持续利用方案

根据 2015—2016 年昆明主城区各水质净化厂（第一至第十污水处理厂）年内尾水水质监测结果，现阶段将尾水中的 TP 指标浓度稳定提升到 0.10mg/L 以下不存在任何技术问题，故在尾水资源可持续利用方案中重点针对 TN 指标的提升空间和已有的技术情况，并遵循逐步提升原则分别制定了将 TN 指标浓度降低至 8.0mg/L、6.0mg/L、4.0mg/L 和 3.0mg/L 的多水源可持续利用方案，结果详见表 8.3-2～表 8.3-5 及图 8.3-2～图 8.3-5。

在昆明主城区各入湖河流利用附近水质净化厂尾水资源补给河流环境用水需求的过程中，充分考虑了就近原则，如九污补给新运粮河，三污补给老运粮河，一污补给船房河并兼顾西坝河，二污现状入盘龙江并重点补给大清河，六污入新宝象河，洛龙河污水处理厂补给洛龙河，捞鱼河污水处理厂补给捞鱼河；马料河附近无水质净化厂，故其环境水量近期全由牛栏江来水补给；盘龙江和大观河分别作为滇池外海和草海的入湖清水通道，其环境水量全部来自于牛栏江来水。

表 8.3 - 2　　TN≤8mg/L 时滇池主要入湖河流多水源配置方案

河流名称	环境流量与入湖水质要求		本区径流与来水水质		水库下泄生态流量及水质		尾水水质及可利用量		牛栏江来水水质与需配水量	
河流名称	环境流量 /(m³/s)	TN /(mg/L)	流量 /(m³/s)	TN /(mg/L)	流量 /(m³/s)	TN /(mg/L)	流量 /(m³/s)	TN /(mg/L)	流量 /(m³/s)	TN /(mg/L)
新运粮河	0.70	3.0	0.11	4.82			0.13	8.00	0.55	1.80
老运粮河	1.07	3.0	0.03	6.38			0.15	8.00	0.85	1.80
大观河	1.18	3.0	0.01	1.22					1.17	1.80
西坝河	0.30	3.0	0.01	1.15			0.06	8.00	0.23	1.80
船房河	0.95	3.0	0.01	1.49			0.18	8.00	0.76	1.80
盘龙江	2.71	2.0	0.76	2.77	0.63	1.00	0.00	8.00	1.72	1.80
大清河	0.80	2.5	0.08	1.27			0.12	8.00	0.30	1.80
宝象河	1.99	2.5	0.29	1.70	0.06	1.00	0.24	8.00	1.59	1.80
马料河	0.80	2.5	0.05	0.43	0.03	1.00			0.70	1.80
洛龙河	1.01	2.5	0.15	0.41			0.17	8.00	0.57	1.80
捞鱼河	1.16	2.5	0.07	0.49	0.03	1.00	0.15	8.00	0.51	1.80
大河	0.15	2.5	0.15	0.57	0.05	1.00	0.19	8.00	0	1.80
柴河	0.14	2.5	0.14	1.72	0.13	1.00			0	1.80
东大河	0.65	2.5	0.12	0.37	0.06	1.00			0	1.80
合计	13.61		1.98				1.39		8.95	

表 8.3-3　TN≤6mg/L 时滇池主要入湖河流多水源配置方案

河流名称	环境流量与入湖水质要求		本区径流与来水水质		水库下泄生态流量及水质		尾水水质及可利用量		牛栏江来水水质与需配水量	
	环境流量/(m³/s)	TN/(mg/L)	流量/(m³/s)	TN/(mg/L)	流量/(m³/s)	TN/(mg/L)	流量/(m³/s)	TN/(mg/L)	流量/(m³/s)	TN/(mg/L)
新运粮河	0.70	3.0	0.11	4.82			0.19	6.00	0.49	1.80
老运粮河	1.07	3.0	0.03	6.38			0.23	6.00	0.77	1.80
大观河	1.18	3.0	0.01	1.22					1.17	1.80
西坝河	0.30	3.0	0.01	1.15			0.09	6.00	0.20	1.80
船房河	0.95	3.0	0.01	1.49			0.27	6.00	0.67	1.80
盘龙江	2.71	2.0	0.76	2.77	0.63	1.00	0.02	6.00	2.24	1.80
大清河	0.80	2.5	0.08	1.27	0.06	1.00	0.18	6.00	0.24	1.80
宝象河	1.99	2.5	0.29	1.70	0.06	1.00	0.35	6.00	1.48	1.80
马料河	0.80	2.5	0.05	0.43	0.03	1.00			0.70	1.80
洛龙河	1.01	2.5	0.15	0.41	0.03	1.00	0.26	6.00	0.48	1.80
捞鱼河	1.16	2.5	0.07	0.49	0.05	1.00	0.15	6.00	0.51	1.80
大河	0.15	2.5	0.15	0.57	0.13	1.00	0.21	6.00	0	1.80
柴河	0.14	2.5	0.14	1.72	0.06	1.00			0	1.80
东大河	0.65	2.5	0.12	0.37					0	1.80
合计	13.61		1.98				1.95		8.95	

表 8.3 - 4

TN≤4mg/L 时滇池主要入湖河流多水源配置方案

河流名称	环境流量与入湖水质要求		本区径流与来水水质		水库下泄生态流量及水质		尾水水质及可利用量		牛栏江来水水质与需配水量	
	环境流量/(m³/s)	TN/(mg/L)	流量/(m³/s)	TN/(mg/L)	流量/(m³/s)	TN/(mg/L)	流量/(m³/s)	TN/(mg/L)	流量/(m³/s)	TN/(mg/L)
新运粮河	0.70	3.0	0.11	4.82			0.36	4.00	0.32	1.80
老运粮河	1.07	3.0	0.03	6.38			0.44	4.00	0.56	1.80
大观河	1.18	3.0	0.01	1.22					1.17	1.80
西坝河	0.30	3.0	0.01	1.15			0.17	4.00	0.12	1.80
船房河	0.95	3.0	0.01	1.49			0.52	4.00	0.42	1.80
盘龙江	2.71	2.0	0.76	2.77	0.63	1.00	0.18	4.00	3.69	1.80
大清河	0.80	2.5	0.08	1.27			0.35	4.00	0.07	1.80
宝象河	1.99	2.5	0.29	1.70	0.06	1.00	0.68	4.00	1.15	1.80
马料河	0.80	2.5	0.05	0.43	0.03	1.00			0.70	1.80
洛龙河	1.01	2.5	0.15	0.41			0.50	4.00	0.24	1.80
捞鱼河	1.16	2.5	0.07	0.49	0.03	1.00	0.15	4.00	0.51	1.80
大河	0.15	2.5	0.15	0.57	0.05	1.00	0.21	4.00	0	1.80
柴河	0.14	2.5	0.14	1.72	0.13	1.00			0	1.80
东大河	0.65	2.5	0.12	0.37	0.06	1.00			0	1.80
合计	13.61		1.98				3.56		8.95	

表 8.3 - 5　TN≤3mg/L 时滇池主要入湖流河多水源配置方案

河流名称	环境流量与入湖水质要求		本区径流与来水水质		水库下泄生态流量及水质		尾水水质及可利用量		牛栏江来水水质与需配水量	
	环境流量/(m³/s)	TN/(mg/L)	流量/(m³/s)	TN/(mg/L)	流量/(m³/s)	TN/(mg/L)	流量/(m³/s)	TN/(mg/L)	流量/(m³/s)	TN/(mg/L)
新运粮河	0.70	3.0	0.11	4.82			0.71	3.00	0.03	1.80
老运粮河	1.07	3.0	0.03	6.38			2.52	3.00	0.20	1.80
大观河	1.18	3.0	0.01	1.22					1.17	1.80
西坝河	0.30	3.0	0.01	1.15			0.45	3.00	0	1.80
船房河	0.95	3.0	0.01	1.49			1.00	3.00	0	1.80
盘龙江	2.71	2.0	0.76	2.77	0.63	1.00	0.37	3.00	5.83	1.80
大清河	0.80	2.5	0.08	1.27	0.06	1.00	0.14	3.00	0.28	1.80
宝象河	1.99	2.5	0.29	1.70	0.03	1.00	1.25	3.00	0.58	1.80
马料河	0.80	2.5	0.05	0.43	0.03	1.00			0.70	1.80
洛龙河	1.01	2.5	0.15	0.41	0.05	1.00	0.57	3.00	0.17	1.80
捞鱼河	1.16	2.5	0.07	0.49	0.13	1.00	0.15	3.00	0	1.80
大河	0.15	2.5	0.15	0.57	0.06	1.00	0.21	3.00	0	1.80
柴河	0.14	2.5	0.14	1.72					0	1.80
东大河	0.65	2.5	0.12	0.37					0	1.80
合计	13.61		1.98				7.37		8.96	

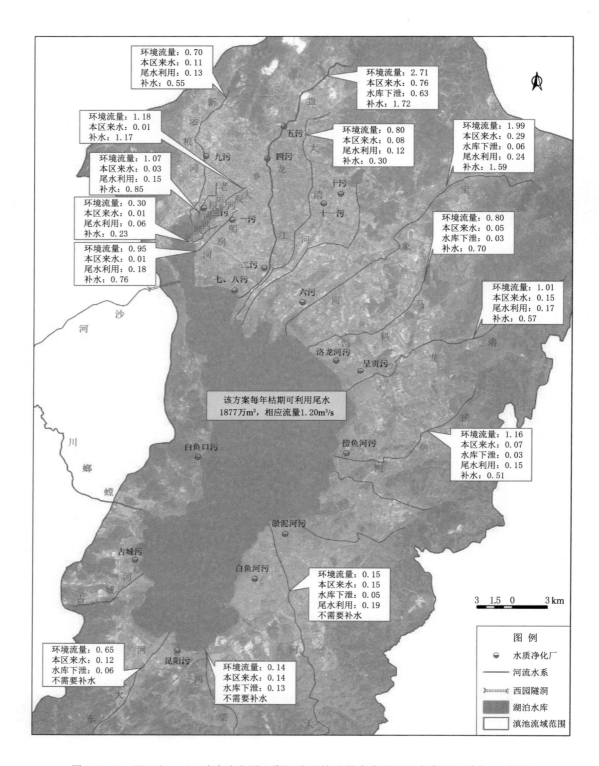

图 8.3 - 2　TN≤8mg/L 时滇池主要入湖河流环境流量多水源配置方案图（单位：m³/s）

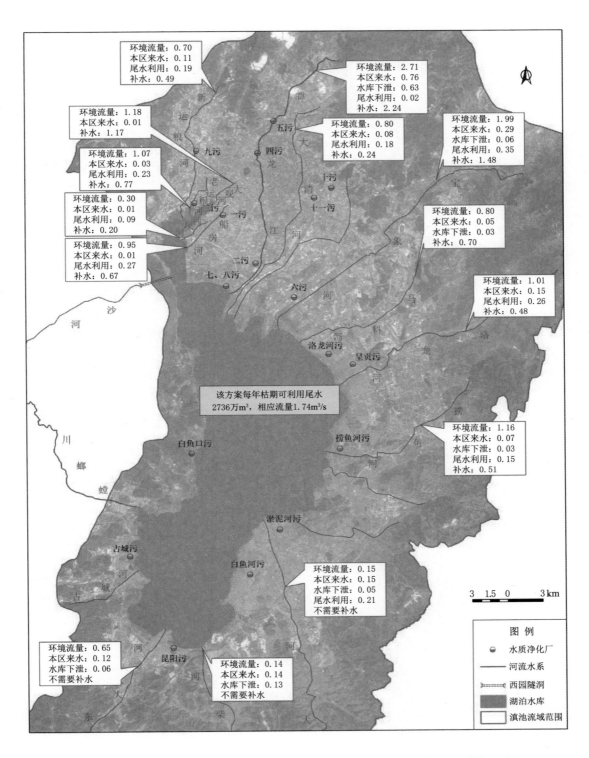

环境流量: 0.70
本区来水: 0.11
尾水利用: 0.19
补水: 0.49

环境流量: 2.71
本区来水: 0.76
水库下泄: 0.63
尾水利用: 0.02
补水: 2.24

环境流量: 1.18
本区来水: 0.01
补水: 1.17

环境流量: 0.80
本区来水: 0.08
尾水利用: 0.18
补水: 0.24

环境流量: 1.99
本区来水: 0.29
水库下泄: 0.06
尾水利用: 0.35
补水: 1.48

环境流量: 1.07
本区来水: 0.03
尾水利用: 0.23
补水: 0.77

环境流量: 0.30
本区来水: 0.01
尾水利用: 0.09
补水: 0.20

环境流量: 0.80
本区来水: 0.05
水库下泄: 0.03
补水: 0.70

环境流量: 0.95
本区来水: 0.01
尾水利用: 0.27
补水: 0.67

环境流量: 1.01
本区来水: 0.15
尾水利用: 0.26
补水: 0.48

该方案每年枯期可利用尾水
2736万m³,相应流量1.74m³/s

环境流量: 1.16
本区来水: 0.07
水库下泄: 0.03
尾水利用: 0.15
补水: 0.51

环境流量: 0.15
本区来水: 0.15
水库下泄: 0.05
尾水利用: 0.21
不需要补水

3 1.5 0 3 km

环境流量: 0.65
本区来水: 0.12
水库下泄: 0.06
不需要补水

环境流量: 0.14
本区来水: 0.14
水库下泄: 0.13
不需要补水

图例
水质净化厂
河流水系
西园隧洞
湖泊水库
滇池流域范围

图 8.3-3 TN≤6mg/L 时滇池主要入湖河流环境流量多水源配置方案图(单位:m³/s)

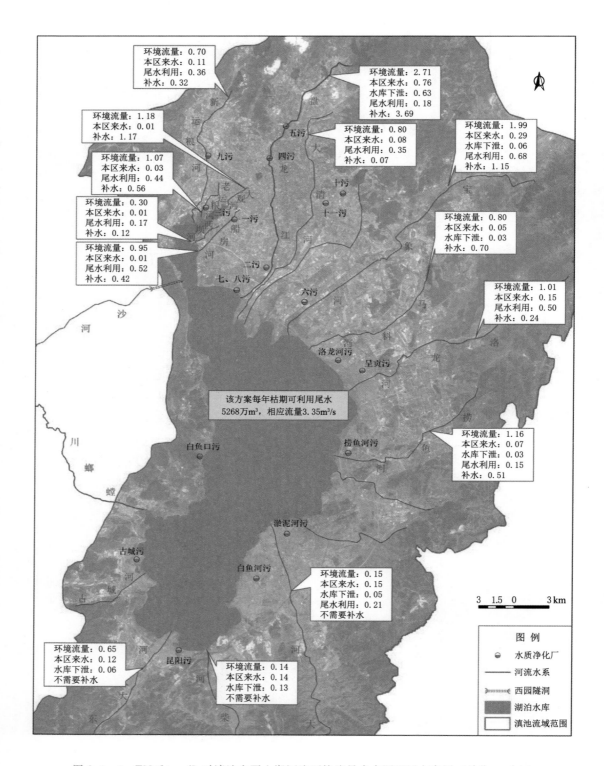

图 8.3-4 TN≤4mg/L 时滇池主要入湖河流环境流量多水源配置方案图（单位：m³/s）

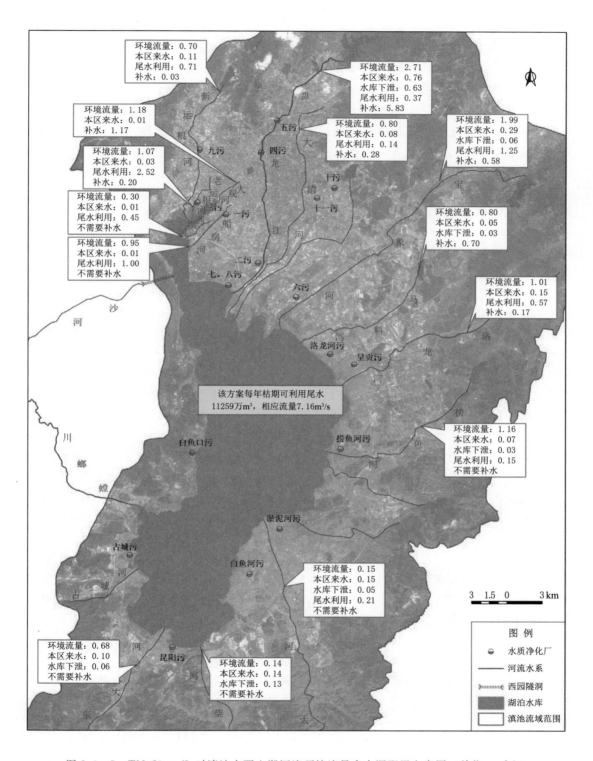

图 8.3-5　TN≤3mg/L 时滇池主要入湖河流环境流量多水源配置方案图（单位：m³/s）

根据表 8.3-2～表 8.3-5 及图 8.3-2～图 8.3-5 所示结果可知，按照各水质净化厂尾水水质逐步提升的原则，为满足各入湖河流的环境流量需求和水质限制浓度要求，当尾水中的 TN 指标浓度依次从 10.0mg/L 逐步降低到 8.0mg/L、6.0mg/L、4.0mg/L 和 3.0mg/L 时，旱季各入湖河流就近可利用的尾水流量分别为 1.20m³/s、1.74m³/s、3.35m³/s、7.16m³/s，相应可利用的尾水资源量分别为 1877 万 m³、2736 万 m³、5268 万 m³、11259 万 m³，分别占可利用的尾水资源量 15.9%、23.1%、44.5% 和 95.1%。从尾水资源利用与尾水水质提升间的敏感程度分析，尾水水质中 TN 浓度在 3～4mg/L 变化时对尾水资源可利用的变化影响最显著。

随着水质净化厂出水中 N、P 负荷浓度的逐渐降低，可用于入湖河道环境用水的尾水量将逐步增大，相应地可减少入湖河流环境用水对外流域补水的需求，即当尾水中的 TN 指标浓度从目前的 10mg/L 逐步降低到 3.0mg/L 时，旱季可减少牛栏江来水的环境补水量为 11259 万 m³。

8.4　小结

以滇池湖泊水环境容量为入湖污染物的总量控制约束条件，结合流域水功能区划成果，并以典型枯水年为设计水情条件，研究得到滇池草海、外海旱季和雨季的入湖河流水质控制浓度限值，其中旱季入草海的 TP、TN 指标浓度限值分别为 0.14mg/L、3.0mg/L，入外海的 TP、TN 指标浓度限值分别为 0.15mg/L、2.5mg/L；雨季入草海的 TP、TN 指标浓度限值分别为 0.12mg/L、2.5mg/L，入外海的 TP、TN 指标浓度限值分别为 0.10mg/L、2.2mg/L；牛栏江来水的 TP、TN 指标浓度限值分别为 0.06mg/L、2.0mg/L。

基于不同指标水质目标约束条件下的多水源配置结果表明，当前 TP 和 COD 不是昆明主城区各水质净化厂尾水资源作为入湖河流环境用水和促进滇池水质持续性改善的限制性因素，目前制约多水源配置的水质指标为 TN。各水质净化厂排放的尾水（TN>6mg/L）均无法直接作为入湖河流的生态环境用水，必须在牛栏江来水的大量掺混和稀释后才能被有限回用。受总氮指标入湖浓度限值要求影响，当前旱季（12 月至次年 5 月）约有 1533 万 m³ 的尾水量可用于河道环境补水，而牛栏江来水可以满足昆明主城区各主要入湖河流环境流量的水量与水质要求。

牛栏江来水较环湖各主要河流的入湖水质仍属清洁水源，在滇池各主要入湖河流旱季水质未获得根本性改善之前，牛栏江来水仍将是近期促进滇池水质持续性改善的关键驱动力因素，故近期应多引牛栏江水入湖。同时对比分析牛栏江来水与基于总量控制条件下的入湖水质浓度限值要求，除枯水期牛栏江来水明显优于入湖水质浓度控制限值外，雨季及其后期的来水水质均较入湖水质浓度限值差，故为持续推进滇池水质改善，应加强牛栏江德泽水库汇水区上游的水污染综合治理与水源地生态修复与保护，同时加大昆明主城区雨污分流与城市非点源治理力度，以便充分发挥外流域补水对滇池水质改善与湖泊水生态修复的环境效益。

综合 TN、TP 水质提升与尾水资源可利用程度的相关性分析结果，随着尾水中 TP 和 TN 指标浓度的不断降低，可用于入湖河流环境用水的尾水量将不断增加。在当前的污水处理水平（TN 出水浓度为 10mg/L）下，为使入湖河流中的 TN 指标水质浓度满足其浓度限值，旱季可利用的尾水量约为 1533 万 m³，占可利用尾水资源量的 12.9％左右；当尾水中的 TN 指标浓度从目前的 10mg/L 逐步降低到 3.0mg/L 时，旱季尾水资源可利用量将达到 11259 万 m³，约占可利用尾水资源量的 95.1％，可减少旱季入湖河流对牛栏江来水的环境补水需求约 7.16m³/s。

  TP 和 TN 两指标是控制滇池水体富营养化水平并制约滇池流域污水处理厂尾水资源化利用的关键因素，在当前的污水处理水平下，TN 指标是制约昆明主城区尾水资源规模化利用的关键。当尾水中的 TP 指标浓度提升到《地表水环境质量标准》（GB 3838—2002）中的Ⅱ类水质浓度限值（≤0.10mg/L）时将不再是昆明主城区尾水资源化利用的限制性因素，而将尾水中 TN 指标浓度降低到 4mg/L 以下是滇池流域利用较为丰富的尾水资源补给入湖河流环境用水并实现滇池水质持续性改善的限制性要求和条件。

第9章 滇池流域面源污染防控方法与对策建议

湖泊富营养化是当前我国水环境领域的重大挑战之一，作为中国内陆水体水环境污染防治工作重点关注的"三湖三河"之一的滇池，自20世纪70年代以来，随着城市和工业生产的迅速发展，滇池污染问题日益加重，已严重威胁着流域内人们的健康和社会经济的发展。为此，国家先后批准实施了滇池流域水污染防治"九五"计划、"十五"计划、"十一五"规划与"十二五"规划等，在连续4个"五年计划"中滇池都被列入国家重点流域规划，表明滇池污染治理的重要性和复杂性。

9.1 滇池流域面源污染防治现状及问题识别

9.1.1 滇池流域水污染防治现状

滇池位于云贵高原中部，是昆明市人民生产生活用水的主要水源，并具有工农业用水、防洪、旅游、航运、水产养殖、调节气候和水力发电等多种功能。流域面积 2920km²，包括昆明市五华、盘龙、官渡、西山、呈贡及晋宁六区；流域内土地利用结构复杂多样，其中林地占 36%，草地占 20%，耕地占 25%，城乡建设用地占 8%，水域面积占 11%。该流域是云南省社会经济最发达、人口最密集的区域。从 20 世纪 80 年代至今，由于流域水环境治理没能与城市经济发展同步，滇池流域为昆明经济腾飞提供水资源，滇池接纳了大量的污染物，污染物入湖总量持续增长。在流域人口、经济持续增长的情况下，为保护滇池水环境，昆明市政府自 1991 年建成第一座污水处理厂起，流域内污水收集与处理能力不断提高，截至 2016 年，流域内共建设水质净化厂和污水处理厂 18 座，污水收集与处理量达到 4.64 亿 m³。此外，1999 年开展了"零点行动"，一批污染企业被关停，产业布局与结构不断优化，工业污染源得到有效控制。尽管城镇生活污染源和企业污染源负荷产生量在不断增加，但是滇池治理力度不断加大，既控制了点源增量，又削减了存量，点源入湖污染负荷占点源污染产生量的比例不断降低。截至 2016 年，滇池流域点源入湖高锰酸盐指数 1257t、总磷 45t、总氮 2029t，分别占入湖负荷总量的 28.5%～36.9%，点源污染控制成效显著。

随着点源污染物质的有效控制，面源污染形势越来越严峻，但由于其本身分布广，见效慢等特质，已经成为受纳水体富营养化以及水环境质量退化的重要原因之一。根据 2016 年滇池入湖污染物统计及其来源解析结果，扣除牛栏江来水携带的入湖污染负荷影响，滇池入湖污染负荷中超过 50% 的氮、磷等营养物质均来自面源污染，其中总磷负荷占比超过 60%。因此，从可持续发展的角度来看，必须积极地探索滇池流域面源防治措施，解决中心城区雨污合流制的改造与治理，进一步加强农村和城市面源污染源的综合治理。把滇池流域水资源利用和水环境保护很好地协调起来，保障滇池水资源为流域经济可持续发展做出贡献，否则，滇池较差的水环境质量与水景观环境，将直接影响城乡居民健康与生活品质，并制约昆明市经济社会的可持续发展。所以，建设生态文明社会、保障改善民生、实现可持续发展都迫切需要加强滇池流域面源污染的防治。

9.1.2　滇池流域面源污染问题识别

根据污染形式的特点，通常把污染分为点源污染和面源污染，面源污染也称非点源污染（Non – Point Source Pollution）。点源污染是指在工业生产和城市生活中产生的污染，具有排污渠道明确、排污源头集中等特征。对于面源污染的理解则分为广义和狭义两种：广义的面源污染是指排污口不固定的环境污染，狭义的面源污染则只是限定为对水体的非点源污染。中国对面源污染问题的严重性认识较晚，但各类面源污染所造成的水环境质量恶化已日益明显和突出。对滇池流域而言，面源污染早期以农业面源污染为主，但随着城市化进程的加快，城市面源污染也愈发不容小视。

9.1.2.1　农业面源污染

在 21 世纪，面对巨大的人口压力，中国农业土地资源的开发已接近超强度利用，化肥农药的施用成为提高土地产出水平的重要途径，因此，面源污染控制关系到农业及区域经济社会的可持续发展。农业面源污染是指在农业生产活动中，氮素和磷素等营养物质、农药以及其他有机或无机污染物质，通过农田地表径流和农田渗漏造成水环境污染，包括化肥污染、农药污染、集约化养殖场污染，主要污染物是重金属、硝酸盐、NH_4^+、有机磷、六氯环己烷（俗称六六六）、COD、DD、病毒、病原微生物、寄生虫和塑料增塑剂等。面源污染具有分散性和隐蔽性、随机性和不确定性、广泛性和不易监测性等特点。

1988 年以后，滇池流域农业面源入湖量先升后降，在 20 世纪 90 年代达到峰值，2014 年滇池流域农业面源污染 COD、TN 和 TP 污染负荷入湖量分别为 1800 t、829 t 和 175t，比 1988 年分别下降了 39%、15% 和 34%，比 2000 年下降了 48%、27% 和 44%。农业面源污染物入湖量受耕地面积、化肥施用量、产业结构以及畜禽养殖数量变化影响，根据统计资料和实地调研，滇池流域内耕地面积逐年减少，1995 年后氮肥施用（折纯）量逐渐增加，但磷肥施用（折纯）量逐渐减少；畜禽养殖主要受市场影响而波动，但随着 2009 年滇池流域实施"全面禁养"，流域内畜禽养殖数量呈缓慢下降趋势。

9.1.2.2 城市面源污染

城市面源污染也被称为城市暴雨径流污染，是指在降水条件下雨水和径流冲刷城市地面，污染物随径流通过排水系统进入受纳水体而导致的水质污染。一般而言，城市径流中的污染物来自降水、地表和下水道系统，其中，地表污染物（包括沟渠中累积的废污水及生活垃圾等）是径流污染物的主要部分，但在雨污合流制城区的下水道系统污水溢流对城市面源污染影响也较大。根据城区土地利用和地表材质的不同，将城市地表分为道路不透水下垫面、建筑屋面不透水下垫面和透水下垫面。赵磊等对昆明城区径流污染的研究表明，道路是城市径流污染物的主要来源，尤其是 SS（悬浮物）和有机污染物，道路径流量约 25%，但污染物产出一般占 40%~80%；屋顶径流量约为 50%，但污染物产出仅占 4%~30%。城市面源污染中降雨径流污染物浓度由大到小的顺序是：道路不透水下垫面＞建筑屋面不透水下垫面＞透水下垫面。随着城区不透水地表面积的不断增大，降雨径流的冲刷能力将得到显著增强，将使降雨径流携带更多的污染物直接进入入滇河道，从而对滇池造成更大的污染。据近年来的入滇河道水质资料统计，流经昆明主城区的入湖河道，不论旱季还是雨季，其入湖污染物浓度均普遍较高。因此，城市河道应作为滇池流域面源污染末端控制的重点之一。

据相关研究人员统计，1988—2014 年，滇池流域城市面源污染负荷排放量呈现持续上升的趋势。2014 年滇池流域城市面源 COD、TN 和 TP 污染负荷入湖量分别为 18669 t、773 t 和 83t，比 1988 年增加了近两倍。导致滇池流域城市面源污染的原因主要是建成区的扩张。根据卫星影像图分析，自 20 世纪 80 年代起，随着昆明市的开发建设，滇池流域建成区面积迅速增长，由 1988 年的 142.25km² 增加到 2014 年 371.12km²，26 年间建成区面积增长了 1.6 倍。2014 年，屋顶、庭院和道路 3 种下垫面占比分别为 33%、26% 和 13%，剩余 28% 的面积为绿地等其他用地类型。

9.2 基于滇池水环境容量总量控制约束的面源污染防控需求

随着人口增长与经济社会的快速发展，水资源短缺和水环境污染逐渐成为制约经济社会可持续发展的重要因素。水环境承载力是从水环境、宏观经济、人口、社会等众多因素之间的关系入手，从本质上反映环境与人类活动间的辩证关系，为人口、社会、经济与环境的协调发展提供科学依据。

滇池具有城市供水、工农业用水、旅游、航运、水产养殖、气候调节等多种功能，在昆明市及整个流域的国民经济和社会发展中起着极其重要的作用。随着滇池流域经济快速发展和城市规模的急剧扩大，流域生态环境压力进一步加重，流域水环境污染导致滇池湖泊严重富营养化，并面临着水环境污染与水资源短缺的双重困境。在外流域调水逐步解决流域水资源短缺、遏制流域水环境持续恶化并逐步向良性方向发展的同时，又出现"水多与水少问题并存""流域水资源未得到充分利用"等问题。因此，有必要针对滇池流域新的水文情势条件，开展滇池水环境承载力相关的研究工作，分析滇池流域水环境承载社会、经济发展的能力，提出水资源可持续利用和水环境保护对策及建议，以期为流域经济发展规划、生态环境保护和水资源可持续利用提供科学依据。

9.2.1 滇池流域水环境承载力现状

根据全国第一次污染源普查结果、云南省水利厅 2005 年滇池水资源调研成果及《昆明城市总体规划修编（2008—2020）》前期专题研究之四《昆明城市发展资源环境承载力要素研究》等成果，2013 年滇池流域水资源使用量为 9.6983 亿 m³/a，而 2014 年流域多年平均降雨地表径流可供水资源总量约 6.24 亿 m³/a，水资源不足。随着滇池外流域引水工程的陆续投入运行，新增可供水源基本可满足 2020 年的水资源使用要求。但随着经济社会快速发展和人口规模的不断扩大，滇池流域的生活用水量将会逐年增加，规模化工业用水量也呈递增趋势，滇池流域现有水资源量将无法满足未来发展需求。因此，有必要采取积极有效的节水和再生水利用措施，以保证滇池流域水环境容量，维护流域水资源平衡，促进滇池流域经济社会的可持续发展。

据陈自娟（2014）研究显示，入滇河道汇流是滇池陆域污染的主要途径，河道内汇入的污染物主要来源于陆域点源的城镇生活，农业农村面源污染和城市面源污染在某项污染物的入湖贡献值上影响较大，应予重点关注。从行政区域来看，主城四区是入湖污染物的主要来源，因此要特别重视主城四区入湖河道污染治理，其中城镇生活和城市面源污染是治理重点。

目前滇池流域经济和人口发展都比较迅速，而污水处理设施配套还不足，导致滇池受污染严重。随着各项措施的开展，滇池水质在慢慢恢复，尤其是开展调水入滇之后，滇池水质会有明显的改善。目前滇池水环境容量仍然非常有限，甚至不能承载目前滇池流域经济社会发展的要求，随着调水工程的实施，TP、TN、COD 的环境容量都有了很大提升，为经济社会发展提供了强有力的保障。陈自娟以 2020 年滇池理想水环境容量、2002 年和 2014 年滇池流域污染负荷入湖量构成比例为基础，计算出 2002 年和 2020 年滇池流域水环境容量生活源部分承载的人口总数，即基于生活源水环境承载力的适度人口规模（见表 9.2-1）。表中数据显示，经过近 20 年的发展变化，相同水质目标下人口容纳规模在不断扩大。

表 9.2-1　　　　　　　　基于生活源水环境承载力的滇池适度人口规模

水文年	污染物	生活部分/(t/a)	适度人口规模/万人
2002 年	TP	239.22	66.45
	TN	3030.56	67.8
	COD	16912	102.93
2020 年	TP	265.8	295.33
	TN	43711	307.82
	COD	12080	300.5

但和调水情况下的流域水资源量承载力比，水环境容量对滇池流域经济社会发展的限制仍很突出。从流域整体发展趋势来看，滇池流域水环境容量已相当有限，无法承载

经济社会的发展，必须尽快采取措施扭转这种局面，否则会使滇池流域环境进一步被恶化。

9.2.2 基于滇池水环境容量总量控制约束的面源污染防控措施

9.2.2.1 加快污水处理系统建设和再生水利用，实现流域污染物削减

针对昆明老城区雨污合流、新城雨污不清的现状，应尽快开展管网优化设计工作，加强配套污水管网建设力度，分区、分段、分块推进雨污分流建设改造，彻底改变局部分流、总体合流的窘境，有效提升污水处理厂污水收集和处理能力。同时，开展节水和再生水开发利用，加大污水处理厂尾水出水、分散式污水再生利用建设工作，按照入湖河流环境流量与滇池水环境质量持续性改善的水质需求对流域水资源进行时空上的合理配置，真正实现"优水优用、分质使用"的水资源利用模式，为流域水环境减负奠定基础，最终实现"不让一滴污水流进滇池"的愿景。

9.2.2.2 加强流域综合管理，确保流域污染末端治理

通过开展流域生态示范村建设、农村分散污水处理、禁花减菜等工作，推进流域面源污染控制，减少农村和农业面源污染物排放。加强滇池流域生态治理工作，强化滇池面山绿化和水土流失治理工作，全面完成"四退三还一护"任务，加快出入滇河道综合整治工程建设，统筹协调外流域调水、补水工程和水质净化厂尾水的综合利用，确保滇池生态用水与入湖通道的水质清洁，并维持各入湖河道的城市景观和水质净化功能。

9.2.2.3 强化水环境保护制度建设，确保流域可持续发展

以流域可持续发展为理念，以滇池流域主要入湖河道精准治污五级责任体系为指导，进一步理顺并完善现有滇池流域水环境管理体制，建立"纵向到底、横向到边"的滇池污染治理责任制和责任追究制度。正确处理社会经济发展与环境保护的关系，政府部门要定期向社会公布环境质量和环境污染信息，为公众和民间团体提供参与监督的信息渠道和反馈机制，提高环境决策和管理的科学化、民主化。拓宽融资渠道，加大治理投入，积极推进生态补偿机制研究和实施，真正实现资源有偿使用，坚持"谁污染谁治理、谁污染谁补偿"的原则，加大环保工程建设和环保监督、管理力度，提升流域环境保护整体意识。

9.2.2.4 合理推进城市建设

滇池保护与流域内经济社会发展是昆明市可持续发展研究的重要议题。科学合理的经济社会发展模式对滇池保护意义重大，同时随着人居环境要求的日益提高，滇池污染对昆明城市发展的负面效应也日益显现。虽然通过实施外流域调水与污水收集处理等工程措施，已缓解了人口与经济发展对流域水环境所带来的压力，遏制并成功扭转了滇池水体恶化趋势，但毕竟滇池水环境容量与水资源环境承载力均十分有限，伴随着流域内城市扩建与城镇化进程的持续推进，稍有不慎就有可能导致滇池水质的进一步恶化。因此，依据滇池流域生态经济容量，通过科学的规划确定适宜的城市建设和人口控制规模，调整产业结构，对滇池水污染治理的意义非同一般。

9.3 滇池流域城市及农田面源污染防控对策与建议

9.3.1 农业面源污染治理对策

9.3.1.1 因地制宜地利用现有塘库设施，对农村农业污水进行收集处理和回用

对于耕地径流产生的污染，可以将农灌沟渠中收集的水用于灌溉稻田，稻田排水进入湿地，经湿地吸收处理后再排入滇池。在这一过程中，水中的氮、磷等污染物质经沉淀分离、生物降解和生物吸收，有非常明显的去除效果。同时，湿地上收获的植物通过堆沤后作为有机肥返回农田，实现氮磷的循环利用。村庄污水通过沟渠进入沉淀池沉淀后再进入厌氧发酵池，发酵后通过池塘的水生植物吸收沉淀后再进入排灌沟渠自然曝气，经过湿地污染物吸收后散流排入滇池。经过以上处理会大幅度降低污水中的化学需氧量、氮、磷等污染物的含量，湿地上收获的植物堆沤后可以作为有机肥返回农田。

9.3.1.2 发展清洁农业、农村循环经济、生态经济，减轻滇池流域对化肥的过度依赖，促进农村肥效、碳源的充分利用，从末端治理转变为源头控制

开展生态农业建设，可极大地降低农业水体的污染。在湖区及上游水源区开展农业生态工程建设，必将显著地改善地区的农业生产状况，极大地减少生产过程中资源消费，特别是减少化肥和农药的使用可以有效控制和减少面源污染。张克强等研究了农村沼气-秸秆气-太阳能"三能合一"综合运行模式，并以邦均镇为例对"三能合一"模式进行了经济、生态和社会效益分析。分析结果表明，"三能合一"综合运行模式可以改善农村环境卫生状况，还能生产可再生能源，同时沼渣和沼液可以作为优质有机肥循环利用，该模式的技术和产品还可商业化，能取得良好的经济、生态和社会效益。使用沼液替代传统的农药浸种，可减少农药的使用量，减轻农药对农田的污染。沼液、沼渣是优质的有机肥，沼肥的施用可减少化肥和农药的施用量，提高土壤有机质的含量，减轻化肥和农药对农产品、土壤和水体的污染，为发展无公害农业开辟一条新的途径。

提高化肥、农药利用率，改进耕作技术。按照"控氮、减磷、增钾、补微"的总体思路平衡施肥，科学合理调整农业结构，优化农作物生产布局；推广测土配方和化肥深施等技术，大幅度减少化肥施用量，提高氮素利用率；推广应用病虫草害综合防治和生物控害等技术，降低化学农药的施用量，提高农药利用率；发展节水农业，减少灌溉水用量，降低农田磷、氮素的流失；实施农田深耕等措施，提高土壤蓄水保墒能力。不同的农田耕作方式对土壤养分和农药流失产生重要影响，保护性耕作（如少、免耕）可以改善土壤的入渗性能、土壤物理结构和土壤生产潜力，减少农田土壤及养分流失。

9.3.1.3 建立滇池流域生态补偿机制

我国现行的生态补偿基本上全靠国家财政，不但没有调动全社会的积极性，而且许多地方产生了依赖思想。因此，要变输血型补偿为造血型补偿，寻找生态与经济、社会的结合点，采取有利于综合发挥生态、经济和社会效益的措施，实现三者的共赢。

由于省级及地方财政能力有限，因此不能一味地全面加大财政支出，应根据各区域治

理达标情况调整划拨比例，奖惩分明，将有限的财政资金用到最迫切需要和最有效的地方。云南省级财政应逐步增加滇池综合整治的预算安排，调整优化财政支出结构，在省对市、县的财力补助中，加大生态补偿的力度，尤其是花卉蔬菜种植业和畜禽养殖业重点区域，必须保障生产受限地区农民的基本收益，并在财政上扶持其走生态农业道路，逐步实现以国家补贴为主向市场和自我补偿的机制转型。同时，必须强化生态环境保护工作考核，对达到区域生态环境保护和滇池治理要求的地区，兑现相应的财力补助和奖励；对不达标的，扣减相应的财力补助和奖励。

加强各项收费的征收、使用和管理工作，增强其生态补偿功能。乡镇企业受自身规模、经济实力和技术水平等因素的制约，不是每个企业都有能力建设污染治理设施来处理自身排放的污染，这样往往导致地方政府放任不管，或者企业只需缴纳远远低于其所节省的污染治理成本的超标污染费用。要促进排污权收费制度在农村的实施，可从这几方面入手：一是滇池流域所有城镇开征污水处理费和垃圾处理费，征收标准应保证污水和垃圾处理企业正常运营、保本微利的水平，完善水资源费征收、使用和管理制度，加大各项资源费使用中用于生态补偿的比重，并向重要生态功能区和自然保护区倾斜；二是规范排污费征收，针对滇池流域水污染特征，应特别提高工业企业氮、磷的排污费征收标准，收费标准至少不低于市场经济条件下处理超标排污的成本，并且切实把乡镇企业的排污收费返还地方政府用于当地农村环境保护公共产品的供给。同时，各地环境监测机构充分发挥职能，在对当地农村生态环境实际调查的基础上，对于生态环境特别脆弱的农村地区，向政府相关部门提出科学合理的、更加严格的排污收费标准，对于污染物实际转移到郊区农村地区的城市企业缴纳的排污费，也应该用于其实际造成污染的农村地区居民的补偿，确保收费补偿公平。

9.3.2 初期雨水收集与处理对策

9.3.2.1 建立道路雨水收集利用系统

初期雨水是指降雨初期时的雨水，在雨水中溶解了空气中大量的酸性气体、汽车尾气以及各种各样的污染性气体。初期雨水冲刷路面、建筑等后就含有大量的有机物、重金属以及悬浮固体等污染物质，其污染程度较普通城市污水更高，如果直接排放，会对水体造成严重的污染，因此，做好初期雨水的收集和处理是非常必要的。在国外，一些相对发达的国家对于初期雨水的处理是利用下凹绿地的净化作用，引导雨水入渗地下，通过土地系统进行相应的净化处理，又或者将初期雨水引入污水处理管道，与城市生产生活污水一同处理后，直接排入河道。而在国内，对初期雨水的处理多是收集后直接弃流。针对此情况，从我国实际情况出发，提出了相应的道路雨水收集利用系统。

（1）雨水口。在降雨时，对于道路径流，应该在雨水口设置相应的篦子，对垃圾和杂物等进行拦截，同时在雨水口的底部设置相应的沉淀池，对雨水中包含的大颗粒杂质进行沉降处理，以避免过滤器的堵塞。在经过滤器初步过滤后，道路径流会进入渗透池，等待后续处理。

（2）渗滤井。从施工和成本方面考虑，可以对现有的渗透池或者渗滤井进行改造，形成相应的渗滤井。结合区域气候特点，从初期雨水量考虑，对渗透池的体积进行确定，一般将渗透池设计为长扁形，为雨水入渗回补地下水提供便利，同时减少对于地下管线的影响。渗滤井应该通过相应的果壳过滤器，与雨水口相连，同时在果壳过滤器出水口位置设置纵向带孔管道，以强化前期布水能力，提升渗滤井的运行效率。

9.3.2.2　初期雨水渗透量计算及渗透池容积的确定

采用极限强度法计算初期雨水渗透量。设计流量计算参数：某城市 3 年重现期降雨 $i=1.91\text{mm/min}$，场地面积 $F=30\text{m}\times9\text{m}$，集流时间 $t_b=5\text{min}$，初期雨水 $h=5\text{mm}$，初期雨水厚度 h 降落时间 $k=h/i=2.62\text{min}$，径流系数 $\psi=0.9$，全部汇水面积上产生的汇流 $Q_s=\psi F_i=0.9\times30\times9\times1.74=464.13\text{L/min}$。根据开始降雨到最大面积上产生汇流的时间和退水时间相等的条件，汇流区内初期雨水全部被收集到收集点的时间 $T=k+t_b=2.62+5=7.62\text{min}$。$t_b>k$，得到雨水汇流过程线，如图 9.3-1 所示，线 $O-a-b-c$ 表示雨水汇流过程，线 $O-a-e-T$ 表示初期雨水汇流过程。在 k 时间内达到汇流点的径流量为 a 点对应的流量 Q_a；设降雨强度 i 条件下，有渗透池存贮 τ（min）雨水时的流量 Q_b。在截留池工作时间范围内会有洁净雨水和初期雨水混合同时进入戒留池，因此在计算截留池容积时必须要考虑收集率和利用率的问题。

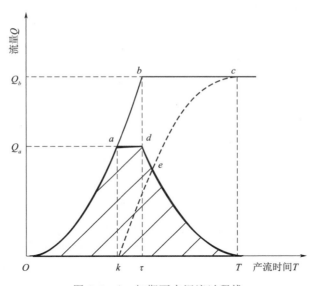

图 9.3-1　初期雨水汇流过程线

9.3.2.3　系统收集雨水资源的利用与效果

（1）可提高水资源的利用效率。面对日益短缺的水资源，我们不得不寻求一些方法缓解当前水资源紧张的问题，而雨水收集就是较为有效的方法。雨水是一种宝贵的水资源，但是我们一直以来都忽视了对雨水的收集和利用，不得不说，这是一种非常巨大的浪费。结合初期雨水处理系统，实现对于雨水的收集和利用，能够有效提升水资源的利用效率，缓解城市用水紧张问题。

（2）减轻或避免城市洪涝灾害的发生。近几年来，随着自然气候的变化无常，我国的城市防洪问题变得十分严峻，许多城市都开始相继出现"城中看海"的尴尬景象。造成这种现象的原因，一方面是由于城市排水系统的设计存在一定的不合理性，当短期降雨量较大时，市政排水管网压力较大，难以及时有效排除积水；另一方面，全球气候变暖导致了极端天气的频繁出现，很容易形成局地强降雨。应用初期雨水收集处理系统，可以有效增加雨水排泄途径，缓解市政排水管道的压力，进而减轻或避免城市洪涝灾害的发生。

9.3.3 海绵城市建设方案

9.3.3.1 海绵城市建设背景

昆明是一个资源性缺水、水质性缺水、工程性缺水和结构性缺水"四缺并存"的地区，人均水资源占有量不足 $300m^3$，被列为全国水资源严重短缺的城市之一。此外，随着老城区的扩建及新城区的发展，依据《昆明市总体规划修编（2008—2020）》，截至2020年，流域内城市面积将达 $1036km^2$，其中昆明市主城区 $568km^2$、呈贡新区 $160km^2$、空港经济区 $54km^2$、高新区 $85km^2$、晋宁新城 $91km^2$、海口新城 $68km^2$、海口镇 $10km^2$。城市占据了滇池流域湖盆区的81.62%。滇池流域内城市规模急剧膨胀和人口剧增，随之出现的城市面源污染加剧将成为滇池水体重要的制约因素，城市面源污染控制成为滇池流域城市面源污染的主要问题。一边是缺水，一边是汛期大量雨水通过城市地表径流造成流域面源污染，这一现状让强推海绵城市势在必行。

9.3.3.2 海绵城市建设进程

近年来，国家、云南省陆续出台了一系列有关海绵城市建设的政策和技术文件，明确全面推进海绵城市建设工作，昆明市切实转变城市规划建设理念，以滇池流域水污染治理为核心，按照科学规划、统筹实施、生态为本、安全为重、因地制宜、全面推进、政府主导、社会参与的原则，结合昆明城市雨水综合利用现状和基础，通过"渗、滞、蓄、净、用、排"等措施，全面推进昆明市海绵城市建设工作。市政府成立昆明市海绵城市建设工作领导小组，高位统筹推进海绵城市建设工作，同时制定实施《昆明市海绵城市建设工作方案》，明确任务分工和保障措施，并要求市级各责任单位切实加强领导，提高认识，认真组织实施。此外，昆明市政府积极组织开展《昆明市海绵城市建设专项规划》和《昆明市海绵城市试点建设（三年）实施方案》的编制工作，为昆明市海绵城市的建设提供指引与支持；确定海绵城市建设试点区域和先行示范区（片区），全面开展摸底调查，梳理确定海绵城市建设项目并启动建设；结合国家有关海绵城市建设的相关政策及目标要求，完善政策法规，制定出台昆明市海绵城市设计、竣工验收和运行维护的技术指南（导则）等相关技术指导文件；城市新、改、扩建建设工程项目，严格落实海绵城市建设要求，提升城市综合防涝能力，提高城市供水保障能力，建立信息平台，加强监测和定期评价；积极争取国家和省级资金支持，加大政府投入、研究制定海绵城市建设的鼓励政策和投融资模式，确保昆明市海绵城市建设工程项目的顺利推进。

9.3.3.3 新建区

根据低影响开发要求，结合城市地形地貌、气象水文、经济社会发展情况，合理确定城市雨水径流量控制、源头削减标准以及城市初期雨水污染治理的标准。城市开发建设过程中应最大限度地减少对城市原有水系统和水环境的影响，新建地区综合径流系数的确定应以不对水生态造成严重影响为原则，一般宜按照不超过 0.5 进行控制；旧城改造后的综合径流系数不能超过改造前，不能增加既有排水防涝设施的额外负担。新建地区的硬化面积中，透水性地面的比例不应小于 40%。年径流总量控制率为 85%（对应设计降雨量为 36.7mm）。新开发土地面积中，可渗透地面占总占地面积比例不得少于 40%，绿地率不宜小于 35%，单位土地开发面积的雨水蓄滞量不得小于 $367m^3/hm^2$。

表 9.3-1 新建区雨水径流控制标准

区域名称	商业区	住宅区	学校	工业区	市政道路	广场、停车场	公园、绿地
新建区	≤0.45	≤0.4	≤0.4	≤0.40	≤0.6	≤0.3	≤0.2
降雨厚度/mm	21.0	25.0	25.0	25.0	12.5	35.0	51.0

9.3.3.4 海绵城市建设方案

海绵城市建设，是指通过采取"渗、滞、蓄、净、用、排"等措施，最大限度地减少城市开发建设对生态环境的影响，保护城市居民的生产生活环境。建设海绵城市，单一依靠某一种技术或措施难以达到预期效果，必须将低影响开发、城市涉水基础设施建设、自然生态系统的保护与恢复等结合，全面开展城市涉水系统的优化整合、系统建设，从而实现修复水生态、改善水环境、涵养水资源、提高水安全、复兴水文化五位一体的目标。其中低影响开发是海绵城市建设的核心内容，涵盖了"渗、滞、蓄"三大措施。

低影响开发模式最初提出的领域是城市雨洪控制，但随着其理论的应用与深化，低影响开发模式的外延在不断拓展，已上升为城市与自然和谐相处的一种城市发展模式。随着观念更新，城市雨洪利用将发展到一个新阶段，从建筑、社区、街区到城市，以城市雨洪管理为初衷的低影响开发模式已经延伸到城市规划的各个领域。现今很多国家面临的城市蔓延问题（侵蚀绿色空间、扩展城市地域、对机动车依赖），给环境敏感区域带来了更大压力。因此，低影响开发模式成为国外新兴的城市规划理念，它的核心是强调以生态系统为根基，让城市与大自然共生；从暴雨径流源头开始管理；强调尊重和利用本地自然特性，对环境及开放绿色空间的保护；促进有机循环的城市机能，进行整合的土地利用规划等。总的来说，就是城市以对环境更低冲击的方式进行规划、建设和管理，在发展城市的时候兼顾生态效益，甚至将生态要素提升至决定性地位。

低影响开发实际包括了雨水水量控制、雨水利用和雨水污染控制等多方面内容。低影响开发的目的就是为了城市建设之后不影响原有自然环境，其主要措施包括绿色屋顶、可渗透路面、雨水花园（见图 9.3-2）、植物草沟及自然排水系统等。通过低影响开发技术，可以用较少的土地资源将雨水径流的大部分用于补

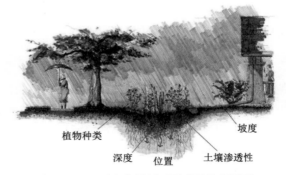

图 9.3-2 雨水花园剖面示意及控制要素

充地下水，变废弃雨水为资源，而且还能结合景观设计对面源污染进行处理，美化城市社区环境。低影响开发还具有保护环境敏感特征区如河流两岸的缓冲区、湿地等功能。

1. 渗

由于城市下垫面过硬，改变了原有自然生态本底和水文特征，因此利用各种路面、屋面、地面、绿地，从源头收集雨水涵养地下水、补充地下水，还可通过土壤净化水质以及改善城市微气候等。对应的常用措施包括：建设绿色屋顶、透水路面、砂石地面和自然地面，以及透水性停车场和广场等（见图9.3-3）。绿色屋顶可以有效减少屋面径流总量和径流污染负荷，适用于符合屋顶荷载、防水等条件的平屋顶建筑和坡度小于15°的坡屋顶建筑。透水铺装按照面层材料不同可分为透水砖铺装、透水水泥混凝土铺装和透水沥青混凝土铺装等；透水砖铺装、透水水泥混凝土铺装主要适用于广场、停车场、人行道以及车流量和荷载较小的道路，透水沥青混凝土铺装可用于非机动车道。

结合滇池河流域的实际情况，建设海绵城市，可以从源头减少径流并补充地下水，从而减轻城市内涝风险，改善河道水质等。

绿色屋顶　　　　　　　透水路面　　　　　　　透水停车场

渗透塘　　　　　　　透水道路　　　　　　　雨水花园

图9.3-3　海绵城市"渗"水设施示意图

2. 滞

"滞"是延缓短时间内形成的雨水径流量，降低雨水汇集速度，既留住了雨水又降低了灾害风险。城市内降雨是按分钟、小时计，短历时强降雨将对下垫面产生冲击，形成快速径流，积水攒起来就导致内涝。对应的常用措施包括：下沉式绿地、广场，植草沟、绿地滞留设施等（见图9.3-4）。下沉式绿地可以广泛应用于城市建筑与小区、道路、绿地和广场内，下沉深度应根据植物耐淹性和土壤渗透性能确定，一般为100～200mm。绿地内一般设置溢流口（如雨水口），保证暴雨时径流的溢流排放，溢流口顶部标高一般应高于绿地50～100mm；植草沟适用于建筑与小区内道路、广场、停车场等不透水面的周边，城市道路及城市绿地等区域，也可作为生物滞留设施、湿塘等设施的预处理设施。生物滞留设施主要适用于公共建筑与小区内建筑、道路及停车场的周边绿地，以及城市道路绿化带等城市绿地内。河道可结合周边地块，充分考虑蓝线内用地，设置洪泛区、滞洪区等作为超标暴雨的滞蓄地带。

图 9.3-4　海绵城市"滞"水设施示意图

3. 蓄

"蓄"是降低峰值流量、调节时空分布的有效措施，因地制宜地建设雨水收集调蓄池，可为雨水利用创造条件，对应的常用措施包括蓄水池、雨水桶、雨水湿地、湿塘等（见图 9.3-5）。蓄水池主要适用于有雨水回用需求的建筑小区、城市绿地等，根据雨水回用

图 9.3-5　海绵城市"蓄"水设施示意图

用途（绿化、道路喷洒及冲厕等）建设相应的雨水净化设施。雨水桶为地上或地下封闭式简易雨水集蓄利用设施，用塑料、玻璃钢或金属等材料制成，施工安装方便，适用于单体建筑屋面雨水收集利用。

4. 净

"净"是通过一定的截流、过滤、初期雨水处理设施等雨水处理措施减少雨水污染，改善城市水环境。

（1）城市水系统分析。对于比较成熟的发达城市而言，其水系统包含供水系统、污水收集及处理系统、污水回用系统、雨水收集和排放系统、雨水处置和利用系统等子系统，但各子系统通常并不是完全独立的。城市水系统构成及相互关系见图 9.3-6。

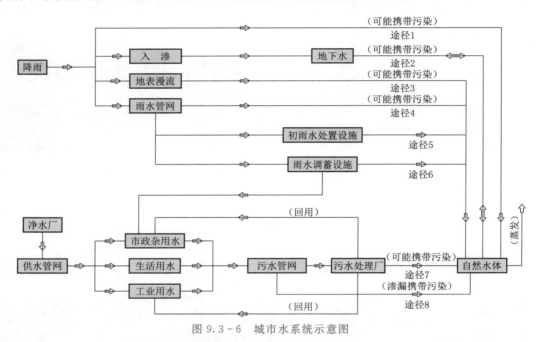

图 9.3-6　城市水系统示意图

（2）城市自然水体的污染来源分析。由图 9.3-5 可知，多数进入城市自然水体的途径都存在污染水体的可能，具体见表 9.3-2。

表 9.3-2　　　　　　　　　　城市自然水体污染一览表

项目	途径说明	污染来源	可控性
途径 1	降雨直接进入	可能携带大气污染物	难控
途径 2	与地下水之间水体交换	地下水可能被污染	难控
途径 3	降雨经地表漫流进入	携带地表污染物	可控
途径 4	降雨经雨水管网进入	携带地表污染物	可控
途径 5	初期雨水经处置后进入	基本无污染	可控
途径 6	降雨经调蓄设施后进入	可能携带少量地表污染物	可控
途径 7	污水处理厂排水进入	污水处理厂尾水携带污染物	可控
途径 8	污水管网渗漏进入	污水	可控

"途径1"只能通过控制大气污染来减少其污染，在市政雨水系统中一般不涉及该内容；而地下水一般情况下水质优于自然水体，被污染概率较低，且难于控制，在此不对"途径2"做详细分析；"途径7"和"途径8"需要通过完善污水收集和处理系统来实现污染控制，不纳入本次研究范畴。"途径3""途径4"和"途径6"是由于雨水冲刷地面携带污染物进入水体，属于可控范畴，是本次研究的重点，一般认为初期雨水经过适当处置后能够有效去除污染物，不会对自然水体造成污染。

（3）城市雨水污染控制策略。

1）源头控制。源头分散控制，就是在各污染源发生地采取措施将污染物截留下来，避免污染物在降雨径流的输送过程中溶解和扩散。该控制措施可降低水流的流动速度，延长水流时间，对降雨径流进行拦截、消纳、渗透，减轻后续处理系统的污染处理负荷和负荷波动，对入河的面源污染负荷起到了一定的削减作用。

城市河流周边地区绿地、道路、岸坡等不同源头的降雨径流控制技术措施主要包括下凹式绿地、透水铺装、缓冲带、生态护岸等，可依据当地的实际情况，单独使用或几种技术配合使用。

a. 下凹式绿地。通常绿地与周围地面的标高相同，甚至略高，通过改造，使绿地高程平均低于周围地面10cm左右，保证周围硬质地面的雨水径流能自流入绿地。绿地下层的天然土壤改造成渗透系数大的透水材料，由表层到底层依次为表层土、砂层、碎石、可渗透的底土层，增大土壤的存储空间。在绿地的低洼处适当建设渗透管沟、入渗槽、入渗井等入渗设施，以增加土壤入渗能力。这种既能保持一定的绿化景观效果，又能净化降雨径流的控制措施，具有工艺简单、工程投资少、不需额外占地等优点（见图9.3-7）。

图9.3-7　雨水净化设施（草沟＋雨水花园）

b. 透水铺装。河流两侧、承担荷载较小的人行步道和车行路面，可以采取在路基土上面铺设透水垫层、透水表层砖的方法进行透水铺装（见图9.3-8），以减少径流量，对于局部不能采用透水铺装的地面，可铺设坡度不小于0.5%的路面，倾向周围的绿地或透水路面。对于车流量较大的路面，可适当降低道路两侧的地面标高，在路两侧修建部分小型引水沟渠，对路面上的雨水由中间向两侧分流，使地表径流流入距离最近的下凹式绿地。

c. 缓冲带。常见缓冲带包括坡地等高缓冲带和水体周边缓冲带等。坡地等高缓冲带相当于等高植物篱，在设计上强调对面源污染的控制。一般设置在坡地的下坡位置，与径流

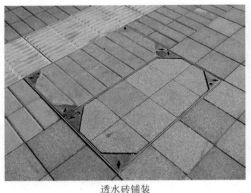
透水砖铺装

透水路面

图 9.3 - 8　透水铺装

流向垂直布置，在坡地长度允许的情况下，可以沿等高线多设置几条缓冲带，以削减水流的能量。水体周边缓冲带一般沿河道、湖泊水库周边设置，利用植物或植物与土木工程相结合，对河道坡面进行防护，为水体与陆地交错区域的生态系统形成一个过渡缓冲。

科学地设计缓冲带是使其更好发挥作用的基础，在设计中要考虑选址、规模、植被种类配置及管理维护 4 个要素。合理的设置位置是缓冲带有效拦截径流、发挥作用的先决条件，可以根据实际地形确定。一般设置在坡地的下坡位置，与径流流向垂直布置；对于长坡，可以沿等高线多设置几道缓冲带，以削减水流的能量；在溪流和沟谷边缘设置，建立最后屏障。如果选址不合理，大部分径流就会绕过缓冲带，直接进入沟、渠，缓冲带的作用就会大打折扣。合理的植被配置是缓冲区实现控制径流和污染功能的关键。根据所在地的实际情况进行乔、灌、草的合理搭配，既要考虑采用以灌、草为主的植物在农田附近阻沙、滤污，又要安排根系发达的乔、灌以有效保护岸坡稳定、滞水消能，特别要注意的是配置植物种类时要考虑降雨和径流的时间分布规律，保证缓冲带既能在水量充沛时发挥功效，也能在水量较少时保存下来，达到缓冲带整体功能最强的效果。

d. 生态护岸。生态护岸技术主要有以下几种：①植草护坡技术：常用于河道岸坡的保护，国内很多河道治理中都使用了这一技术；②三维植被网护岸技术：最初用于山坡用公路路坡的保护，现在也被用于河道岸坡的防护，这种三维结构保证草籽更好地与土壤结合，有效抑制暴雨径流对边坡的侵蚀，增加土体的抗剪强度，大幅度提高岸坡的稳定性和抗冲刷能力；③防护林护岸技术：暴雨径流经过防护林区时，流速大为减慢，减小了水流对土层表层的冲刷，减少了水土流失；④植被型生态混凝土护坡技术：日本首先提出该项技术并在河道护坡方面进行了应用，近几年，中国也开始进行植被型生态混凝土的研究，经验表明，很多植被草都能在植被型生态混凝土上很好生长，提高了堤防边坡的稳定性。

2）中途控制。对积聚在不透水地表上的污染物，在雨水冲刷前就从地表上清除，包括街道垃圾清运和树叶清扫等。对已被径流冲走的污染物，可在下水道中用沉积法清除，也可以在不透水区中布设一些透水带（如树池过滤，见图 9.3 - 9），减少地表中有效的不透水面积，以增加集水区的透水性，增加下渗，阻滞和吸附不透水地表所产生的污染物。

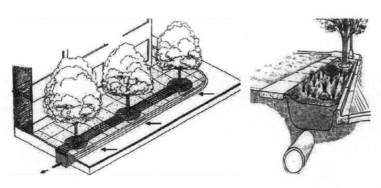

图 9.3-9 树池过滤示意图

控制污染较重的初期雨水径流可有效地控制城市面源污染负荷。对北京城区的相关研究结果表明，控制屋面 2～3mm 和路面 10mm 左右的初期径流可大幅度减少污染物输送量。这与国外的一些研究结果吻合。将新建居住小区、道路、广场和停车场等改为透水路面，利用其收集雨水，并修建人工湖或蓄水池，可为生活小区提供绿化清洁用水、生活杂用水。利用绿地草坪入渗回补地下水，可大量增加地下水补给量。绿地草坪不仅能接纳其面上的降雨，还可将附近的屋顶、路面等不透水面积上的雨水径流导入绿地。利用汛期雨洪，增加城市湖泊、湿地等水体面积，不仅能改善城市景观和生态环境，还具有一定的防洪功能。

据研究，屋面雨水资源量占城市汇水面年均径流的 64％左右，便于收集，水质相对较好。但因初期效应的存在，在回收利用时应舍弃 2mm 左右的初期降雨，并采用化学混凝和过滤处理两种方式来满足回用水的要求。

3）终端控制。设置雨水调节池，既可以控制径流量，又可以通过池内发生的各种物理、化学和生物过程来改善水质。因此，可以因地制宜，将城市水面如天然洼地、池塘、公园水池等改建为雨水调节池，利用天然水渠和人工湿地，建立林草缓冲带（见图 9.3-10）。湿地中大量种植的水生植物包括香蒲、芦苇、灯芯草、宽叶香蒲和篙草等对雨水水质具有净化作用；水生植物根部的细菌降解雨水中有机物，植物本身吸收雨水中的营养物质；湿地中的砾石、砂子和植物的根系对雨水也起一定的过滤作用。湿地具有开放的水域，可作为野生生物的栖居地。

天然湿地　　　　　人工湿地　　　　　雨水处理设施

图 9.3-10 终端控制措施

5. 用

"用"是将收集的雨水净化或污水处理之后再利用，主要的雨水利用方式包括：绿化、洗车、道路广场冲洗、景观用水等（见图 9.3-11）。

绿化

冲洗道路广场

洗车

图 9.3-11 雨水再利用措施

6. 排

"排"是利用城市竖向与工程设施相结合，排水防涝设施与天然水系河道相结合，地面排水与地下雨水管渠相结合的方式来实现一般排放和超标雨水的排放，避免内涝等灾害。

9.4 小结

滇池流域是云南省经济社会发展最为活跃的区域，经过多年综合治理，滇池水体水质明显改善，周边环境明显改观，但是滇池水环境保护依旧形势严峻，且易反复。随着治理力度的逐渐加大，滇池流域点源污染控制成效显著，随之农业面源则成为重点攻克的对象，同时随着城市面积的持续扩张，城市面源入湖量持续上升，也成为滇池流域面源污染末端控制的重点之一。农业面源污染主要源于农业生产活动中农药、化肥以及养殖业产生的污染物质，通过地表径流等途径污染水体，它具有分散性和隐蔽性、随机性和不确定性、广泛性和不易监测性等特点。城市面源污染是指在降水的条件下，雨水和径流冲刷城市地面，污染径流通过排水系统传输，使受纳水体水质污染。滇池流域流经昆明主城区的主要入湖河道，不论旱季还是雨季，水体污染物浓度普遍较高。

随着人口增长及社会经济的快速发展，水资源短缺和水环境污染逐渐成为制约经济社会可持续发展的重要因素。从流域整体发展趋势来看，滇池流域水环境容量十分有限，无法承载当前经济社会快速发展带来的环境压力。为扭转滇池水质污染状况并使滇池水质得到持续性改善，应遵循"源头控制、过程阻断、末端拦截和水体生态修复"的总体思路，加快城市雨污分流体系建设、污水收集与处理系统建设和再生水利用，加强流域综合管理，确保流域污染末端治理，实现流域污染的全过程控制与削减；强化水环境保护制度建设，确保流域可持续发展；合理推进城市水生态文明建设。

针对农业面源污染治理，应因地制宜地利用现有塘库设施，对农村农业污水进行收集、处理与回用；大力发展清洁农业、农村循环经济、生态经济，减轻滇池流域对化肥的过度依赖和使用，促进农村肥效、碳源的充分利用，从末端治理转变为源头控制；并强化滇池流域生态补偿机制建设与科学监管。在城市面源污染治理方面，通过"渗、滞、蓄、净、用、排"等措施，大力推进滇池流域海绵城市的建设，确保达到海绵城市建设的近期和远期目标要求，即：到 2020 年，城市建成区 20％以上的面积达标，到 2030 年，80％以上的面积达标；昆明市到 2020 年城市建成区 119.55km² （23.63％以上）的面积达到目标要求，到 2030 年城市建成区 432.3km² （85.43％以上）的面积达到目标要求，年径流总量控制率为 82％。

第10章 结论与建议

按照昆明市委滇池保护治理专题工作会议精神，本研究以"有效保护水环境、可持续利用水资源、以水定城、量水发展"为指引，以滇池流域现有的水资源条件为背景，以滇池及其入湖河流水功能区划目标为约束，在保障滇池流域河湖生态环境用水安全和湖泊水质持续性改善的条件下，分析了滇池流域近远期供需排水的平衡关系，研究了各主要入湖河流的环境流量需求和湖泊水环境质量改善效果，提出了近期滇池水质持续性改善对外流域补水的需求；在积极学习并借鉴杭州西湖多口入湖改善湖泊水动力条件的基础上，结合水质净化厂尾水提标、入湖河道综合治理与清水通道打造进展情况，研究了如何科学合理地利用好流域内现有的水资源条件及其在各主要入湖河流间的空间分配、调度方式与可持续利用途径，建立了尾水资源合理利用与水质提标间的相关关系，科学地提出了利用尾水资源补给入湖河流的生态环境用水、逐步减轻湖泊水质改善对外流域补水依赖的条件与关键制约因素；同时，基于近远期流域水资源变化条件科学地计算了滇池湖泊水环境容量，并以容量总量为约束提出了滇池入湖污染物总量控制方案与各主要河流入湖水质浓度控制限值的管理需求，并通过区域水资源优化配置与调度管理，实现流域河湖水环境综合治理、水资源保护与可持续利用的有机统一，切实提高滇池保护治理的科学化水平，稳步实现滇池流域河湖水质持续性改善，力争"十三五"期末水质稳定在Ⅳ类，关键性指标达到Ⅲ类，确保圆满完成滇池流域水污染综合防治"十三五"规划目标。

10.1 主要研究结论

围绕课题研究目标和任务需求，本研究通过开展滇池流域水资源配置与供排关系、主要入湖河流环境流量需求、入湖河流水质演变特征、牛栏江—滇池补水多通道入湖影响预测、滇池水环境容量计算、滇池入湖污染物总量控制方案、基于河流水质目标需求的滇池流域水资源可持续利用方案等相关专题研究，得出如下研究结论与对策建议：

（1）在以"六大工程"为主线的滇池流域水污染综合治理思路指引下，随着六大工程的有序推进与落实，流域点源污染负荷已逐步得到控制，河湖生态环境用水改善明显，湖泊水质污染恶化趋势已基本扭转，河湖整体水质企稳向好，滇池水循环体系正逐步改善，但局部湖湾与河流入湖口区水景观差、大量的尾水外排与入湖河道旱季断流并存、牛栏江清洁水资源有待优化配置及流域内多种水资源合理利用等问题逐渐凸显出来。

（2）滇池流域水资源严重短缺，掌鸠河、清水海、牛栏江等外流域引水工程基本解决了昆明市近期缺水和湖泊生态环境需水问题。2015 年流域生产生活需水量 8.89 亿 m³，各类水利工程可供水量 8.62 亿 m³，缺水 0.27 亿 m³，缺水率 2.4%；2020 年需水量 9.66 亿 m³，各类水利工程可供水量 9.51 亿 m³，缺水 0.15 亿 m³，缺水率 1.6%。近期滇池流域城镇生活、工业和农村用水供需基本平衡，缺水部分均为农业灌溉。2030 年滇中引水通水后，滇池流域供需可以平衡。

（3）综合考虑河道基本生态需水量、城区河道景观需水量和水面蒸发损失补水需求，滇池流域入湖河道的生态环境需水总量为 5.87 亿 m³（18.60 m³/s），各入滇河道的生态环境需水流量分别为：盘龙江 2.71 m³/s、新运粮河 0.70 m³/s、老运粮河 1.07 m³/s、大观河 1.18 m³/s、西坝河 0.30 m³/s、船房河 0.95 m³/s、采莲河 0.40 m³/s、金家河 0.13 m³/s、海河 1.50 m³/s、大清河（含金汁河、枧槽河）0.80 m³/s、六甲宝象河 0.22 m³/s、小清河 0.26 m³/s、五甲宝象河 0.18 m³/s、虾坝河 0.92 m³/s、姚安河 0.46 m³/s、老宝象河 0.30 m³/s、宝象河 1.99 m³/s、广普大沟 0.03 m³/s、马料河 0.77 m³/s、洛龙河 1.01 m³/s、捞鱼河 1.16 m³/s、梁王河 0.04 m³/s、南冲河 0.04 m³/s、淤泥河 0.05 m³/s、大河（含白鱼河）0.15 m³/s、柴河 0.14 m³/s、东大河 0.65 m³/s、护城河 0.48 m³/s、古城河 0.02 m³/s。

（4）滇池属大型浅水湖泊，风是湖流运动的主驱动力，滇池沿岸进出湖河流与湖泊的水量交换对湖泊整体湖流运动影响较小，从而形成以风生湖流为主、局部吞吐流为辅的混合湖流形态，外海平均流速约为 2.0~3.0 cm/s，草海平均流速约为 0.6~1.0 cm/s。受湖面风场、地球自转柯氏力和湖周复杂地形条件等综合影响，滇池湖区环流结构以大型逆时针环流形态为主导，并随之在不同的湖区或湖湾依次产生一些次生型补偿性顺时针小环流、逆时针小环流等。滇池外海湖区的环流结构、湖流形态大小及其空间位置分布均随着湖面风场变化而变化，总体表现为在滇池湖面风场自南（南风）向西（西南偏西风）逐步偏移过程中，外海的逆时针大环流呈现出自北向南整体挪移的趋势与湖流特征。

（5）牛栏江—滇池补水工程，不仅打造了盘龙江两岸靓丽的城市清水通道景观，并扭转了近年来因滇池流域清洁水资源严重匮乏而造成外海水质持续变差的不利局面，使滇池外海水质呈逐年向好变化；同时 2015 年通过玉带河-大观河分流牛栏江水进入草海，使草海水质也得到极大的改善，草海蓝藻水华问题已得到有效地影响与控制。在昆明主城区入湖河流逐步完成河道综合整治与沿河两岸污水拦截的条件下，现阶段除盘龙江、大观河外还基本具备清水入湖通道的河道还有大清河、宝象河、马料河和洛龙河等，同时结合各入湖河道的生态环境用水需求，牛栏江来水可满足昆明市主城区多通道入湖的水量与水质需求。

（6）综合杭州西湖补水多口入湖方式及其水环境与水景观效果，增加补水入湖口和出湖通道是改善滇池局部湖湾水动力条件的有力举措，是当前改善滇池局部湖湾水景观视觉效果的关键措施之一。依托外海北岸排水工程实现海口河与西园隧洞出流的联合调度运行，牛栏江来水经玉带河-大观河分流 $2\sim5m^3/s$ 进入草海，不仅可将草海的换水周期缩短到 30 天以内，而且可使草海各主要水质指标浓度降低 $26.63\%\sim38.44\%$，同时还可使外海水质有所改善（$0.5\%\sim3.2\%$）。由此说明，在滇池草、外海当前的排水格局条件下，科学利用好外海北岸排水工程，实施牛栏江滇池补水多通道入湖方案是基本可行的。

（7）以滇池河湖水功能区及其水质目标浓度为约束条件，在典型枯水年设计水情条件下，2030 年滇池 TP、TN、COD_{Mn} 3 个指标的水环境容量分别为 325t/a、5853t/a、6618t/a，在考虑湖面降尘、内源释放和湖面水量蒸发挤占了滇池水体的部分水环境容量后，分配给滇池流域陆域入湖污染物的水环境容量分别为：总磷 120t/a、总氮 2820t/a、高锰酸盐指数 6131t/a。

（8）滇中引水工程和牛栏江来水为滇池各主要入湖河流的生态环境流量提供了清洁水源保障。在各入湖河流环境流量保障方案下，滇池总磷、总氮、高锰酸盐指数三指标的水环境容量分别为 331t/a、5996t/a、7148t/a，分别较入湖河流环境流量无保障方案增加了 4.4%、5.0%、8.5%，其中草海各指标的水环境容量增幅为 $14.7\%\sim32.3\%$，外海尽管分流了部分水量进入草海，但随着入湖水量的空间优化，其水环境容量仍有所增加，增幅约为 $1.7\%\sim5.5\%$。

（9）根据入湖河流水量与水质监测资料统计，现状年经环湖入湖河道进入滇池的高锰酸盐指数、总磷、总氮负荷量分别为 4003t、157t、5496t，其中点源负荷占总入湖负荷量的 $28.5\%\sim36.9\%$，非点源负荷占 $30.1\%\sim47.5\%$，牛栏江来水携带的负荷量占 $24.0\%\sim38.5\%$。从特征污染指标总磷和总氮分析，非点源已经成为滇池流域陆域的首要污染来源，占 $36.9\%\sim47.5\%$；其次是污水处理厂补给入湖河道的尾水和分散式点源，占 $28.5\%\sim36.9\%$；牛栏江来水携带的氮、磷负荷量也成为滇池入湖污染物的重要组成部分，占 $24.0\%\sim26.2\%$。为实现滇池草海水功能区划的IV类水质目标要求，旱季入湖污染负荷（点源）中总氮需削减 81.0%，总磷负荷需削减 50.9%；雨季草海入湖污染负荷（非点源）中总氮需削减 87.3%，总磷需削减 78.8%。为实现外海III类水质目标要求，现状年外海入湖的点源负荷中总氮负荷需削减 65.3%，TP 负荷削减率为 6.7%；非点源负荷中总磷、总氮负荷需分别削减 51.1%、43.2%。在滇池入湖的主要水质指标中，控制重点是总磷和总氮，难点是总氮（浓度负荷需削减 $70\%\sim80\%$）；从各入湖河流水质浓度削减程度来看，新老运粮河压力最大，采莲河、大清河、马料河、捞鱼河和宝象河等的总氮、总磷浓度削减幅度也较大，应是今后外海入湖河流治理的重点。牛栏江来水水质总体较好，但雨季（6—11 月）总氮、总磷水质浓度应需得到有效控制（至少需要削减 40%），才能使滇池水质尽快地向湖泊III类水质目标迈进。

（10）以滇池湖泊水环境容量为入湖污染物的总量控制约束条件，研究提出滇池草、外海旱季和雨季的入湖河流水质控制浓度限值，其中旱季入草海和外海的 TP、TN 指标浓度限值分别为 0.14mg/L、3.0mg/L 和 0.15mg/L、2.5mg/L；雨季入草、外海的 TP、TN 指标浓度限值分别为 0.12mg/L、2.5mg/L 和 0.10mg/L、2.2mg/L；牛栏江来水的 TP、TN 指标浓度限值分别为 0.06mg/L、2.0mg/L。当前制约多水源配置的水质指标为总氮，各水质净化厂排放的尾水（TN>6mg/L）均无法直接作为入湖河流的生态环境用水，必须在牛栏江来水的大量掺混和稀释后才能被有限回用。在保障滇池水质持续性改善的条件下，当前旱季约有 2107 万 m³ 的尾水量可用于河道环境用水，而牛栏江来水可以满足旱季昆明主城区各主要入湖河流环境流量的水量与水质要求。

(11) 牛栏江来水较环湖各主要入湖河流水质仍属清洁水源，在各入湖河流旱季水质未获得根本性改善之前，牛栏江来水仍将是近期促进滇池水质持续性改善的关键驱动力因素，故近期应多引牛栏江水入湖。同时对比分析牛栏江来水与基于总量控制条件下的入湖水质浓度限值要求，除枯水期牛栏江来水明显优于入湖水质浓度控制限值外，雨季及其后期的来水水质均较入湖水质浓度限值差，故为持续推进滇池水质改善，应加强牛栏江德泽水库汇水区上游的水污染综合治理与水源地生态修复与保护，同时加大昆明主城区雨污分流与城市非点源治理力度，以便充分发挥外流域补水对滇池水质改善与湖泊水生态修复的环境效益。

(12) TP 和 TN 两指标是控制滇池水体富营养化水平并制约滇池流域污水处理厂尾水资源化利用的关键因素，随着尾水中 TP 和 TN 指标浓度的不断降低，可用于入湖河流环境用水的尾水量将不断增加。在当前的污水处理水平（TN、TP 出水浓度分别为 10mg/L、0.10mg/L）下，TP 指标不再成为尾水资源化利用的限制性因素，制约昆明主城区尾水资源规模化利用的指标是 TN。在当前的污水处理水平（TN 出水浓度为 10mg/L）下，为使入湖河流中的 TN 指标水质浓度满足其浓度限值，旱季可利用的尾水量约为 1533 万 m³，占可利用尾水资源量的 12.9% 左右；当尾水中的 TN 指标浓度从目前的 10mg/L 逐步降低到 3.0mg/L 时，旱季尾水资源可利用量将达到 11259 万 m³，约占可利用尾水资源量的 95.1%，并可减少旱季入湖河流对牛栏江来水的环境补水需求约为 7.16m³/s。

(13) 滇池流域面源污染防控，应遵循"源头控制、过程阻断、末端拦截和水体生态修复"的总体思路，加快城市雨污分流体系、污水收集与处理系统建设和再生水利用，加强流域综合管理，确保流域污染末端治理，实现流域污染的全过程控制与削减；强化水环境保护制度建设，确保流域可持续发展；合理推进城市水生态文明建设。针对农业面源污染治理，应因地制宜地利用现有塘库设施，对农村农业污水进行收集、处理与回用；调整流域内农业种植结构与大水大肥的耕作方式，大力发展清洁农业、农村循环经济、生态经济，减轻农业种植对化肥的过度依赖和使用，促进农村肥效、碳源的充分利用，从末端治理转变为源头控制；并强化滇池流域生态补偿机制建设与科学监管。在城市面源污染治理方面，通过"渗、滞、蓄、净、用、排"等措施，大力推进滇池流域海绵城市的建设，确保达到海绵城市建设的近期和远期目标要求。

10.2　下一步研究建议

滇池作为一个地处特大型城市下游的大型高原浅水湖泊，受地理位置、流域水资源禀赋等自然条件限制和强烈的人类活动干扰影响，尽管滇池治理工作正在正确的轨道上行驶，但滇池水环境治理与保护工作仍然面临较大的压力。根据环境保护部最新发布的《湖（库）富营养化防治技术政策》要求，滇池作为污染负荷重、处于富营养化、水生态系统破坏严重的湖泊，应以流域综合治理和产业结构调整为主，控源减排，并挖潜湖泊水动力条件改善下水量与水质精细调度和水位调度运行研究，以逐步恢复湖泊水生态系统。根据本研究的研究成果，并结合管理需求，对下一步研究工作提出以下几点建议：

（1）水流不畅是滇池湖泊水质污染严重、湖湾蓝藻富集问题突出且难以治愈的重要原因，在牛栏江—滇池补水工程来水背景条件下，深入研究牛栏江来水草海和外海分水方案和多通道分流进入外海的工程可行性，并以湖泊水动力条件和水质持续性改善为目标，加强牛栏江—草海补水工程与西园隧道、海埂大堤水体置换通道工程协同调度运行方案研究，加强滇池海口河、西园隧洞、外海北部水体置换通道工程精细调度与湖泊水位调度运行方案研究。

（2）湖滨湿地是湖泊水生态系统的有机组成部分，对水体中的氮、磷等营养盐具有一定的消纳和吸收能力，湖滨带的浅水湖滨区是底泥反硝化和氮去除的热点区域，恢复环湖湿地中的废弃农田、鱼塘和滇池水体之间的水力联系，并以草海湖滨湿地建设为重点，加强滇池湖滨湿地水陆交错带的建设与管理，并结合湖泊水位调度运行研究，提高滇池湖滨湿地土壤消纳氮、磷等有机营养盐能力。

（3）控源减排是减轻滇池水体富营养化程度、推进滇池水质持续性改善的关键举措。滇池流域入湖污染物削减与控制，应遵循"源头控制、过程阻断、末端拦截和水体生态修复"的总体思路，以各主要入湖河流为小流域单元，加强小流域单元污染源解析与入湖污染物的过程模拟，研究不同类型入湖河流水质演变特征与时空变化规律，进一步深入并细化本研究提出的各河流入湖污染物限制排污总量控制方案，以便为小流域单元源头控制、过程阻断和末端拦截的综合治理提供科学依据。

参 考 文 献

[1] 沈坩卿. 论生态经济型环境水利模式——走水利绿色道路 [J]. 水科学进展, 1999 (3): 260 - 264.

[2] 杨志峰, 张远. 河道生态环境需水研究方法比较 [J]. 水动力学研究与进展 (A 辑), 2003 (3): 294 - 301.

[3] 王西琴, 刘昌明, 杨志峰. 生态及环境需水量研究进展与前瞻 [J]. 水科学进展, 2002 (4): 507 - 514.

[4] COVICH A. Water in crisis: A guide to the world's fresh water resources//GLEICK P H. Water and Ecosystem [M]. New York: Oxford University Press, 1993: 40 - 55.

[5] GLEICK P H. Water in crisis: Paths to sustainable water use [J]. Ecological Applications, 1988, 8 (3): 571 - 579.

[6] 崔树斌. 关于生态环境需水量若干问题的探讨 [J]. 中国水利, 2001 (8): 71 - 74.

[7] 崔真真, 谭红武, 杜强. 流域生态需水研究综述 [J]. 首都师范大学学报 (自然科学版), 2010 (2): 70 - 74, 87.

[8] 崔瑛, 张强, 陈晓宏, 等. 生态需水理论与方法研究进展 [J]. 湖泊科学, 2010 (4): 465 - 480.

[9] 贾宝全, 慈龙骏. 新疆生态用水量的初步估算 [J]. 生态学报, 2000 (2): 243 - 250.

[10] 董增川, 刘凌. 干旱半干旱区生态需水研究 [D]. 北京: 中国水利水电科学研究院, 1999.

[11] THARME R E. A global perspective on environmental flow assessment: emerging trends in the development and application of environmental flow methodologies for rivers [J]. River Res Appl, 2003, 19 (4): 397 - 441.

[12] TENNANT D L. Instream flow regimens for fish, wildlife, recreation and related environmental resources [J]. Fisheries, 1976, 1: 4, 6 - 10.

[13] MATTHEWS R C, BAO Y. The texas method of preliminary instream flow determination [J]. Rivers, 1991, 2 (4): 295 - 310.

[14] DUNBAR M J, GUSTARD A, ACREMAN M C, et al. Overseas approaches to setting river flow objectives [R] //R & D Technical Report W6 - 161. Environmental Agency and NERC, 1998.

[15] PALAU A, ALCAZAR J. The basic flow: an alternative approach to calculate minimum environmental instream flows [C] //Leclerc Metaleds. Ecohydraulics 2000, 2nd international symposium on habitat hydraulics. Quebe City, 1996.

[16] LAMB B L. Quantifying insteam flows: matching policy and technology. Instream Flow Protection in the West [M]. Covelo: Island Pres, 1989: 23 - 29.

[17] MOSELY M P. The effect of changing discharge on channel morphology and instream uses and in a braide river, Ohau River, New Zealand [J]. Water Resources Researches, 1982, 18: 800 - 812.

[18] BOVEE K D. A guide to stream habitat analyses using the instream flow incremental methodology [A] //Instream flow information paper No. 12, FWS/OBS - 82/26, Co - oprative Instream Flow

Group [C]. US Fish and Wildlife Service, Office of Biological Services.

[19] NESTLER J M, SCHNEIDER L T, LATKA D, et al. Impact analysis and restoration planning using the river in ecommunity habitat asessmentand restoration concept (RCHARC) [C] //Leclerc Metaleds. Ecohydraulics 2000, 2nd international symposium on habitat hydraulics. QuebecCity, 1996.

[20] DOCAMPO L, BIKUNAB G. The basque method for determining instream flows in Northern Spain [J]. Rivers, 1995, 6 (4): 292 - 311.

[21] KING J, THARME R E, VILLIERS M S. Environmental flow assessments for rivers: manyal for the building block methodology [R]. Rretoria: Water Reseach Commission, 2000.

[22] ARTHINGTON A H, KING J M, O'KEEFFE J H. Development of an holistic approach for assessing environmental flow requirements of river in ecosystems [M] //Pigram J J, Hooper BPeds. Water Allocation for the Environment. Armindale: The Centre for Policy Research. University of New England, 1992: 69 - 76.

[23] 王西琴, 刘昌明, 杨志峰. 生态及环境需水量研究进展与前瞻 [J]. 水科学进展, 2002, 13 (4): 507 - 512.

[24] 徐志侠, 陈敏建, 董增川. 河流生态需水计算方法评述 [J]. 河海大学学报（自然科学版）, 2004, 32 (1): 6 - 7.

[25] 倪晋仁. 论河流生态环境需水 [J]. 水利学报, 2002 (9): 14 - 19.

[26] 崔起, 于颖. 河道生态需水计算方法综述 [J]. 东北水利水电, 2008 (1): 45 - 46.

[27] 张长春, 王光谦, 魏加华. 基于遥感方法的黄河三角洲生态需水量研究 [J]. 水土保持学报, 2005 (1): 149 - 153

[28] 倪深海, 崔广柏. 河流生态环境需水量的计算 [J]. 人民黄河, 2002, 24 (9): 40 - 41.

[29] 刘凌, 董增川, 崔广柏. 防止河道泥沙淤积的最小生态环境需水量 [J]. 湖泊科学, 2003, 15 (4): 313 - 318.

[30] 李丽娟, 郑红星. 海滦河流域河流系统生态环境需水量计算 [J]. 地理学报, 2000, 55 (4): 495 - 500.

[31] 喻泽斌, 龙腾锐, 王敦球. 河流景观生态环境需水量计算方法研究 [J]. 重庆建筑大学学报, 2005, 27 (1): 71 - 75.

[32] 商崇菊, 郝志斌. 水利风景区景观环境需水研究 [J]. 人民黄河, 2011, 33 (3): 46 - 48.

[33] 徐晓梅, 吴雪, 何佳, 等. 滇池流域水污染特征 (1988—2014 年) 及防治对策 [J]. 湖泊科学, 2016, 28 (3): 476 - 484.

[34] 吴永红, 胡正义, 杨林章. 农业面源污染控制工程的 "减源-拦截-修复" (3R) 理论与实践 [J]. 农业工程学报, 2011, 27 (5): 1 - 6.

[35] 赵磊, 杨逢乐, 王俊松, 等. 合流制排水系统降雨径流污染物的特性及来源 [J]. 环境科学学报, 2008, 28 (8): 1561 - 1570.

[36] 陈自娟. 基于水环境承载力的滇池流域生态补偿机制研究 [D]. 昆明: 云南大学, 2016.

[37] 张克强, 黄治平, 王风, 等. 农村沼气-秸秆气-太阳能 "三能合一" 综合运行模式探讨——以天津市邦均镇示范工程为例 [J]. 中国农学通报, 2007, 23 (1l): 420 - 423.

[38] 李延友, 林振山, 谢标, 等. 农业面源污染现状与治理对策探讨 [J]. 安徽农业科学, 2009 (6): 379 - 381.

[39] 赖珺. 可持续发展视角下的滇池流域农业面源污染防治研究 [D]. 成都: 四川社会科学院, 2010.

[40] 邓伟明, 雷坤, 苏会东, 等. 2008 年滇池流域水环境承载力评估 [J]. 环境科学研究, 2012, 25 (4): 372 - 276.

［41］ 石建屏，李新 . 滇池流域水环境承载力及其动态变化特征研究 ［J］. 环境科学学报，2012，37 （7）：1777 - 1784.

［42］ 杨文龙，杨常亮 . 滇池水环境容量模型研究及容量计算结果 ［J］. 云南环境科学，2002，21 （3）：20 - 23.

［43］ 吴为梁，张秀敏 . 滇池水环境容量研究 ［J］. 云南环境科学，1993，12 （1）：6 - 8.

［44］ 刘永，阳平坚，盛虎，等 . 滇池流域水污染防治规划与富营养化控制战略研究 ［J］. 环境科学学报，2012，32 （8）：1962 - 1972.

［45］ 王俭，孙铁珩，李培军，等 . 基于人工神经网络的区域水环境承载力评价模型及其应用 ［J］. 生态学杂志，2007，26 （1）：141 - 146.

［46］ 李如忠，钱家忠，孙世群 . 模糊随机优选模型在区域水环境承载力评价中的应用 ［J］. 中国农村水利水电，2005 （1）：31 - 34.

［47］ 涂峰武 . 西洞庭湖流域水环境承载力分析与建模 ［J］. 湖南水利水电，2006 （3）：77 - 78.

［48］ 汪彦博，王嵩峰，周培疆 . 石家庄市水环境承载力的系统动力学研究 ［J］. 环境科学与技术，2006，29 （13）：26 - 27.

［49］ 李新，石建屏，曹洪 . 基于指标体系和层次分析法的洱海流域水环境承载力动态研究 ［J］. 环境科学学报，2011，31 （6）：1338 - 1344.

［50］ 李锦秀，马巍，史晓新，等 . 污染物排放总量控制定额确定方法 ［J］. 水利学报，2005，36 （7）：812 - 817.

［51］ 马巍，浦承松，谢波，等 . 牛栏江—滇池补水工程改善滇池水环境引水调控技术及应用 ［M］. 北京：中国水利水电出版社，2014.